基于符号计算的
非线性系统求解
方法与技巧

申亚丽　著

新 华 出 版 社

图书在版编目(CIP)数据

基于符号计算的非线性系统求解方法与技巧 / 申亚丽著. --北京：新华出版社，2020.11

ISBN 978-7-5166-5536-8

Ⅰ.①基… Ⅱ.①申… Ⅲ.①非线性偏微分方程－研究 Ⅳ.①O175.29

中国版本图书馆 CIP 数据核字(2020)第 223685 号

基于符号计算的非线性系统求解方法与技巧

著　　者:申亚丽

责任编辑:蒋小云　　　　　　　　封面设计:崔　蕾

出版发行:新华出版社

地　　址:北京石景山区京原路 8 号　　邮　　编:100040

网　　址:http://www.xinhuapub.com

经　　销:新华书店

　　　　　新华出版社天猫旗舰店、京东旗舰店及各大网店

购书热线:010－63077122　　　中国新闻书店购书热线:010－63072012

照　　排:北京亚吉飞数码科技有限公司

印　　刷:北京亚吉飞数码科技有限公司

成品尺寸:170mm×240mm

印　　张:10.75　　　　　　　　字　　数:223 千字

版　　次:2021 年 8 月第一版　　　印　　次:2021 年 8 月第一次印刷

书　　号:ISBN 978-7-5166-5536-8

定　　价:56.00 元

前　言

随着科学技术的不断发展，非线性在自然科学和社会科学领域的作用越来越重要。非线性偏微分方程作为非线性系统中非常重要的数学模型，它在数学、物理学、生物及大气海洋学的许多领域都有非常重要的应用。现实世界对非线性的理解和分析大多可归结为对非线性微分方程（组）的求解，然而求解非线性微分方程远比求解线性微分方程要困难得多，一般很难用一个统一的方法来处理，这是非线性研究的重点和难点，也是本书编著的目的所在。

本书将以非线性可积系统作为研究对象，以符号计算系统 Maple 为主要工具，从新的观点出发，对非线性系统求解方法进行深入研究，为读者提供一些求解非线性系统特别是高维非线性系统的有效方法，同时展示一批有趣的新结果。本书主要在孤子理论经典方法的基础上，以目前广泛关注的非线性可积系统为例，扩展原有方法或构建新方法，重点演示了非线性波包括孤子、呼吸子、团块波和怪波的有效求解算法。

首先介绍直接代数方法，包括双曲函数展开法、Jacobi 椭圆函数展开法、$(\frac{G'}{G})$-扩展法，将这些方法应用于带源 KdV 方程并获得众多非线性局域波解；针对 Hirota 双线性方法的有效性，分别讨论了经典非线性系统与超对称系统中如何应用该方法获得多孤子解；针对 Darboux 变换方法中 Lax 对的重要性，编制了 Lax 对的自动验证软件包 Laxpairtest，基于验证正确的 Lax 对，讨论了两个重要的非局部非线性可积系统不同形式 n 阶 Darboux 变换的构造过程；结合 Hirota 双线性方法对原 Bäcklund 变换方法进行修正，给出了构造广义双线性 Bäcklund 变换以及利用广义双线性 Bäcklund 变换构造非线性局域波的算法；提出了一种新的符号计算方法——偶次幂函数构造法，该方法对求解高维非线性系统的怪波解是非常有效的，利用该方法获得了若干高维非线性系统的高阶怪波解；介绍了 Pfaffian 解的定义及性质，Pfaffian 与行列式联系紧密，可以看作是行列式的一种推广，利用 Pfaffian 技巧可有效地获得非线性系统的多孤子解，举例说明了该技巧的应用；最后简要介绍了 Painlevé 分析法，利用 Painlevé 截断展开方法研究了两个不同类型非线性系统的 Painlevé 性质。

本书的主要内容是著者多年研究成果的积累与扩充，写作中力求全面与详细，尽可能展示多种求解非线性系统的有效方法。本书对于非线性偏微分方程的初学者、研究生及从事非线性科学的科技工作者具有重要的参考价值。

作者特别感谢国家自然基金项目（12071418, 11471004）、山西省重点扶持学科、2020年度山西省高等学校优秀成果培育项目（2020KJ020）、山西省高等学校科技创新项目（2019L0868）和运城学院博士科研启动项目（YQ-2020019）对本书出版的资助。
由于作者水平有限，时间仓促，书中定有诸多不足之处，恳请读者批评与指正。

申亚丽

2020 年 6 月

目 录

第 1 章 绪 论

1.1 研究背景与研究意义

非线性科学贯穿于数学、生物、物理、大气海洋学等众多学科领域，是研究各种非线性现象共同规律的学科，也是 20 世纪继量子力学和相对论后自然科学界的又一重大发现。随着科学技术的发展，人们认识到非线性模型能更准确地描述自然界中的非线性现象。相对于线性现象，非线性现象的性质更为复杂和难以捉摸。为了理解各种非线性问题的物理机能，越来越多的数学家和理论物理学家从不同角度对非线性系统进行研究，相关研究成果不断涌现，新的研究方法更是层出不穷。

从数学物理的角度来看，现实世界对非线性的理解和分析大多可归结为对非线性微分方程（组）的求解，然而求解非线性微分方程远比求解线性微分方程要困难很多。近年来，已经发展了一系列求解非线性系统行之有效的方法，如反散射变换方法（Inverse Scattering Transformation）、Hirota 双线性方法、贝克隆变换方法（Bäcklund Transformation）、达布变换方法（Darboux Transformation）、广义分离变量法、齐次平衡法、Painlevé 截断展开方法、$(\frac{G'}{G})$ 展开法、Jacobi 椭圆函数展开法、双曲函数扩展方法等 [1-9]。这些方法各有所长，在求解非线性系统时都具有独到的优点。然而值得指出的是，在这些方法中并没有一种万能的方法可以求尽非线性系统中所有类型的解，而且对于某一个非线性系统而言，上述方法不一定都适用，特别是一些高维的非线性系统，求解将变得更加困难。因此，选择适当的方法是求解非线性系统的基础，扩展原有方法或构建新方法对于非线性系统的研究具有重要现实意义。

许多非线性偏微分方程与 Kac-Moody 代数、微分几何、代数几何、动力系统、Sato 理论等有着内在深刻的联系，由此产生许多美妙的代数与几何性质。经验表明，人们已经获得的许多求解方法中很多方法都是构造性和代数化的，但这些方法所涉及的运算及推理往往非常复杂 [10]。随着计算机技术的迅速发展和广泛应用，符号运算软件如 Maple 或 Mathematica 等应运而生，借助符号计算软件并运用一系列数学技巧去挖掘非线性方程中蕴含的一系列重要性质，可大大简化计算的工作量，解决人力难以完成的工作，进而揭示其非线性现象的本质。特别是近年来在非线性波的传播行为研究中，对怪波、爆破波、尖峰波、台风等突变波性质的研究，为海岸沿线居民的生活生产安全、航海安全、灾害性天气的预防提供决策依据和手段。因此，掌握非线性系统的求解方法及其动力学性质可为如上自然现象的研究提供广泛的理论支撑和应用研究依据。

1.2　非线性系统研究概述

在非线性科学中，孤立子理论与可积系统在自然科学的各个领域起着非常重要的作用。其中孤立子理论不仅促进了传统数学的发展，同时具有广阔的应用前景。孤立子理论研究的重要内容之一，就是寻找非线性演化方程的精确解。所谓非线性演化方程就是随时间演变的非线性模型，也称其为非线性发展方程。许多研究人员建立了众多非线性系统模型，并通过一些数学手段对这些模型进行分析与求解，以此更好地理解自然界中非线性现象的物理机制。

孤立子、混沌和分形是自然界中最重要的三种非线性现象，其中孤立子反映了一种稳定的自然现象，孤立子现象始于 1834 年苏格兰一位造船工程师 Russel J. S. 一次偶然的发现 [11]。之后，科学家 Airy G. B. 等都对此现象做了大量的实验和研究。1895年，Korteweg D. I.和 de Vries G.提出了著名的浅水波方程，即 KdV 方程 [12]，并确定了孤立波的存在性，该发现对孤立子理论的产生起了重要推动作用。1965 年，美国应用数学家 Kruskal 和 Bell 实验室的 Zabusky 用数值模拟的方法考察和分析了等离子体中孤立波的非线性相互作用过程，证明了两个孤波发生碰撞之后，各自保持原来的速度和波形继续传播，"孤立子"概念就此确立，成为孤立子理论发展的里程碑。现如今孤立子理论已经在物理、化学、数学、生物学、通信等各个自然领域得到广泛应用。社会经济系统中也广泛存在着非线性相互作用，如社会财富、社会权利等的稳定集中，某些社会意识的长时间稳定传播等。由非线性机制产生的孤立子，无论其现象还是本质，都能启发我们更好地理解某些社会经济现象。

可积系统领域两个最经典的非线性模型——非线性 Schrödinger（NLS）方程和 Korteweg-de Vries（KdV）方程已经得到充分研究，它们在物理领域有许多重要应用，如 NLS 方程应用于非线性光学、等离子体和玻色-爱因斯坦凝聚等 [13-15]领域。由于孤子自身的稳定性，它已被成功应用于磁性材料、非线性光学和光纤通讯中，因此孤子或孤波是非线性系统最主要的动力学属性。通过众多研究学者的不断努力，在物理学各个领域发现了大批具有孤子解的非线性系统，其中包括 Sine-Gordon 方程、等离子体中的 NLS 方程、二维流体流动的 KP 方程、振子运动的 Toda 链及 Hirota 方程等。

近年来在非线性波的传播行为研究中，团块波（lump）、呼吸子、怪波、爆破波、尖峰波等引起了许多研究者的广泛关注。很多经典的非线性系统重新燃起了众多学者的研究热情，诸如 KPI 方程 [16-18]、Ishimori I 方程 [19]、Davey-Stewartson II 方程 [20,21]、BKP 方程 [22,23]、potential-YTSF 方程 [24]、维数约化的 p-gKP 和 p-gBKP 方程 [25] 等，在这些方程中均获得了 lump 解 [16-18,20-23,26]。怪波一直被认为是海洋传说中的深海怪兽，许多海上灾难均由它引起，为了揭示这种怪波的存在机制，越来越多的研究者投身于该研究。2007 年，Solli D. R. 等人在 Nature 期刊上发表研究成果，率先在非线性光学中通过实验观察到光学怪波 [27]。2010 年，Ankiewiz A., Akhmediev N. 等人利用修正的达布变换（Darboux transformation）得到了 Hirota 方程的怪波解，并利用数值方法进行相应的检验[28]。2011 年，郭柏灵和凌黎明利用达布变换首次寻找到一类耦合非线性 Schrödinger 方程（NLS）的明暗怪波解[29]。2012年，Ohta Y.和 Yang 给出了一种利用双线性方法求解 NLS 方程高阶怪波解的方法，获得了用 Gram 行列式表达的高阶怪波解[30]。

2013 年，Ablowitz 和 Musslimani 通过对 AKNS 散射问题进行非局部对称约化得到非局部 NLS 方程，并且通过反散射方法得到它的精确解[31]。因为非局部 NLS 方程的非线性诱导势满足 $\mathcal{PT}$ 对称条件，所以该方程为 $\mathcal{PT}$ 对称的。目前，非局部 NLS方程的暗孤子解[32]、呼吸子和怪波解[33,34]已经被获得。在文献 [35] 中用相似变换研究了带自诱导 $\mathcal{PT}$ 对称势的非局部 NLS 方程，并且得到该方程的对称性质及精确解。在文献 [36] 里提出了两参数的非局部向量形式的 $\mathcal{PT}$ 对称 NLS 方程，并用 Hirota 双线性方法给出它的精确解。自 Ablowitz 和 Musslimani 提出非局部 NLS 方程后，又给出了一系列的逆空间-时间和逆时间的非局部非线性可积系统[37]。文献 [38] 通过简单的变量变换建立了若干非局部可积方程与经典方程之间的关系，其中包括非局部NLS 方程、非局部 DS 方程、非局部导数 NLS 方程和逆空间-时间 complex modified KdV(CMKdV) 方程等，通过这些变换不仅很快建立了非局部方程的可积性，而且可从经典方程的解得到非局部方程的解。文献 [39] 利用 Darboux 变换方法给出了逆时间非局部 NLS 方程和非局部 DS 方程的怪波解，并讨论了怪波的动力学行为。

以上这些非局部非线性系统通常都是利用宇称 $\hat{P}$（$\hat{P}=-x$）、时间反演 $\hat{T}$（$\hat{T}=-t$）和电荷共轭 $\hat{C}$ 对称得到的。$\hat{P}-\hat{T}-\hat{C}$ 对称在量子物理[40]和其他物理领域中具有重要的作用[41-43]。楼森岳在文献 [44,45] 中，基于 Alice-Bob 系统，分别讨论了非局部NLS 方程和非局部 KdV 方程的可能应用。在文献 [46] 中，楼森岳得到了非局部 KdV方程和非局部 Boussinesq 方程的多孤子解。有趣的是，发现了非局部 Boussinesq 方程的一些禁戒，即非局部 Boussinesq 方程的孤子数必定是偶数的，不存在奇数的孤子。周子翔利用 Darboux 变换方法得到了非局部导数 NLS 方程的全局解[47]。除此之外，还有很多学者利用不同方法讨论了众多非局部方程，并且得到了许多新的结果及性质[34,48-53]。事实上，目前就非局部非线性系统而言，还有很多有趣的工作可以去做。

1.3　符号计算简介

科学计算分为数值计算和符号计算。数值计算人们已经非常熟悉，符号计算有别于数值计算，这里所讲的符号可以是字母、公式，也可以是数字。相对数值计算而言，符号计算具有更高的数学性能，并且符号计算可以与传统的数值计算和任意精度的数值计算相结合。符号计算的研究对象主要为数学概念、符号和公式，它的主要任务是借助计算机对这些代数对象的算法进行设计处理，同时在计算机上进行有效地实施。

20 世纪中叶，数学家开始构建足够复杂的程序来执行符号数学。符号数学可以解决包括代数、算术、几何等的各种数学问题。符号计算又称计算机代数，是数学、计算机科学和人工智能交叉的新兴学科。计算机代数是符号计算的一个主要分支，它是一种计算交互程序，即把数学语言或公式转化为计算机可识别可操作的符号形式，使计算机代替人工，实现公式的机械化推导，可应用于代数变换、微分和积分、表达式的简化等 [54]。至今，已经开发了 100 多个计算机代数系统 [55,56]。其中比较著名的有 Matlab、Reduce、Maple、Magma、Mathematica、NTL、Axiom、Maxima、MuPAD、MuMATH 等 [54]。

Maple 是应用最广泛的符号计算软件之一，也是目前世界上工程师、数学家、科学家及众多学者使用最强大、最流行、最可靠的系统之一。1980 年，加拿大 Waterloo 大学研究项目团队的 Gonnet G. H. 和 Geddes K. O. 等用 C 语言编写，且集其他系统的最佳特性开发研制了 Maple。现代 Maple 提供了三个主要系统：MapleNet、Maple T. A. 和 Maple 应用中心。Maple 主要由用户界面、内核和外部库三部分组成。它的数学计算功能主要包括符号演算、数值计算和图形描绘。除此之外，它还提供了解决诸如群论、概率统计、图论、数论和应用数学方面的其他软件包 [57]。总之，Maple 是一款功能强大，结构良好且拥有友好用户界面的符号计算软件。

在非线性系统的研究中，经常会遇到大量繁杂冗长的代数计算和推理，大多是人力难以完成的。然而，很多研究非线性系统的方法都可以算法化，这就为非线性系统和符号运算找到了结合点 [58]。近年来，在 Maple 上开发了许多关于非线性系统应用的软件包。1989 年，Reid 和 Mausfield 分别在 Maple 系统上开发出计算微分方程对称群及简化微分方程组的软件包。自 1993 年起，国内的李志斌和他的团队先后开发了构造非线性方程孤波解的软件包 Rath [59]、Hirota 双线性程序包 [60]、适用于常系数及变系数的常微分和偏微分方程（组）的 Painlevé 软件检验包 wkptest [61,62]、用于自动生成非线性演化方程多项式形式的守恒律 CONSLAW 软件包等 [63]；范恩贵结合吴方法 [64] 利用符号运算发展了构造非线性方程的有理解、三角函数周期解、孤波解和 Jacobi 椭圆函数双周期解的统一代数化方法 [58]；陈勇等人在 Maple 上实现了对非线性方程进行 P 检验的软件包 Ptest [65-67]；闫振亚在非线性方程的求解代数化方面也做了大量的工作 [68]；等等。这些研究成果推动了符号计算系统在非线性系统中的应用，极大地增强了人们研究复杂非线性系统的信心，进而促进了非线性科学的发展 [69]。

1.4 非线性系统的求解方法

对于非线性系统的求解一般从三个方面展开研究：一是当难以求得其显式解时，可就解的存在性、唯一性和稳定性进行分析；二是借助计算机及数学理论对解进行数值模拟和分析；三是借助符号计算软件，应用某些数学技巧或假设，构造适当的变换求得非线性微分方程的精确解析解 [70]。实际上，绝大多数非线性微分方程都难以求得其精确解析解。近年来，已经提出并发展了很多求解非线性微分方程行之有效的方法，如反散射变换法、Hirota 双线性方法、Darboux 变换法、Bäcklund 变换法、齐次平衡法、分离变量法、双曲函数扩展方法等。随着研究的不断深入，人们通过已有方法并创新得到一些新的方法，解决了以往难以求解方程的求解问题，同时获得了许多新的结果，由此相关自然现象得到合理解释，极大地推动了非线性学科的发展。限于篇幅问题，这里我们仅就某些方法做以简要介绍。本书中涉及的其余方法，如 Hirota 双线性方法、Darboux 变换法、Bäcklund 变换法、Painlevé 分析法等将在相应章节详细讨论。

(1) 反散射变换方法

1967 年，Gardner，Greene，Kruscal 和 Miura（简称 GGKM）四人利用一维线性 Schrödinger 方程的反散射理论将 KdV 方程的初值问题转化为三个线性方程的求解问题，得到了 N 个孤子解。后来，人们把 GGKM 求解 KdV 方程初值问题的方法称为反散射变换法或反散射方法。

反散射变换法是最早用于求解孤子方程精确解的方法。一般地，用反散射变换法求解非线性微分方程时用到 Fourier 变换及逆变换，具体步骤为：首先通过正散射求出初始条件 $t = 0$ 时刻的散射数据，然后利用时间发展式求出散射数据随时间 t 的变化规律，最后通过位势重构得到非线性偏微分方程的解[71]。

1968年，Lax 将 GGKM 求解 KdV 方程初值问题的思想进行了分析、整理、扩充，并提出了用反散射方法求解非线性偏微分方程的一般框架[72]，同时强调使用该方法求解方程时，必须首先找到方程相应的 Lax 对。1972 年，Zakharov 等利用 Lax 的思想，从本质上推广了反散射方法，并解决了高阶 KdV 方程、立方 Schrödinger 方程的求解问题，第一次用实例验证了反散射方法的一般性。1974 年， Ablowitz 和 Kaup 等对反散射方法做了进一步的推广[73]，求解了一大批具有重要物理意义的非线性偏微分方程，包括 Sine-Gordon 方程、 mKdV 方程、三波方程等[70]。反散射变换方法的成功应用重新点燃了人们对非线性可积系统的研究热情，后来人们发现该方法同样适用于差分微分方程、常微分方程以及积分微分方程。总之，反散射变换方法是数学物理研究中的一个重大发现。

(2) 分离变量法

分离变量法是求解非线性发展方程初边值问题的一种常用方法，其基本思想是将方程中含变量的项分离出来，从而将原方程拆分成多个更简单易解的方程。随着人们对非线性方程求解方法研究的不断深入，分离变量法也得到了进一步的推广及改进。在文献 [74] 中详细论述了不同的分离变量法：形式分离变量法、多线性分离变量法、泛函分离变量法及导数相关泛函分离变量法。

形式分离变量法最早是由曹策问教授提出的非线性化方法，通常该方法只适用于 Lax 可积系统。楼森岳与陈黎丽将该方法推广应用于不可积系统并称之为形式分离变量法[75]。形式分离变量法求解非线性系统的一般思路是：引入一组变量形式分离方程，假设解与变量形式分离方程中函数之间的关系，将其代入原方程，得到形式分离解。

形式分离变量法本质上并没有实现变量的分离，为了实现真正意义的变量分离，楼森岳与陆继宗在 1996 年提出了一种分离变量方法，即先验变量分离法，利用该方法获得了 Davey-Stewartson 方程的特解[76]。虽然该方法与多数求解方法类似都只能获得方程的一些特解，但此方法是多线性分离变量法的雏形。在此基础上，已经建立了完善的多线性分离变量法，并成功地应用于求解大量的非线性系统。一个最令人兴奋的发现是基本的多线性变量分离解可以用一个包含两个 $(1+1)$ 维函数的通用公式来表示，且该通式中至少包含一个低维任意函数[77]。

泛函分离变量法主要由俄罗斯的 Zhdanov 和我国的屈长征教授等发展的。文献 [78] 中提出了泛函分离变量法，利用一般条件对称给出系统的泛函变量解。导数相关泛函变量分离法是对泛函分离变量法的推广，该方法首先要求各场量及其导数的某种泛函组合有加法或乘法的变量分离解；然后确定相应的一般条件对称，进而利用不变曲面条件、一般条件对称及群论方法确定所有可能的方程及泛函组合，进而定出方程所有可能的等价类；最后分别求出导数相关泛函分离变量解[74]。目前该方法已经给出一般的非线性波动型方程、非线性扩散方程及 KdV 型方程的完整的分离变量可解归类，并给出这些非线性系统的严格解和解的对称群解释。

(3) 齐次平衡法

由王明亮和李志斌提出的齐次平衡法是求解非线性演化方程精确解非常有效的方法之一[79,80]。事实上，该方法是求解非线性演化方程精确解的一种指导原则，齐次平衡原则具有直接、简洁、步骤分明的特点，它还适合计算机的符号计算系统进行计算，且得到的结果是精确的。

齐次平衡法的基本思路：首先分析所研究的非线性系统的结构特点以及色散与耗散因素的阶数，平衡该系统中的最高阶导数项和最高次非线性项，由此确定出非线性系统具有待定函数的解的一般形式；然后将该一般形式的解代回原系统方程，合并待定函数及其偏导数的各次齐次部分，并使其平衡，进而得到一个关于待定函数的齐次偏微分方程组；求解所得到的齐次偏微分方程组即得原非线性系统的精确解[10]。

自齐次平衡法提出后，很多学者对其不断进行拓广与改进。1998 年，范恩贵教授对这一方法的关键步骤进行了拓广使用，获得了 Bäcklund 变换、相似变换及具有更为丰富形式的精确解[58]。李彪推广了齐次平衡法，并用其获得了非线性项具有任意次幂的非线性发展方程和变系数孤子方程的 Bäcklund 变换，进而利用该 Bäcklund 变换获得一些孤子方程丰富的精确解[67]。张解放、闫振亚利用该方法相继获得了许多方程的多孤波解、有理解和多族非行波解等[81,82]。

(4) 对称约化法

19世纪末，挪威数学家 Lie S. M.在 Galois 和 Abel 关于代数方程和置换群结果的启发下，引进了 Lie 群的概念。Lie 的无穷小变换法为常微分方程的求解提供了广泛的应用技巧。若常微分方程在点变换的单参数 Lie 群的作用下不变，其阶次可降低一次；对于一阶或二阶非线性常微分方程，在一定条件下通过 Lie 变换群可被线性化，高阶方程可降阶，甚至可被完全积分。之后一维热传导方程的局部变换群的建立，开创了 Lie 群在偏微分方程中应用的先河 [83]。

　　Lie 群方法的思想和原理在数学物理的研究中扮演着非常重要的角色。利用经典 Lie 群方法求解非线性偏微分方程的基本思路是：首先设定相似变换，将该变换代入初始方程，使其变为常微分方程，对该常微分方程降阶及相关偏微分方程降维获得约化方程或决定方程；求解决定方程即得无穷小生成元；利用无穷小生成元可得单参数 Lie 群变换，通过对称约化即得初始方程的相似解或群不变解。

　　实际上，Lie 群方法在具体的非线性系统应用中涉及计算非常烦琐，但是对于任意连续群，Lie 都赋予了一个非常简单的代数结构，使得经典 Lie 群方法完全可以通过符号计算软件来实现。利用符号计算软件通常可以获得 Lie 变换群的线性决定方程，进而得到生成对称的无穷小生成元。经典非线性系统的 Lie 对称群是点变换的局部群，是因变量与自变量空间上的微分同胚，它可把系统的一个解映射为另一解。随后，发展了不同类型的局部对称 [84] 并扩展到了非局域对称 [85,86]，无穷小生成元的形式决定系统是否具有非局域对称，一般非局域对称的无穷小量涉及积分。近年来，国内外许多学者在非线性系统的非局域对称方面做了许多重要的工作 [86-88]。

　　1989 年，Clarkson 和 Kruskal 发现 Boussinesq 方程有些对称约化不能通过 Lie 群方法得到，于是提出了直接约化微分方程的 CK 直接法 [89]。该方法不涉及群论的思想，简单易操作，可以直接对方程进行约化，得到的结果包含 Lie 群方法得到的结果。受该方法的启发，楼森岳教授提出了修正的 CK 直接法 [90]，相比经典的 Lie 群方法，修正的 CK 直接法更方便直接，得到群的表达式更清楚简单，还可以得到微分方程的完全 Lie 点对称群。

　　综合以上分析，在非线性系统的数学方法及求解等方面虽然已经取得了令人瞩目的研究成果，但随着非线性科学的发展，不断涌现出大量新的非线性系统，对于大多数非线性系统而言，还有很多未知的内容需要我们去探索，特别是一些高维的非线性系统，构建这些系统的多孤子、高阶呼吸子及高阶怪波时往往涉及超大的计算量，由于方程本身的复杂性，对其进行求解将非常困难。利用计算机大容量、高速度的特点，借助精确的符号计算，建立适合于求解这些非线性系统的构造性代数算法，对于研究这些系统具有重要的意义。近年来，非线性局域波如怪波、呼吸子、团块波及孤子分子等引起许多学者的关注，研究非线性系统的求解方法并对所获非线性局域波进行动力学分析，不仅可以进一步理解非线性局域波形成的物理机制，加深人们对非线性现象的认识，还可以对未来应用提供理论支撑。

第 2 章　直接代数方法及其应用

近年来发展了许多求解非线性系统直接有效的方法，诸如指数函数展开法[7]、F-展开法[91]、双曲函数展开法[6]、$(\frac{G'}{G})$-扩展法[8,92] 等。通过比较发现这些方法具有共同特点，总结其求解的一般步骤为：首先通过行波变换将非线性系统转化为常微分系统；然后根据非线性系统的数学物理背景先验假设出该系统所具有的解的形式，有时需要结合解的特点给出辅助方程；再将所设解及辅助函数代入常微分系统，得到一个非线性参数化代数方程组；最后利用吴消元法[93]借助符号计算系统 Maple 求解该方程组，得到先验假设解的待定常数，进而获得非线性系统的精确解。利用上述步骤，根据所假设的解可获得众多不同类型的精确解析解，我们将采用该思路求解非线性系统的方法称之为直接代数法。

本章以带源 KdV（KdV-SCS）方程为例，利用直接代数法，详细叙述获得该方程不同类型非线性局域波解的过程。为了叙述方便，首先给出带源 KdV（KdV-SCS）方程：

$$\begin{cases} u_t + u_{xxx} + 12uu_x = (v^2)_x, \\ v_{xx} + 2uv = \lambda v, \end{cases} \tag{2.0.1}$$

其中 λ 是任意常数。该方程 (2.0.1) 实际是文献 [94, 95] 中方程的一个约化形式。

2.1　KdV-SCS 方程的双曲函数解

本节将根据上面总结的直接代数法的步骤，计算并获得方程 (2.0.1) 的双曲函数多项式解。

步骤 1: 化方程 (2.0.1) 为常微分方程。

设行波变换：

$$\xi = kx + \omega t, \tag{2.1.1}$$

其中 ξ 是行波变量，k 和 ω 分别为行波的振幅和速度。将 $U(\xi) = u(x,t)$，$V(\xi) = v(x,t)$ 代入 (2.0.1)，得到如下常微分方程：

$$\begin{cases} \omega U' + 12kUU' - 2kVV' + k^3 U''' = 0, \\ k^2 V'' + 2UV - \lambda V = 0, \end{cases} \tag{2.1.2}$$

这里 $' = d/d\xi$。

步骤 2: 构造多项式形式的解。

假设 (2.1.2) 的解可表达为下面的有限级数形式：

$$U(\xi) = \sum_{i=0}^{m} a_i S^i + \sum_{i=1}^{m} b_i T S^{i-1}, \qquad V(\xi) = \sum_{i=0}^{n} c_i S^i + \sum_{i=1}^{n} d_i T S^{i-1}, \qquad (2.1.3)$$

其中 a_i，b_i，c_i，d_i 是待定常数。利用齐次平衡法定义整数 m，n $(m, n \in \mathbb{N})$，即通过平衡 (2.1.2) 中的最高阶偏导数项和最高非线性项，继而得到 $m = n = 2$ 以及下式：

$$\begin{aligned} U(\xi) &= a_0 + a_1 S + a_2 S^2 + b_1 T + b_2 T S, \\ V(\xi) &= c_0 + c_1 S + c_2 S^2 + d_1 T + d_2 T S。 \end{aligned} \qquad (2.1.4)$$

在 (2.1.3) 和 (2.1.4) 中，设 $T = \tanh \xi$，$S = \operatorname{sech} \xi$，已知

$$\tanh' \xi = \operatorname{sech}^2 \xi = 1 - \tanh^2 \xi, \qquad \operatorname{sech}' \xi = -\operatorname{sech} \xi \tanh \xi。 \qquad (2.1.5)$$

步骤 3: 通过常微分方程获得非线性代数方程组。

将 (2.1.4) 代入 (2.1.2)，通过重复应用 $\tanh^2 \xi + \operatorname{sech}^2 \xi = 1$ 和 (2.1.5)，并将 T 和 S 的同次幂项合并，然后令同次幂项的系数为 0，即可获得一个以待定系数 a_i，b_i $(i = 1, 2, \ldots, m)$，c_i，d_i $(i = 1, 2, \ldots, n)$ 为未知数的代数方程组：

$$\begin{cases} -6 k^2 c_2 + 2 a_2 c_2 - 2 b_2 d_2 = 0, \\ 2 a_0 c_0 - \lambda c_0 + 2 b_1 d_1 = 0, \\ 2 a_0 d_1 + 2 b_1 c_0 - \lambda d_1 = 0, \\ 2 b_2 c_2 - 6 k^2 d_2 + 2 a_2 d_2 = 0, \\ 48 k a_2 b_2 - 8 k c_2 d_2 - 24 k^3 b_2 = 0, \\ -24 k a_2{}^2 + 4 k c_2{}^2 + 24 k b_2{}^2 - 4 k d_2{}^2 + 24 k^3 a_2 = 0, \\ -2 k^2 d_1 + 2 b_1 c_2 + 2 b_2 c_1 + 2 a_1 d_2 + 2 a_2 d_1 = 0, \\ -2 b_1 d_2 - 2 k^2 c_1 + 2 a_1 c_2 - 2 b_2 d_1 + 2 a_2 c_1 = 0, \\ 36 k b_1 b_2 - 36 k a_1 a_2 + 6 k c_1 c_2 - 6 k d_1 d_2 + 6 k^3 a_1 = 0, \\ -6 k c_1 d_2 + 36 k a_2 b_1 + 36 k a_1 b_2 - 6 k^3 b_1 - 6 k c_2 d_1 = 0, \\ k^2 d_2 - \lambda d_2 + 2 b_2 c_0 + 2 a_0 d_2 + 2 a_1 d_1 + 2 b_1 c_1 = 0, \\ -\lambda c_1 + 2 a_1 c_0 + 2 b_1 d_2 + 2 a_0 c_1 + k^2 c_1 + 2 b_2 d_1 = 0, \\ 2 k c_0 c_1 - \omega a_1 - 12 k b_1 b_2 - k^3 a_1 - 12 k a_0 a_1 + 2 k d_1 d_2 = 0, \\ 2 k c_1 d_1 - k^3 b_2 - 12 k a_0 b_2 - \omega b_2 - 12 k a_1 b_1 + 2 k c_0 d_2 = 0, \end{cases}$$

$$\begin{cases} 2\,a_0c_2 + 4\,k^2c_2 + 2\,a_2c_0 - 2\,b_1d_1 + 2\,a_1c_1 - \lambda\,c_2 + 2\,b_2d_2 = 0, \\ 12\,ka_0b_1 - 2\,kc_0d_1 + 4\,k^3b_1 + \omega\,b_1 - 24\,ka_2b_1 + 4\,kc_2d_1 - \\ 24\,ka_1b_2 + 4\,kc_1d_2 = 0, \\ -36\,ka_2b_2 + 24\,ka_0b_2 + 2\,\omega\,b_2 + 24\,ka_1b_1 - 4\,kc_0d_2 + \\ 20\,k^3b_2 - 4\,kc_1d_1 + 6\,kc_2d_2 = 0, \\ 12\,kb_1^2 + 4\,kc_0c_2 - 8\,k^3a_2 - 12\,ka_1^2 + 2\,kd_2^2 - 24\,ka_0a_2 - 2\,\omega\,a_2 + \\ 2\,kc_1^2 - 2\,kd_1^2 - 12\,kb_2^2 = 0_\circ \end{cases} \quad (2.1.6)$$

步骤 4: 利用吴消元法求解非线性代数方程组。

假设 k, ω 都不取 0, 且 a_i, b_i, c_i 和 $d_i\,(i=1,2)$ 不全为 0, 利用 Maple 求解上面的代数方程组, 经过繁杂冗长的计算获得如下 4 组解:

第 1 组:

$$\begin{aligned} & k=k, \quad \lambda=\lambda, \quad \omega=-2\,k\left(10\,k^2+3\,\lambda\right), \quad a_0=\frac{\lambda}{2}, \\ & a_1=0, \quad a_2=3k^2, \quad b_1=0, \quad b_2=0, \quad c_0=\mp 4k^2, \\ & c_1=0, \quad c_2=\pm 6k^2, \quad d_1=0, \quad d_2=0_\circ \end{aligned} \quad (2.1.7)$$

第 2 组:

$$\begin{aligned} & k=k, \quad \lambda=\lambda, \quad \omega=2\,k\left(10\,k^2-3\,\lambda\right), \quad a_0=\frac{\lambda}{2}-2k^2, \\ & a_1=0, \quad a_2=3k^2, \quad b_1=0, \quad b_2=0, \quad c_0=0, \\ & c_1=0, \quad c_2=\pm 6k^2, \quad d_1=0, \quad d_2=0_\circ \end{aligned} \quad (2.1.8)$$

第 3 组:

$$\begin{aligned} & k=k, \quad \lambda=\lambda, \quad \omega=\omega, \quad a_0=\frac{\lambda}{2}, \quad a_1=0, \\ & a_2=k^2, \quad b_1=0, \quad b_2=0, \quad c_0=0, \quad c_1=0, \\ & c_2=0, \quad d_1=\pm\sqrt{-k\left(4\,k^3+\omega+6\,k\lambda\right)}, \quad d_2=0_\circ \end{aligned} \quad (2.1.9)$$

第 4 组:

$$\begin{aligned} & k=k, \quad \lambda=\lambda, \quad \omega=\omega, \quad a_0=\frac{\lambda}{2}-\frac{k^2}{2}, \quad a_1=0, \\ & a_2=k^2, \quad b_1=0, \quad b_2=0, \quad c_0=0, \quad c_2=0, \\ & c_1=\pm\sqrt{-k\left(-6\,k\lambda+2\,k^3-\omega\right)}, \quad d_1=0, \quad d_2=0_\circ \end{aligned} \quad (2.1.10)$$

步骤 5: 获得孤波解并验证之。

将 (2.1.7)~(2.1.10) 分别代入 (2.1.4),并代换 $T=\tanh(kx+\omega t)$,$S=\operatorname{sech}(kx+\omega t)$,即可获得原方程 (2.0.1) 的双曲函数形式的解:

解 1:

$$
\begin{aligned}
u(x,t) &= \frac{\lambda}{2} + 3k^2 \operatorname{sech}^2(kx+\omega t), \\
v(x,t) &= \mp 4k^2 \pm 6k^2 \operatorname{sech}^2(kx+\omega t), \\
\omega &= -2\,k\left(10\,k^2 + 3\,\lambda\right)\text{。}
\end{aligned}
\tag{2.1.11}
$$

解 2:

$$
\begin{aligned}
u(x,t) &= \frac{\lambda}{2} - 2k^2 + 3k^2 \operatorname{sech}^2(kx+\omega t), \\
v(x,t) &= \pm 6k^2 \operatorname{sech}^2(kx+\omega t), \\
\omega &= 2\,k\left(10\,k^2 - 3\,\lambda\right)\text{。}
\end{aligned}
\tag{2.1.12}
$$

解 3:

$$
\begin{aligned}
u(x,t) &= \frac{\lambda}{2} + k^2 \operatorname{sech}^2(kx+\omega t), \\
v(x,t) &= \pm\sqrt{-k\left(4\,k^3 + \omega + 6\,k\lambda\right)}\,\tanh(kx+\omega t)\text{。}
\end{aligned}
\tag{2.1.13}
$$

解 4:

$$
\begin{aligned}
u(x,t) &= \frac{\lambda}{2} - \frac{k^2}{2} + k^2 \operatorname{sech}^2(kx+\omega t), \\
v(x,t) &= \pm\sqrt{-k\left(-6\,k\lambda + 2\,k^3 - \omega\right)}\,\operatorname{sech}(kx+\omega t)\text{。}
\end{aligned}
\tag{2.1.14}
$$

在以上 4 组解中,k,λ 和 ω 均为任意常数。

2.2 KdV-SCS 方程的 Jacobi 椭圆函数解

2.2.1 Jacobi 椭圆函数基本概念

在 1830 年左右,卡尔·雅克比研究了一类椭圆函数,这类函数具有与三角函数相似的性质,并且可用于摆之类的应用问题,称这类函数为 Jacobi 椭圆函数。该函数涉及三个基本函数 $\operatorname{sn}(z,k)$,$\operatorname{cn}(z,k)$,$\operatorname{dn}(z,k)$,其中 k 为椭圆模。

椭圆函数源于第一类椭圆积分的逆:

$$
z = F(\phi,k) = \int_0^\phi \frac{1}{\sqrt{1 - k^2 \sin^2 t}}\mathrm{d}t,
\tag{2.2.1}
$$

12

其中 $0 < k^2 < 1$，$k = \mod z$ 是椭圆函数的模，且 $\phi = am(z,k) = am(z)$ 是 z 的辐角，则

$$\phi = F^{-1}(z,k) = am(z,k)。 \tag{2.2.2}$$

由 (2.2.2)，推导得到 Jacobi 椭圆函数中的 3 个基本函数：

$$\begin{aligned} \sin\phi &= \sin(am(z,k)) = \mathrm{sn}(z,k), \\ \cos\phi &= \cos(am(z,k)) = \mathrm{cn}(z,k), \\ \sqrt{1 - k^2\sin^2\phi} &= \sqrt{1 - k^2\sin^2(am(z,k))} = \mathrm{dn}(z,k)。 \end{aligned} \tag{2.2.3}$$

若取 (2.2.2) 中的 $k = 0$，则

$$z = F(\phi,0) = \int_0^\phi \mathrm{d}t, \tag{2.2.4}$$

于是得到以下关系式：

$$\begin{aligned} \sin\phi &= \mathrm{sn}(z,0) = \sin z, \\ \cos\phi &= \mathrm{cn}(z,0) = \cos z, \\ \mathrm{dn}(z,0) &= 1。 \end{aligned} \tag{2.2.5}$$

若取 (2.2.2) 中的 $k = 1$，则得到以下关系式：

$$\begin{aligned} \mathrm{sn}(z,1) &= \tanh z, \\ \mathrm{cn}(z,1) &= \mathrm{sech}\, z, \\ \mathrm{dn}(z,1) &= \mathrm{sech}\, z。 \end{aligned} \tag{2.2.6}$$

2.2.2　KdV-SCS 方程的 Jacobi 椭圆函数解

这部分我们利用直接代数法构造方程 (2.0.1) 的 Jacobi 椭圆函数形式的解。

首先引入辅助方程：

$$f' = gh, \quad g' = -fh, \quad h' = -M^2 fg, \tag{2.2.7}$$

即 Riccati 方程，其中 $' = d/d\xi$。同样设 $\xi = kx + \omega t$，模数 $0 < M < 1$，易证方程 (2.2.7) 具有 Jacobi 椭圆函数解为：

$$f = \mathrm{sn}(\xi;M), \quad g = \mathrm{cn}(\xi;M), \quad h = \mathrm{dn}(\xi;M), \tag{2.2.8}$$

且解 (2.2.8) 满足关系：

$$\mathrm{sn}^2(\xi;M) = 1 - \mathrm{cn}^2(\xi;M), \quad \mathrm{dn}^2(\xi;M) = 1 - M^2\mathrm{sn}^2(\xi;M)。 \tag{2.2.9}$$

下面通过以下步骤获得方程 (2.0.1) 的 Jacobi 椭圆函数形式的解。

步骤 1: 化方程 (2.0.1) 为常微分方程。

类似于上一节的步骤 1，将 $U(\xi) = u(x,t)$，$V(\xi) = v(x,t)$ 代入方程 (2.0.1)，同时利用行波变换 (2.1.1)，将方程 (2.0.1) 转化为非线性常微分方程，该常微分方程与 (2.1.2) 形式相同。

步骤 2: 构造多项式形式的解。

假设方程 (2.1.2) 的解具有下面的有限级数形式：

$$
\begin{aligned}
U(\xi) &= \sum_{i=0}^{m} a_i f^i + \sum_{i=1}^{m} b_i g f^{i-1} + \sum_{i=1}^{m} c_i h f^{i-1}, \\
V(\xi) &= \sum_{i=0}^{n} A_i f^i + \sum_{i=1}^{n} B_i g f^{i-1} + \sum_{i=1}^{n} C_i h f^{i-1},
\end{aligned}
\tag{2.2.10}
$$

其中 a_i，b_i，c_i，A_i，B_i 和 C_i 均为待定常数，同样 m，n 可通过齐次平衡法求得，$m = n = 2$，于是有

$$
\begin{aligned}
U(\xi) &= a_0 + a_1 f + a_2 f^2 + b_1 g + b_2 g f + c_1 h + c_2 h f, \\
V(\xi) &= A_0 + A_1 f + A_2 f^2 + B_1 g + B_2 g f + C_1 h + C_2 h f。
\end{aligned}
\tag{2.2.11}
$$

步骤 3: 通过常微分方程获得非线性代数方程组。

将 (2.2.11) 代入 (2.1.2)，通过重复应用 (2.2.9) 和 (2.2.7)，同时将 f，g 和 h 组合的同次幂项合并，并设合并得到的同类项多项式为 0，即可获得一个以待定系数 a_i，b_i，c_i，A_i，B_i，C_i，M，k 和 ω 为未知数的非线性代数方程组：

$$
\begin{cases}
2\,b_1 C_1 + 2\,c_1 B_1 = 0, \\
2\,c_2 B_2 + 2\,b_2 C_2 = 0, \\
-8\,k B_2 C_2 M^2 + 48\,k b_2 c_2 M^2 = 0, \\
2\,a_2 C_2 + 2\,c_2 A_2 + 6\,k^2 C_2 M^2 = 0, \\
2\,b_2 A_2 + 2\,a_2 B_2 + 6\,k^2 B_2 M^2 = 0, \\
-24\,k^3 b_2 M^2 - 48\,k a_2 b_2 + 8\,k A_2 B_2 = 0, \\
-48\,k a_2 c_2 M^2 - 24\,k^3 c_2 M^4 + 8\,k A_2 C_2 M^2 = 0, \\
2\,a_0 B_1 + 2\,b_1 A_0 - \lambda B_1 - k^2 B_1 = 0,
\end{cases}
\tag{2.2.12}
$$

14

$$\left\{\begin{array}{l}
2\,a_2A_2 - 2\,b_2B_2 - 2\,c_2C_2M^2 + 6\,k^2A_2M^2 = 0,\\[4pt]
2\,b_2C_1 + 2\,b_1C_2 + 2\,c_1B_2 + 2\,c_2B_1 = 0,\\[4pt]
12\,kc_1b_2 - 2\,kC_1B_2 - 2\,kB_1C_2 + 12\,kb_1c_2 = 0,\\[4pt]
-k^2C_1M^2 + 2\,a_0C_1 + 2\,c_1A_0 - \lambda C_1 = 0,\\[4pt]
-6\,kB_1C_2M^2 - 6\,kB_2C_1M^2 + 36\,kb_1c_2M^2 + 36\,kb_2c_1M^2 = 0,\\[4pt]
2\,a_0A_0 - \lambda A_0 + 2\,b_1B_1 + 2\,c_1C_1 + 2\,k^2A_2 = 0,\\[4pt]
2\,a_1C_2 + 2\,a_2C_1 + 2\,c_2A_1 + 2\,c_1A_2 + 2\,k^2C_1M^2 = 0,\\[4pt]
2\,b_1A_2 + 2\,b_2A_1 + 2\,a_1B_2 + 2\,k^2B_1M^2 + 2\,a_2B_1 = 0,\\[4pt]
-36\,ka_1b_2 - 6\,k^3b_1M^2 + 6\,kA_1B_2 - 36\,kb_1a_2 + 6\,kB_1A_2 = 0,\\[4pt]
-36\,ka_1c_2M^2 - 6\,k^3c_1M^4 + 6\,kA_1C_2M^2 + 6\,kA_2C_1M^2 - 36\,ka_2c_1M^2 = 0,\\[4pt]
-4\,kB_2C_2 + 2\,kB_1C_1 - 12\,kb_1c_1 - 12\,kb_1c_1M^2 + 2\,kB_1C_1M^2 + 24\,kb_2c_2 = 0,\\[4pt]
6\,kB_2C_2M^2 - 36\,kb_2c_2 + 6\,kB_2C_2 - 36\,kb_2c_2M^2 - 4\,kB_1C_1M^2 + 24\,kb_1c_1M^2 = 0,\\[4pt]
4\,kB_2^2 - 24\,kb_2^2 + 4\,kC_2^2M^2 + 24\,ka_2^2 + 24\,k^3a_2M^2 - 4\,kA_2^2 - 24\,kc_2^2M^2 = 0,\\[4pt]
-k^2C_2 + 2\,c_2A_0 + 2\,a_1C_1 + 2\,c_1A_1 - \lambda C_2 + 2\,a_0C_2 - 4\,k^2C_2M^2 = 0,\\[4pt]
2\,a_1B_1 - 4\,k^2B_2 + 2\,b_1A_1 - \lambda B_2 + 2\,a_0B_2 + 2\,b_2A_0 - k^2B_2M^2 = 0,\\[4pt]
-2\,b_2B_1 + 2\,a_1A_2 + 2\,a_2A_1 - 2\,c_1C_2M^2 - 2\,c_2C_1M^2 - 2\,b_1B_2 + 2\,k^2A_1M^2 = 0,\\[4pt]
-2\,kA_0C_2 - 2\,kC_1A_1 + 12\,ka_0c_2 + 12\,kc_1a_1 - 4\,k^3c_2M^2 + \omega\,c_2 - k^3c_2 = 0,\\[4pt]
12\,kb_1a_1 + \omega\,b_2 - 4\,k^3b_2 + 12\,ka_0b_2 - 2\,kA_0B_2 - 2\,kB_1A_1 - k^3b_2M^2 = 0,\\[4pt]
6\,k^3a_1M^2 + 6\,kC_1C_2M^2 + 36\,ka_1a_2 - 6\,kA_1A_2 + 6\,kB_1B_2 -\\[4pt]
36\,kb_1b_2 - 36\,kc_1c_2M^2 = 0,\\[4pt]
4\,kB_2C_1M^2 - 24\,kb_1c_2 - 24\,kc_1b_2 + 4\,kB_1C_2M^2 - 24\,kb_1c_2M^2 -\\[4pt]
24\,kb_2c_1M^2 + 4\,kB_1C_2 + 4\,kC_1B_2 = 0,\\[4pt]
2\,a_1A_0 + 2\,a_0A_1 + 2\,b_2B_1 + 2\,c_1C_2 + 2\,c_2C_1 - k^2A_1M^2 - k^2A_1 +\\[4pt]
2\,b_1B_2 - \lambda A_1 = 0,\\[4pt]
-6\,kA_2B_2 + 4\,kA_0B_2 + 4\,kB_1A_1 + 8\,k^3b_2 + 36\,ka_2b_2 + 20\,k^3b_2M^2 -\\[4pt]
24\,kb_1a_1 - 24\,ka_0b_2 - 2\,\omega\,b_2 = 0,\\[4pt]
-4\,kC_1A_2 + 24\,ka_1c_2 - 4\,kA_1C_2 + 4\,k^3c_1M^2 + 2\,kA_0C_1M^2 - 12\,ka_0c_1M^2 +\\[4pt]
k^3c_1M^4 + 24\,kc_1a_2 - \omega\,c_1M^2 = 0,\\[4pt]
12\,kc_1c_2 - k^3a_1 - 2\,kC_1C_2 + 12\,kb_1b_2 - 2\,kB_1B_2 - k^3a_1M^2 + \omega\,a_1 -\\[4pt]
2\,kA_0A_1 + 12\,ka_0a_1 = 0,
\end{array}\right.$$

$$\begin{cases} 4\,k^3b_1M^2 - 4\,kA_1B_2 + 2\,kA_0B_1 + 24\,ka_1b_2 + k^3b_1 - \omega\,b_1 - 4\,kB_1A_2 - \\ 12\,ka_0b_1 + 24\,kb_1a_2 = 0, \\ 8\,k^3c_2M^4 + 4\,kA_0C_2M^2 - 6\,kA_2C_2 + 20\,k^3c_2M^2 + 36\,ka_2c_2 - 2\,\omega\,c_2M^2 - \\ 24\,ka_0c_2M^2 - 24\,ka_1c_1M^2 + 4\,kA_1C_1M^2 = 0, \\ -2\,b_1B_1 + 2\,a_1A_1 + 2\,c_2C_2 - 4\,k^2A_2M^2 + 2\,b_2B_2 - 4\,k^2A_2 + 2\,a_0A_2 - \\ 2\,c_1C_1M^2 + 2\,a_2A_0 - \lambda\,A_2 = 0, \\ 12\,kc_2^2 - 2\,kB_2^2 - 12\,kc_1^2M^2 + 12\,kb_2^2 - 8\,k^3a_2 + 2\,\omega\,a_2 - 2\,kC_2^2 - 4\,kA_0A_2 - \\ 2\,kA_1^2 - 12\,kb_1^2 + 24\,ka_0a_2 + 12\,ka_1^2 - 8\,k^3a_2M^2 + 2\,kB_1^2 + 2\,kC_1^2M^2 = 0_\circ \end{cases}$$

步骤 4: 利用吴消元法求解非线性代数方程组。

假设 k，ω 全不为 0，a_i，b_i，c_i，A_i，B_i 和 $C_i\,(i=1,2)$ 不全为 0，利用符号计算系统 Maple 经过复杂的计算获得如下 5 组解：

第 1 组：

$$k=k, \quad \omega=\omega, \quad \lambda=\lambda, \quad M=\pm\frac{1}{k}\sqrt{\frac{4\,k^2A_0 - A_0^2}{12\,k^2 - 4\,A_0}},$$
$$A_0 = \frac{30\,k^3 + 6\,k\lambda + \omega \pm \sqrt{-300\,k^6 + 36\,k^2\lambda^2 + 12\,k\lambda\omega + \omega^2}}{10k},$$
$$A_1=0, \quad A_2=-\frac{3}{2}\frac{A_0\,(4\,k^2 - A_0)}{3\,k^2 - A_0}, \quad B_1=0, \quad B_2=0, \tag{2.2.13}$$
$$C_1=0, \quad C_2=0, \quad a_0=\frac{1}{2}\frac{3\,k^2\lambda - \lambda A_0 + 12\,k^4 - 3\,k^2A_0}{3\,k^2 - A_0}, \quad a_1=0,$$
$$a_2=-\frac{3}{4}\frac{A_0\,(4\,k^2 - A_0)}{3\,k^2 - A_0}, \quad b_1=0, \quad b_2=0, \quad c_1=0, \quad c_2=0_\circ$$

第 2 组：

$$k=k, \quad \omega=\omega, \quad \lambda=\lambda, \quad M=\pm\frac{1}{k}\sqrt{-\frac{4\,k^2A_0 + A_0^2}{12\,k^2 + 4\,A_0}},$$
$$A_0 = -\frac{30\,k^3 + 6\,k\lambda + \omega \pm \sqrt{-300\,k^6 + 36\,k^2\lambda^2 + 12\,k\lambda\omega + \omega^2}}{10k},$$
$$A_1=0, \quad A_2=-\frac{3}{2}\frac{A_0\,(4\,k^2 + A_0)}{3\,k^2 + A_0}, \quad B_1=0, \quad B_2=0, \tag{2.2.14}$$
$$C_1=0, \quad C_2=0, \quad a_0=\frac{1}{2}\frac{3\,k^2\lambda + \lambda A_0 + 12\,k^4 + 3\,k^2A_0}{3\,k^2 + A_0}, \quad a_1=0,$$
$$a_2=\frac{3}{4}\frac{A_0\,(4\,k^2 + A_0)}{3\,k^2 + A_0}, \quad b_1=0, \quad b_2=0, \quad c_1=0, \quad c_2=0_\circ$$

第 3 组:

$$k = k, \quad \omega = \omega, \quad \lambda = \lambda, \quad M = M, \quad A_0 = 0, \quad A_1 = 0, \quad A_2 = 0,$$
$$B_1 = 0, \quad B_2 = 0, \quad C_1 = \pm\sqrt{\omega k + 2 k^4 M^2 + 6 k^2 \lambda - 4 k^4},$$
$$C_2 = 0, \quad a_0 = \frac{k^2 M^2}{2} + \frac{\lambda}{2}, \quad a_1 = 0, \quad a_2 = -k^2 M^2,$$
$$b_1 = 0, \quad b_2 = 0, \quad c_1 = 0, \quad c_2 = 0_{\circ}$$

$$(2.2.15)$$

第 4 组:

$$k = k, \quad \omega = \omega, \quad \lambda = \lambda, \quad M = M, \quad A_0 = 0, \quad A_1 = 0, \quad A_2 = 0,$$
$$B_1 = \pm\sqrt{2 k^4 - 4 k^4 M^2 + \omega k + 6 k^2 \lambda} M, \quad B_2 = 0, \quad C_1 = 0,$$
$$C_2 = 0, \quad a_0 = \frac{k^2}{2} + \frac{\lambda}{2}, \quad a_1 = 0, \quad a_2 = -k^2 M^2,$$
$$b_1 = 0, \quad b_2 = 0, \quad c_1 = 0, \quad c_2 = 0_{\circ}$$

$$(2.2.16)$$

第 5 组:

$$k = k, \quad \omega = \omega, \quad \lambda = \lambda, \quad M = M, \quad A_0 = 0,$$
$$A_1 = \pm\sqrt{-k\,(2\,k^3 + 2\,k^3 M^2 + \omega + 6\,k\lambda)} M, \quad A_2 = 0, \quad B_1 = 0,$$
$$B_2 = 0, \quad C_1 = 0, \quad C_2 = 0, \quad a_0 = \frac{1}{2} k^2 + \frac{1}{2} k^2 M^2 + \frac{\lambda}{2},$$
$$a_1 = 0, \quad a_2 = -k^2 M^2, \quad b_1 = 0, \quad b_2 = 0, \quad c_1 = 0, \quad c_2 = 0_{\circ}$$

$$(2.2.17)$$

步骤 5: 构建 Jacobi 椭圆函数解并验证之。

把 (2.2.13)~(2.2.17) 分别代入 (2.2.11)，并且用 (2.2.8) 代换 f，g 和 h，即可获得方程 (2.0.1) 的 Jacobi 椭圆函数形式的解如下:

解 1:

$$u(x,t) = \frac{1}{2} \frac{3 k^2 \lambda - \lambda A_0 + 12 k^4 - 3 k^2 A_0}{3 k^2 - A_0} - \frac{3}{4} \frac{A_0 \,(4 k^2 - A_0)}{3 k^2 - A_0} \operatorname{sn}^2(\xi; M),$$

$$v(x,t) = A_0 - \frac{3}{2} \frac{A_0 \,(4 k^2 - A_0)}{3 k^2 - A_0} \operatorname{sn}^2(\xi; M),$$

$$M = \pm\frac{1}{k} \sqrt{\frac{4 k^2 A_0 - A_0^2}{12 k^2 - 4 A_0}},$$

$$A_0 = \frac{30 k^3 + 6 k\lambda + \omega \pm \sqrt{-300 k^6 + 36 k^2 \lambda^2 + 12 k\lambda\omega + \omega^2}}{10 k}_{\circ}$$

$$(2.2.18)$$

解 2:

$$u(x,t) = \frac{1}{2}\frac{3\,k^2\lambda + \lambda\,A_0 + 12\,k^4 + 3\,k^2 A_0}{3\,k^2 + A_0} + \frac{3}{4}\frac{A_0\,(4\,k^2 + A_0)}{3\,k^2 + A_0}\,\mathrm{sn}^2(\xi; M),$$

$$v(x,t) = A_0 - \frac{3}{2}\frac{A_0\,(4\,k^2 + A_0)}{3\,k^2 + A_0}\,\mathrm{sn}^2(\xi; M),$$

$$M = \pm\frac{1}{k}\sqrt{-\frac{4\,k^2 A_0 + A_0^2}{12\,k^2 + 4\,A_0}}, \tag{2.2.19}$$

$$A_0 = -\frac{30\,k^3 + 6\,k\lambda + \omega \pm \sqrt{-300\,k^6 + 36\,k^2\lambda^2 + 12\,k\lambda\omega + \omega^2}}{10k}\text{。}$$

解 3:

$$u(x,t) = \frac{k^2 M^2}{2} + \frac{\lambda}{2} - k^2 M^2\,\mathrm{sn}^2(\xi; M),$$

$$v(x,t) = \pm\sqrt{\omega\,k + 2\,k^4 M^2 + 6\,k^2\lambda - 4\,k^4}\,\mathrm{dn}(\xi; M)\text{。} \tag{2.2.20}$$

解 4:

$$u(x,t) = \frac{k^2}{2} + \frac{\lambda}{2} - k^2 M^2\,\mathrm{sn}^2(\xi; M),$$

$$v(x,t) = \pm\sqrt{2\,k^4 - 4\,k^4 M^2 + \omega k + 6\,k^2\lambda}\,M\,\mathrm{cn}(\xi; M)\text{。} \tag{2.2.21}$$

解 5:

$$u(x,t) = \frac{1}{2}\,k^2 + \frac{1}{2}\,k^2 M^2 + \frac{\lambda}{2} - k^2 M^2\,\mathrm{sn}^2(\xi; M),$$

$$v(x,t) = \pm\sqrt{-k\,(2\,k^3 + 2\,k^3 M^2 + \omega + 6\,k\lambda)}\,M\,\mathrm{sn}(\xi; M)\text{。} \tag{2.2.22}$$

上面 5 组解中，$\xi = kx + \omega t$，k，ω 是任意常数，且 $0 < M < 1$。

我们知道如果取 Jacobi 椭圆函数中的模数 M 为特殊值，即可建立其与三角函数及双曲函数之间的关系如下：

$$\mathrm{sn}(\xi; 0) = \sin(\xi), \quad \mathrm{sn}(\xi; 1) = \tanh(\xi), \quad \mathrm{cn}(\xi; 0) = \cos(\xi),$$

$$\mathrm{cn}(\xi; 1) = \mathrm{sech}(\xi), \quad \mathrm{cn}(\sqrt{m}\xi; 1/m) = \mathrm{dn}(\xi; m)\text{。}$$

若设解 (2.2.18) 中的 $M = 1$，即得 $A_0 = 2k^2$ 和 $A_0 = 6k^2$。将 $A_0 = 2k^2$ 代入 (2.2.18) 并利用 $\tanh^2\xi + \mathrm{sech}^2\xi = 1$，解 (2.2.18) 就变成 (2.1.11)，且 $v(x,t)$ 为解 (2.1.11) 的第一种情况。将 $A_0 = 6k^2$ 代入 (2.2.18) 并利用 $\tanh^2\xi + \mathrm{sech}^2\xi = 1$，解 (2.2.18) 就变为 (2.1.12)，且 $v(x,t)$ 取解 (2.1.12) 中的第一种情况。类似地，若设解 (2.2.19) 中的 $M = 1$，即得 $A_0 = -2k^2$ 和 $A_0 = -6k^2$。将 $A_0 = -2k^2$ 代入 (2.2.19) 并利用 $\tanh^2\xi + \mathrm{sech}^2\xi = 1$，解 (2.2.19) 就变成 (2.1.11)，且 $v(x,t)$ 取解 (2.1.11) 中的第二种情况。将 $A_0 = -6k^2$ 代入 (2.2.19) 并利用 $\tanh^2\xi + \mathrm{sech}^2\xi = 1$，解 (2.2.19) 就变成解 (2.1.12)，且 $v(x,t)$ 取解 (2.1.12) 的第二种情况。将 $M = 1$ 代入解 (2.2.20)~(2.2.22)，解 (2.2.22) 就变成 (2.1.13)，解 (2.2.20)~(2.2.21) 变成解 (2.1.14)。通过以上讨论可知 Jacobi 椭圆函数解比双曲函数解更具有一般性，可以通过设定 Jacobi 椭圆函数解中的模数获得双曲函数解[96]。

2.3　KdV-SCS 方程的 $\left(\frac{G'}{G}\right)$ 形式的解

本节首先对 $\left(\frac{G'}{G}\right)$-扩展法的步骤做以简单介绍，为了叙述方便，先将 $\left(\frac{G'}{G}\right)$ 形式罗列出来以供后面 KdV-SCS 方程的具体解进行引用。

2.3.1　$\left(\frac{G'}{G}\right)$-扩展法

首先同样根据直接代数法的步骤对 $\left(\frac{G'}{G}\right)$-扩展法做以简单介绍。给定非线性偏微分方程：

$$F(u, u_t, u_x, u_{xt}, u_{xx}, u_{tt}, \ldots) = 0, \tag{2.3.1}$$

其中 $u = u(x,t)$，F 是关于 $u(x,t)$ 及其各阶偏导数的多项式。

步骤 1: 化非线性偏微分方程为常微分方程。

首先利用行波变换：

$$u(x,t) = U(\xi), \quad \xi = kx + \omega t, \tag{2.3.2}$$

将方程 (2.3.1) 约化为常微分方程

$$P(U, U', U'', \ldots, U^{(n)}) = 0, \tag{2.3.3}$$

其中 P 是关于 $U(\xi)$ 及其导数的多项式，$' = d/d\xi$。

步骤 2: 引入一个辅助常微分方程。

首先假设方程 (2.3.3) 的解可表达为关于 $\left(\frac{G'}{G}\right)$ 的有限级数形式：

$$U(\xi) = \sum_{i=0}^{m} a_i \left(\frac{G'}{G}\right)^i, \quad a_m \neq 0, \quad m \in \mathbb{N}, \tag{2.3.4}$$

其中 $G = G(\xi)$ 满足下面的常微分方程：

$$GG'' = \alpha G'^2 + \beta GG' + \gamma G^2, \tag{2.3.5}$$

这里 $a_i\,(i = 0, 1, 2, \ldots, m)$，$\alpha$，$\beta$，$\gamma$ 是待定常数，正整数 m 由齐次平衡法来确定。易证方程 (2.3.5) 具有如下几种情况的解。

当 $\beta^2 - 4(\alpha - 1)\gamma > 0$，$\alpha \neq 1$ 时，

$$
\begin{aligned}
\frac{G'}{G} = {} & \frac{\beta}{2 - 2\alpha} + \\
& \frac{C_1 \sqrt{\beta^2 - 4\alpha\gamma + 4\gamma}\, \sinh\left(\frac{\sqrt{\beta^2 - 4\alpha\gamma + 4\gamma}\,\xi}{2}\right)}{(2 - 2\alpha)\left[C_1 \cosh\left(\frac{\sqrt{\beta^2 - 4\alpha\gamma + 4\gamma}\,\xi}{2}\right) + C_2 \sinh\left(\frac{\sqrt{\beta^2 - 4\alpha\gamma + 4\gamma}\,\xi}{2}\right)\right]} + \\
& \frac{C_2 \sqrt{\beta^2 - 4\alpha\gamma + 4\gamma}\, \cosh\left(\frac{\sqrt{\beta^2 - 4\alpha\gamma + 4\gamma}\,\xi}{2}\right)}{(2 - 2\alpha)\left[C_1 \cosh\left(\frac{\sqrt{\beta^2 - 4\alpha\gamma + 4\gamma}\,\xi}{2}\right) + C_2 \sinh\left(\frac{\sqrt{\beta^2 - 4\alpha\gamma + 4\gamma}\,\xi}{2}\right)\right]}。
\end{aligned}
\tag{2.3.6}
$$

当 $\beta^2 - 4(\alpha-1)\gamma < 0$，$\alpha \neq 1$ 时，

$$\frac{G'}{G} = \frac{\beta}{2-2\alpha} +$$

$$\frac{-C_1\sqrt{-\beta^2+4\alpha\gamma-4\gamma}\sin\left(\frac{\sqrt{-\beta^2+4\alpha\gamma-4\gamma}\,\xi}{2}\right)}{(2-2\alpha)\left[C_1\cos\left(\frac{\sqrt{-\beta^2+4\alpha\gamma-4\gamma}\,\xi}{2}\right) + C_2\sin\left(\frac{\sqrt{-\beta^2+4\alpha\gamma-4\gamma}\,\xi}{2}\right)\right]} +$$

$$\frac{C_2\sqrt{-\beta^2+4\alpha\gamma-4\gamma}\cos\left(\frac{\sqrt{-\beta^2+4\alpha\gamma-4\gamma}\,\xi}{2}\right)}{(2-2\alpha)\left[C_1\cos\left(\frac{\sqrt{-\beta^2+4\alpha\gamma-4\gamma}\,\xi}{2}\right) + C_2\sin\left(\frac{\sqrt{-\beta^2+4\alpha\gamma-4\gamma}\,\xi}{2}\right)\right]}。 \tag{2.3.7}$$

当 $\beta^2 - 4(\alpha-1)\gamma = 0$，$\alpha \neq 1$ 时，

$$\frac{G'}{G} = -\frac{\xi\beta + 2 + C_1\beta}{2(\xi\alpha - \xi + C_1\alpha - C_1)}。 \tag{2.3.8}$$

在 (2.3.6)~(2.3.8) 中，C_1，C_2 是任意常数。

该步骤主要是利用辅助常微分方程的解来定义原非线性偏微分方程解的表达式。

步骤 3: 确定待定常数。

将 (2.3.4) 连同 (2.3.5) 代入 (2.3.3)，然后将 $\frac{G'}{G}$ 的同次幂系数合并，并设这些同类项系数多项式为 0。由此获得一个以 a_i $(i = 1, 2, \ldots, m)$，k 和 ω 为未知数的非线性代数方程组，借助符号计算系统 Maple 求解该代数方程组以确定待定常数。

步骤 4: 建立方程的精确解。

假设通过求解步骤 3 中的代数方程组，可以得到 a_i，k 和 ω 的值。因为辅助常微分方程 (2.3.5) 的解已经通过判别式 $\beta^2 - 4(\alpha-1)\gamma$ 的符号得到，由此即可获得给定的非线性偏微分方程 (2.3.1) 的精确解。

2.3.2 KdV-SCS 方程的 $(\frac{G'}{G})$-扩展法的应用

本节将上述 $(\frac{G'}{G})$-扩展法应用于 KdV-SCS 方程 (2.0.1)，获得该方程 $(\frac{G'}{G})$ 形式的精确解析解。

引入行波变换：

$$u(x, t) = U(\xi), \qquad v(x, t) = V(\xi), \tag{2.3.9}$$

其中 $\xi = kx + \omega t$，k，ω 是待定常数，且 $U(\xi) = U$，$V(\xi) = V$。

将 (2.3.9) 代入系统 (2.0.1)，得到下面的常微分方程：

$$\begin{cases} \omega U + 6kU^2 - kV^2 + k^3 U'' = 0, \\ k^2 V'' + 2UV - \lambda V = 0。 \end{cases} \tag{2.3.10}$$

假设方程 (2.3.10) 的解为:

$$U(\xi) = \sum_{i=0}^{m} a_i \left(\frac{G'}{G}\right)^i, \quad V(\xi) = \sum_{i=0}^{n} b_i \left(\frac{G'}{G}\right)^i。$$

类似于前两节利用齐次平衡法可得 $m = n = 2$。于是,方程 (2.3.10) 的解的形式可表达为:

$$U(\xi) = a_0 + a_1 \left(\frac{G'}{G}\right) + a_2 \left(\frac{G'}{G}\right)^2,$$
$$V(\xi) = b_0 + b_1 \left(\frac{G'}{G}\right) + b_2 \left(\frac{G'}{G}\right)^2。 \quad (2.3.11)$$

将 (2.3.11) 和 (2.3.5) 代入方程 (2.3.10),并且将 $\frac{G'}{G}$ 的同次幂系数合并,令每个同类项系数多项式为 0,由此得到关于 k,ω,a_0,a_1,a_2,b_0,b_1 和 b_2 的代数方程组为:

$$\begin{cases}
6\,k^2 b_2 - 12\,k^2 b_2 \alpha + 2\,a_2 b_2 + 6\,k^2 b_2 \alpha^2 = 0, \\
10\,k^2 b_2 \alpha\beta + 2\,k^2 b_1 + 2\,a_2 b_1 - 10\,k^2 b_2 \beta + 2\,k^2 b_1 \alpha^2 - 4\,k^2 b_1 \alpha + 2\,a_1 b_2 = 0, \\
2\,a_0 b_2 - 3\,k^2 b_1 \beta + 3\,k^2 b_1 \alpha\beta + 2\,a_2 b_0 + 4\,k^2 b_2 \beta^2 + 8\,k^2 b_2 \alpha\gamma - \\
\lambda b_2 + 2\,a_1 b_1 - 8\,k^2 b_2 \gamma = 0, \\
6\,k^2 b_2 \beta\gamma + 2\,k^2 b_1 \alpha\gamma + 2\,a_1 b_0 - \lambda b_1 + 2\,a_0 b_1 + k^2 b_1 \beta^2 - 2\,k^2 b_1 \gamma = 0, \\
k^2 b_1 \beta\gamma + 2\,a_0 b_0 + 2\,k^2 b_2 \gamma^2 - \lambda b_0 = 0, \\
6\,ka_2^2 - 12\,k^3 a_2 \alpha - kb_2^2 + 6\,k^3 a_2 \alpha^2 + 6\,k^3 a_2 = 0, \\
2\,k^3 a_1 - 4\,k^3 a_1 \alpha + 10\,k^3 a_2 \beta + 2\,k^3 a_1 \alpha^2 + 12\,ka_1 a_2 - 10\,k^3 a_2 \beta - 2\,kb_1 b_2 = 0, \\
-3\,k^3 a_1 \beta + 3\,k^3 a_1 \alpha\beta + 6\,ka_1^2 - 2\,kb_0 b_2 - kb_1^2 - 8\,k^3 a_2 \gamma + \omega\,a_2 + \\
4\,k^3 a_2 \beta^2 + 8\,k^3 a_2 \alpha\gamma + 12\,ka_0 a_2 = 0, \\
6\,k^3 a_2 \beta\gamma + \omega\,a_1 + 2\,k^3 a_1 \alpha\gamma - 2\,k^3 a_1 \gamma - 2\,kb_0 b_1 + 12\,ka_0 a_1 + k^3 a_1 \beta^2 = 0, \\
\omega\,a_0 + 6\,ka_0^2 - kb_0^2 + k^3 a_1 \beta\gamma + 2\,k^3 a_2 \gamma^2 = 0。
\end{cases}$$
$$(2.3.12)$$

借助符号计算系统 Maple 求解如上的代数方程组,由此确定出待定常数,进而获得 KdV-SCS 方程 (2.0.1) 在不同参数约束下的几种行波解。

情形 1: $\beta^2 - 4\alpha\gamma + 4\gamma > 0$,$\alpha \neq 1$。

在这种情形下,我们可求得 KdV-SCS 方程 (2.0.1) 5 组行波解分别为:

解 1： 情形 1 时，第 1 组待定常数解为：

$$\omega = k \left(4\,k^2\gamma\,\alpha - k^2\beta^2 - 4\,k^2\gamma - 6\,\lambda + \frac{8\,k^2\lambda\,\gamma\,\alpha - 2\,k^2\beta^2\lambda - 8\,k^2\lambda\,\gamma - 6\,\lambda^2}{4\,k^2\gamma\,\alpha - k^2\beta^2 - 4\,k^2\gamma - 2\,\lambda} \right),$$

$$a_0 = -k^2\gamma\,\alpha + k^2\gamma + \frac{\lambda}{2}, \quad a_1 = -\beta\,(\alpha - 1)\,k^2, \quad a_2 = -\left(1 + \alpha^2 - 2\,\alpha\right)k^2,$$

$$b_0 = \pm \frac{1}{2}\,\beta\,k\sqrt{-\frac{8\,k^2\lambda\,\gamma\,\alpha - 2\,k^2\beta^2\lambda - 8\,k^2\lambda\,\gamma - 6\,\lambda^2}{4\,k^2\gamma\,\alpha - k^2\beta^2 - 4\,k^2\gamma - 2\,\lambda}},$$

$$b_1 = \pm\sqrt{-\frac{8\,k^2\lambda\,\gamma\,\alpha - 2\,k^2\beta^2\lambda - 8\,k^2\lambda\,\gamma - 6\,\lambda^2}{4\,k^2\gamma\,\alpha - k^2\beta^2 - 4\,k^2\gamma - 2\,\lambda}}\,(\alpha - 1)\,k, \quad b_2 = 0, \quad k = k_\circ$$

$$(2.3.13)$$

将 (2.3.13) 代入 (2.3.11)，得到解表达为：

$$U(\xi) = -k^2\gamma\,\alpha + k^2\gamma + \frac{\lambda}{2} - \beta\,(\alpha - 1)\,k^2\left(\frac{G'}{G}\right) - \left(1 + \alpha^2 - 2\,\alpha\right)k^2\left(\frac{G'}{G}\right)^2,$$

$$V(\xi) = \pm\frac{1}{2}\,\beta\,k\sqrt{-\frac{8\,k^2\lambda\,\gamma\,\alpha - 2\,k^2\beta^2\lambda - 8\,k^2\lambda\,\gamma - 6\,\lambda^2}{4\,k^2\gamma\,\alpha - k^2\beta^2 - 4\,k^2\gamma - 2\,\lambda}}$$

$$\pm\sqrt{-\frac{8\,k^2\lambda\,\gamma\,\alpha - 2\,k^2\beta^2\lambda - 8\,k^2\lambda\,\gamma - 6\,\lambda^2}{4\,k^2\gamma\,\alpha - k^2\beta^2 - 4\,k^2\gamma - 2\,\lambda}}\,(\alpha - 1)\,k\left(\frac{G'}{G}\right)_\circ$$

$$(2.3.14)$$

因此，只需将 (2.3.14) 连同 (2.3.6)，即可得到方程 (2.0.1) 的第 1 组双曲函数形式的行波解。这里由于仅仅涉及 $\frac{G'}{G}$ 形式 (2.3.6) 的代换且该形式比较复杂，我们这里将具体形式省略，而只给出解中行波变量的表达式为：

$$\xi = kx + k\left(4\,k^2\gamma\,\alpha - k^2\beta^2 - 4\,k^2\gamma - 6\,\lambda + \frac{8\,k^2\lambda\,\gamma\,\alpha - 2\,k^2\beta^2\lambda - 8\,k^2\lambda\,\gamma - 6\,\lambda^2}{4\,k^2\gamma\,\alpha - k^2\beta^2 - 4\,k^2\gamma - 2\,\lambda} \right.$$

$$\left. + 8\,k^2\lambda\,\gamma\,\alpha - 2\,k^2\beta^2\lambda - 8\,k^2\lambda\,\gamma - 6\,\lambda^2\right)^2 t_\circ$$

解 2： 情形 1 时，第 2 组待定常数解为：

$$k = \pm\sqrt{\frac{\lambda}{4\,\alpha\,\gamma - \beta^2 - 4\,\gamma}}, \quad \omega = \mp\sqrt{\frac{\lambda}{4\,\alpha\,\gamma - \beta^2 - 4\,\gamma}}\,\lambda, \quad a_0 = -\frac{2\,\gamma\,\alpha\,\lambda + \beta^2\lambda - 2\,\gamma\,\lambda}{8\,\alpha\,\gamma - 2\,\beta^2 - 8\,\gamma},$$

$$a_1 = -\frac{3\,\alpha\,\beta\,\lambda - 3\,\beta\,\lambda}{4\,\alpha\,\gamma - \beta^2 - 4\,\gamma}, \quad a_2 = -\frac{3\,\alpha^2\lambda - 6\,\lambda\,\alpha + 3\,\lambda}{4\,\alpha\,\gamma - \beta^2 - 4\,\gamma}, \quad b_0 = \pm\frac{2\,\gamma\,\alpha\,\lambda + \beta^2\lambda - 2\,\gamma\,\lambda}{4\,\alpha\,\gamma - \beta^2 - 4\,\gamma},$$

$$b_1 = \pm\frac{6\,\alpha\,\beta\,\lambda - 6\,\beta\,\lambda}{4\,\alpha\,\gamma - \beta^2 - 4\,\gamma}, \quad b_2 = \pm\frac{6\,\alpha^2\lambda - 12\,\lambda\,\alpha + 6\,\lambda}{4\,\alpha\,\gamma - \beta^2 - 4\,\gamma}_\circ$$

$$(2.3.15)$$

将 (2.3.15) 代入 (2.3.11)，得到解表达为：

$$U(\xi) = -\frac{2\gamma\alpha\lambda + \beta^2\lambda - 2\gamma\lambda}{8\alpha\gamma - 2\beta^2 - 8\gamma} - \frac{3\alpha\beta\lambda - 3\beta\lambda}{4\alpha\gamma - \beta^2 - 4\gamma}\left(\frac{G'}{G}\right) - \frac{3\alpha^2\lambda - 6\lambda\alpha + 3\lambda}{4\alpha\gamma - \beta^2 - 4\gamma}\left(\frac{G'}{G}\right)^2,$$

$$V(\xi) = \pm\frac{2\gamma\alpha\lambda + \beta^2\lambda - 2\gamma\lambda}{4\alpha\gamma - \beta^2 - 4\gamma} \pm \frac{6\alpha\beta\lambda - 6\beta\lambda}{4\alpha\gamma - \beta^2 - 4\gamma}\left(\frac{G'}{G}\right) \pm \frac{6\alpha^2\lambda - 12\lambda\alpha + 6\lambda}{4\alpha\gamma - \beta^2 - 4\gamma}\left(\frac{G'}{G}\right)^2。$$

$$(2.3.16)$$

因此，只需将 (2.3.16) 连同 (2.3.6)，即可得到方程 (2.0.1) 的第 2 组双曲函数形式的行波解。同样这里将具体形式省略，而只给出解中行波变量的表达式为：

$$\xi = \pm\sqrt{\frac{\lambda}{4\alpha\gamma - \beta^2 - 4\gamma}}x \mp \sqrt{\frac{\lambda}{4\alpha\gamma - \beta^2 - 4\gamma}}\lambda t, \qquad \lambda < 0。$$

解 3：情形 1 时，第 3 组待定常数解为：

$$k = \pm\sqrt{-\frac{\lambda}{4\alpha\gamma - \beta^2 - 4\gamma}}, \qquad \omega = \mp\sqrt{-\frac{\lambda}{4\alpha\gamma - \beta^2 - 4\gamma}}\lambda, \qquad a_0 = -\frac{-3\gamma\alpha\lambda + 3\gamma\lambda}{4\alpha\gamma - \beta^2 - 4\gamma},$$

$$a_1 = -\frac{-3\alpha\beta\lambda + 3\beta\lambda}{4\alpha\gamma - \beta^2 - 4\gamma}, \qquad a_2 = -\frac{-3\alpha^2\lambda + 6\lambda\alpha - 3\lambda}{4\alpha\gamma - \beta^2 - 4\gamma}, \qquad b_0 = \pm\frac{6\gamma\alpha\lambda - 6\gamma\lambda}{4\alpha\gamma - \beta^2 - 4\gamma},$$

$$b_1 = \pm\frac{6\alpha\beta\lambda - 6\beta\lambda}{4\alpha\gamma - \beta^2 - 4\gamma}, \qquad b_2 = \pm\frac{6\alpha^2\lambda - 12\lambda\alpha + 6\lambda}{4\alpha\gamma - \beta^2 - 4\gamma}。$$

$$(2.3.17)$$

将 (2.3.17) 代入 (2.3.11)，得到如下解：

$$U(\xi) = -\frac{-3\gamma\alpha\lambda + 3\gamma\lambda}{4\alpha\gamma - \beta^2 - 4\gamma} - \frac{-3\alpha\beta\lambda + 3\beta\lambda}{4\alpha\gamma - \beta^2 - 4\gamma}\left(\frac{G'}{G}\right) - \frac{-3\alpha^2\lambda + 6\lambda\alpha - 3\lambda}{4\alpha\gamma - \beta^2 - 4\gamma}\left(\frac{G'}{G}\right)^2,$$

$$V(\xi) = \pm\frac{6\gamma\alpha\lambda - 6\gamma\lambda}{4\alpha\gamma - \beta^2 - 4\gamma} \pm \frac{6\alpha\beta\lambda - 6\beta\lambda}{4\alpha\gamma - \beta^2 - 4\gamma}\left(\frac{G'}{G}\right) \pm \frac{6\alpha^2\lambda - 12\lambda\alpha + 6\lambda}{4\alpha\gamma - \beta^2 - 4\gamma}\left(\frac{G'}{G}\right)^2。$$

$$(2.3.18)$$

因此，只需 (2.3.18) 连同 (2.3.6)，即可得到方程 (2.0.1) 第 3 组双曲函数形式的行波解。同上述理由一样这里将具体形式省略，而只给出解中行波变量的表达式为：

$$\xi = \pm\sqrt{-\frac{\lambda}{4\alpha\gamma - \beta^2 - 4\gamma}}x \mp \sqrt{-\frac{\lambda}{4\alpha\gamma - \beta^2 - 4\gamma}}\lambda t, \qquad \lambda > 0。$$

解 4：情形 1 时，第 4 组待定常数解为：

$$k = \pm\sqrt{\frac{3\lambda}{8\alpha\gamma - 2\beta^2 - 8\gamma}}, \qquad \omega = \pm\frac{3}{2}\sqrt{\frac{3\lambda}{8\alpha\gamma - 2\beta^2 - 8\gamma}}\lambda,$$

$$a_0 = -\frac{5\gamma\alpha\lambda + \beta^2\lambda - 5\gamma\lambda}{8\alpha\gamma - 2\beta^2 - 8\gamma}, \qquad a_1 = -\frac{9\alpha\beta\lambda - 9\beta\lambda}{8\alpha\gamma - 2\beta^2 - 8\gamma},$$

$$a_2 = -\frac{9\alpha^2\lambda - 18\lambda\alpha + 9\lambda}{8\alpha\gamma - 2\beta^2 - 8\gamma}, \qquad b_0 = \pm\frac{6\gamma\alpha\lambda + 3\beta^2\lambda - 6\gamma\lambda}{8\alpha\gamma - 2\beta^2 - 8\gamma}, \tag{2.3.19}$$

$$b_1 = \pm\frac{9\alpha\beta\lambda - 9\beta\lambda}{4\alpha\gamma - \beta^2 - 4\gamma}, \qquad b_2 = \pm\frac{9\alpha^2\lambda - 18\lambda\alpha + 9\lambda}{4\alpha\gamma - \beta^2 - 4\gamma}\text{。}$$

将 (2.3.19) 代入 (2.3.11)，得到如下解：

$$U(\xi) = -\frac{5\gamma\alpha\lambda + \beta^2\lambda - 5\gamma\lambda}{8\alpha\gamma - 2\beta^2 - 8\gamma} - \frac{9\alpha\beta\lambda - 9\beta\lambda}{8\alpha\gamma - 2\beta^2 - 8\gamma}\left(\frac{G'}{G}\right) - \frac{9\alpha^2\lambda - 18\lambda\alpha + 9\lambda}{8\alpha\gamma - 2\beta^2 - 8\gamma}\left(\frac{G'}{G}\right)^2,$$

$$V(\xi) = \pm\frac{6\gamma\alpha\lambda + 3\beta^2\lambda - 6\gamma\lambda}{8\alpha\gamma - 2\beta^2 - 8\gamma} \pm \frac{9\alpha\beta\lambda - 9\beta\lambda}{4\alpha\gamma - \beta^2 - 4\gamma}\left(\frac{G'}{G}\right) \pm \frac{9\alpha^2\lambda - 18\lambda\alpha + 9\lambda}{4\alpha\gamma - \beta^2 - 4\gamma}\left(\frac{G'}{G}\right)^2\text{。}$$

$$\tag{2.3.20}$$

由此，将 (2.3.20) 连同 (2.3.6)，即可得到方程 (2.0.1) 第 4 组双曲函数形式的行波解，其中行波变量的表达式为：

$$\xi = \pm\sqrt{\frac{3\lambda}{8\alpha\gamma - 2\beta^2 - 8\gamma}}x \pm \frac{3}{2}\sqrt{\frac{3\lambda}{8\alpha\gamma - 2\beta^2 - 8\gamma}}\lambda t, \qquad \lambda < 0\text{。}$$

解 5：情形 1 时，第 5 组待定常数解为：

$$k = \pm\sqrt{\frac{-3\lambda}{8\alpha\gamma - 2\beta^2 - 8\gamma}}, \qquad \omega = \pm\frac{3}{2}\sqrt{\frac{-3\lambda}{8\alpha\gamma - 2\beta^2 - 8\gamma}}\lambda,$$

$$a_0 = -\frac{-14\gamma\alpha\lambda - \beta^2\lambda + 14\gamma\lambda}{16\alpha\gamma - 4\beta^2 - 16\gamma}, \qquad a_1 = -\frac{-9\alpha\beta\lambda + 9\beta\lambda}{8\alpha\gamma - 2\beta^2 - 8\gamma},$$

$$a_2 = -\frac{-9\alpha^2\lambda + 18\lambda\alpha - 9\lambda}{8\alpha\gamma - 2\beta^2 - 8\gamma}, \qquad b_0 = \pm\frac{9\gamma\alpha\lambda - 9\gamma\lambda}{4\alpha\gamma - \beta^2 - 4\gamma}, \tag{2.3.21}$$

$$b_1 = \pm\frac{9\alpha\beta\lambda - 9\beta\lambda}{4\alpha\gamma - \beta^2 - 4\gamma}, \qquad b_2 = \pm\frac{9\alpha^2\lambda - 18\lambda\alpha + 9\lambda}{4\alpha\gamma - \beta^2 - 4\gamma}\text{。}$$

将 (2.3.21) 代入 (2.3.11)，得到如下解：

$$U(\xi) = \frac{14\gamma\alpha\lambda + \beta^2\lambda - 14\gamma\lambda}{16\alpha\gamma - 4\beta^2 - 16\gamma} - \frac{-9\alpha\beta\lambda + 9\beta\lambda}{8\alpha\gamma - 2\beta^2 - 8\gamma}\left(\frac{G'}{G}\right) - \frac{-9\alpha^2\lambda + 18\lambda\alpha - 9\lambda}{8\alpha\gamma - 2\beta^2 - 8\gamma}\left(\frac{G'}{G}\right)^2,$$

$$V(\xi) = \pm\frac{9\gamma\alpha\lambda - 9\gamma\lambda}{4\alpha\gamma - \beta^2 - 4\gamma} \pm \frac{9\alpha\beta\lambda - 9\beta\lambda}{4\alpha\gamma - \beta^2 - 4\gamma}\left(\frac{G'}{G}\right) \pm \frac{9\alpha^2\lambda - 18\lambda\alpha + 9\lambda}{4\alpha\gamma - \beta^2 - 4\gamma}\left(\frac{G'}{G}\right)^2\text{。}$$

$$\tag{2.3.22}$$

由此，将 (2.3.22) 连同 (2.3.6)，即可获得方程 (2.0.1) 第 5 组双曲函数形式的行波解，其中行波变量表达为：

$$\xi = \pm\sqrt{\frac{-3\lambda}{8\,\alpha\,\gamma - 2\,\beta^2 - 8\,\gamma}}\,x \pm \frac{3}{2}\sqrt{\frac{-3\lambda}{8\,\alpha\,\gamma - 2\,\beta^2 - 8\,\gamma}}\,\lambda t, \qquad \lambda > 0。$$

情形 2： $\beta^2 - 4\alpha\gamma + 4\gamma < 0,\ \alpha \neq 1$。

在该情形下，只需将**情形 1** 时得到的 5 组待定常数及每组对应的 $U(\xi)$ 和 $V(\xi)$，再结合本章第一节对应于 $\beta^2 - 4\alpha\gamma + 4\gamma < 0$ 时 $\frac{G'}{G}$ 的解，即可得到方程 (2.0.1) 对应的另外 5 组行波解及行波变量。这 5 组解本质上也只是一些代入的过程，不涉及技巧性的内容且解的表达式比较复杂，因此本书在此省略。至此共获得 10 组行波解。

情形 3： $\beta^2 - 4\alpha\gamma + 4\gamma = 0,\ \alpha \neq 1$。

在该情形下，将 $\gamma = \frac{\beta^2}{4(\alpha-1)}$ 代入到前面的代数方程组 (2.3.12)，求解可得待定常数为：

$$k = \pm\frac{\sqrt{-a_2}}{\alpha - 1}, \qquad \omega = \mp 3\,\frac{\sqrt{-a_2}\,\lambda}{\alpha - 1},$$

$$a_0 = \frac{1}{4}\frac{2\,\alpha^2\lambda - 4\,\alpha\,\lambda + 2\,\lambda + \beta^2 a_2}{1 + \alpha^2 - 2\,\alpha}, \qquad a_1 = \frac{\beta\,a_2}{\alpha - 1}, \tag{2.3.23}$$

$$b_0 = \pm\frac{1}{2}\frac{\sqrt{3\lambda\,a_2}\,\beta}{\alpha - 1}, \qquad b_1 = \pm\sqrt{3\lambda\,a_2}, \qquad b_2 = 0。$$

解 11： 将 (2.3.23) 代入 (2.3.11) 并连同 (2.3.8)，可获得方程 (2.0.1) 的第 11 组有理函数形式的解为：

$$u(x,t) = \frac{1}{4}\frac{2\,\alpha^2\lambda - 4\,\alpha\,\lambda + 2\,\lambda + \beta^2 a_2}{1 + \alpha^2 - 2\,\alpha} - \frac{1}{2}\frac{\beta\,a_2\,(\xi\,\beta + 2 + C_1\beta)}{(\alpha - 1)\,(\xi\,\alpha - \xi + C_1\alpha - C_1)}$$

$$+ \frac{1}{4}\frac{a_2\,(\xi\,\beta + 2 + C_1\beta)^2}{(\xi\,\alpha - \xi + C_1\alpha - C_1)^2}, \tag{2.3.24}$$

$$v(x,t) = \pm\frac{1}{2}\frac{\sqrt{3\lambda\,a_2}\,\beta}{\alpha - 1} \mp \frac{1}{2}\frac{\sqrt{3\lambda\,a_2}\,(\xi\,\beta + 2 + C_1\beta)}{\xi\,\alpha - \xi + C_1\alpha - C_1},$$

其中 C_1 是任意常数，$a_2 < 0$，且行波变量为：

$$\xi = \pm\frac{\sqrt{-a_2}}{\alpha - 1}\,x \mp 3\,\frac{\sqrt{-a_2}\,\lambda}{\alpha - 1}\,t, \qquad \lambda < 0。$$

2.4　小结

本章首先通过比较分析目前应用广泛的求解非线性方程直接有效的一些方法，提取它们的共同特点并总结出直接代数法的基本思路。实际上还有很多已有方法都可以归为直接代数法，通过该方法对 KdV-SCS 方程展开研究，获得了该方程双曲函数和 Jacobi 椭圆函数表示的多项式解。同时发现通过确定 Jacobi 椭圆函数中模 M 的相应值，可将 Jacobi 椭圆函数的多项式解转化为双曲函数的多项式解，进一步说明了 Jacobi 椭圆函数解比双曲函数解更具有一般性；接着我们用直接代数法的思想求得 KdV-SCS 方程的 11 组用 $(\frac{G'}{G})$ 形式表达的解，这些解中包含有任意参数的双曲函数解、有理函数解和三角函数解，任意参数意味着对应的解具有丰富的局部结构。总之，通过直接代数法我们获得了 KdV-SCS 方程众多非线性局部解（这些解本质上均为行波解），不仅扩展了该方程的精确解，而且为其他带源的非线性发展方程的求解提供了思路与方法。

第 3 章　Hirota 双线性方法及其应用

众所周知，Hirota 双线性方法已被成功应用于求解连续和离散可积系统的精确解。该方法是 1971 年由日本著名的数学家和物理学家 Hirota 教授首次提出的 [3]，由于该方法可以通过纯代数手段来实现，求解过程也相对简单，所以亦称其为"广田直接方法"。Hirota 双线性方法应用的关键是引入适当的双线性变换，通过对势函数引入恰当的变换，结合引进的双线性算子把原方程化为双线性方程，然后将摄动展开式代入双线性方程，一定条件下将该展开式截断至有限项即可构造得到原方程的多孤子解。通过 Hirota 双线性是否能获得多孤子解还可以进一步说明对应方程的可积性 [97,98]。除此之外，由非线性系统的 Hirota 双线性形式还可以获得该系统的双线性 Bäcklund 变换、Lax 表示和无穷守恒量等一系列性质。国内许多学者利用 Hirota 双线性方法获得许多重要研究结果 [99–101]。其中胡星标研究员在发展 Hirota 双线性方法方面做了很多出色的工作 [102–104]，刘青平教授则利用 Hirota 双线性方法在超对称方程方面做了很多重要工作 [105,106]。

本章首先介绍 Hirota 双线性方法中最重要的算子 Hirota 导数；然后利用该方法分别研究一个高维非线性系统和超对称系统，详细给出获得这两个非线性系统孤子解的过程。通过本章的例子可使读者掌握该方法在经典非线性系统与超对称系统中使用的异同。

3.1　Hirota 导数 D-算子及相关变量变换

3.1.1　Hirota 导数 D-算子

首先，引进微分算子 D-算子，即 Hirota 导数的定义：

$$D_t^m D_x^n a(t,x) \cdot b(t,x) = \frac{\partial^m}{\partial s^m}\frac{\partial^n}{\partial y^n} a(t+s,x+y)b(t-s,x-y)\,|_{s=0,y=0}\,, \quad (3.1.1)$$

其中 $m,n = 0,1,2,3,\cdots$。

为了与函数乘积的普通导数作比较，将莱布尼茨法则重新写为：

$$\frac{\partial^m}{\partial t^m}\frac{\partial^n}{\partial x^n} a(t,x)b(t,x) = \frac{\partial^m}{\partial s^m}\frac{\partial^n}{\partial y^n} a(t+s,x+y)b(t+s,x+y)\,|_{s=0,y=0}\,, \quad (3.1.2)$$

其中 $m,n = 0,1,2,3,\cdots$。

由公式 (3.1.1)，得

$$D_x a \cdot b = a_x b - a b_x,$$
$$D_x^2 a \cdot b = a_{xx} b - 2 a_x b_x + a b_{xx},$$
$$D_x^3 a \cdot b = a_{xxx} b - 3 a_{xx} b_x + 3 a_x b_{xx} - a b_{xxx},$$

$$\vdots$$

当 n 为奇数时有

$$D_x^n a \cdot a = 0。$$

由公式 (3.1.2)，得

$$\partial_x a \cdot b = a_x b + a b_x,$$
$$\partial_x^2 a \cdot b = a_{xx} b + 2 a_x b_x + a b_{xx},$$
$$\partial_x^3 a \cdot b = a_{xxx} b + 3 a_{xx} b_x + 3 a_x b_{xx} + a b_{xxx},$$

$$\vdots$$

通过上面的比较可得 D-算子一个便于记忆的规律：即只需将普通函数乘积导数中的第二个函数奇次导数项符号变为负即可。

下面定义 D-算子 D_z 和微分算子 ∂_z：

$$D_z = D_t + \varepsilon D_x,$$
$$\partial_z = \partial_t + \varepsilon \partial_x。$$

利用指数形式重新定义 D-算子为：

$$\exp(\delta D_z) a(z) \cdot b(z) = \exp(\delta \partial_y)(a(z+y))(b(z-y))|_{y=0} = a(z+\delta)b(z-\delta), \quad (3.1.3)$$

其中 δ 是一个参数，若函数 $a(z)$ 和 $b(z)$ 是无穷次可微的，则 $a(z+\delta)$ 和 $b(z-\delta)$ 在 δ 处泰勒展开的系数为：

$$(1+\delta D_x+\frac{1}{2}\delta^2 D_x^2+\frac{1}{6}\delta^3 D_x^3+\cdots)a(x)\cdot b(x) = [a+\delta a_x+\frac{1}{2}\delta^2 a_{xx}+\cdots][b-\delta b_x+\frac{1}{2}\delta^2 b_{xx}-\cdots]。$$
$$(3.1.4)$$

从式 (3.1.4) 中比较 δ^n 的系数，即可得到 $D_x^n a \cdot b$ 的展开公式。

下面给出一个简单应用，若

$$a(z) = \exp(p_1 z), \quad b(z) = \exp(p_2 z)。$$

将上式代入式 (3.1.3)，并将式 (3.1.3) 的等式两边关于 δ 泰勒展开，比较 δ^n 的系数，得

$$D_z^n \exp(p_1 z) \cdot \exp(p_2 z) = (p_1 - p_2)^n \exp[(p_1 + p_2)z]。 \quad (3.1.5)$$

对于普通导数的情形，有

$$\partial_z^n \exp(p_1 z) \cdot \exp(p_2 z) = (p_1 + p_2)^n \exp[(p_1 + p_2)z]。$$

将上式代入式 (3.1.5) 可得到

$$D_z^n \exp(p_1 z) \cdot \exp(p_2 z) = \frac{(p_1 - p_2)^n}{(p_1 + p_2)^n} \partial_z^n \exp(p_1 z) \cdot \exp(p_2 z)。$$

一般地，若 F 是关于 D_t，D_x，$\cdots$ 的多项式，由微分算子的线性性质，上式可推广为：

$$F(D_t, D_x, \cdots) \exp \eta_1 \cdot \exp \eta_2 = \frac{F(\omega_1 - \omega_2, P_1 - P_2, \cdots)}{F(\omega_1 + \omega_2, P_1 + P_2, \cdots)} F(\partial_t, \partial_x, \cdots) \exp(\eta_1 + \eta_2),$$

$$(3.1.6)$$

其中 $\eta_i = P_i x + \omega_i t + \cdots (i = 1, 2, \cdots)$。

公式 (3.1.6) 在求解双线性方程 $F(D_t, D_x, \cdots)f \cdot f = 0$ 的 N-孤立子解时是非常有用的。

3.1.2　相关变量变换

非线性偏微分方程被双线性化的关键是能找到一种适当的相关变量变换。相关变量变换的形式有许多种，下面仅就常用的三种变换加以介绍。

(1)有理变换

$u = \frac{a}{b}$ 称为有理变换（u 为非线性偏微分方程的解），这种变换一般应用于非线性项为关于 u，u_x，$\cdots$ 的多项式的微分方程，有理变换常用的一些等式有：

$$\frac{\partial}{\partial x}\frac{a}{b} = \frac{D_x a \cdot b}{b^2},$$

$$\frac{\partial^2}{\partial x^2}\frac{a}{b} = \frac{D_x^2 a \cdot b}{b^2} - \frac{a}{b}\frac{D_x^2 b \cdot b}{b^2},$$

$$\frac{\partial^3}{\partial x^3}\frac{a}{b} = \frac{D_x^3 a \cdot b}{b^2} - 3\frac{D_x a \cdot b}{b^2}\frac{D_x^2 b \cdot b}{b^2},$$

$$\vdots$$

(2)对数变换

$u = 2(\log f)_{xx}$ 称为对数变换，对数变换常用的等式有：

$$2\frac{\partial^2}{\partial x^2}\log f = \frac{D_x^2 f \cdot f}{f^2}, \tag{3.1.7}$$

$$2\frac{\partial^2}{\partial x \partial t}\log f = \frac{D_x D_t f \cdot f}{f^2}, \tag{3.1.8}$$

$$2\frac{\partial^4}{\partial x^4}\log f = \frac{D_x^4 f \cdot f}{f^2} - 3(\frac{D_x^2 f \cdot f}{f^2})^2, \tag{3.1.9}$$

$$2\frac{\partial^6}{\partial x^6}\log f = \frac{D_x^6 f \cdot f}{f^2} - 15\frac{D_x^4 f \cdot f}{f^2}\frac{D_x^2 f \cdot f}{f^2} + 30(\frac{D_x^2 f \cdot f}{f^2})^3, \tag{3.1.10}$$

$$\vdots$$

(3)双对数变换

$\phi = \log(a/b)$ 或 $\rho = \log(ab)$ 称为双对数变换，该变换常用的等式有：

$$\frac{\partial}{\partial x}\log(a/b) = \frac{D_x a \cdot b}{ab}, \tag{3.1.11}$$

$$\frac{\partial^2}{\partial x^2}\log(a/b) = \frac{D_x^2 a \cdot a}{2a^2} - \frac{D_x^2 b \cdot b}{2b^2}, \tag{3.1.12}$$

$$\frac{\partial^2}{\partial x^2}\log(ab) = \frac{D_x^2 a \cdot b}{ab} - (\frac{D_x a \cdot b}{ab})^2, \tag{3.1.13}$$

$$\frac{\partial^3}{\partial x^3}\log(a/b) = \frac{D_x^3 a \cdot b}{ab} - 3\frac{D_x^2 a \cdot b}{ab}\frac{D_x a \cdot b}{ab} + 2(\frac{D_x a \cdot b}{ab})^3, \tag{3.1.14}$$

$$\vdots$$

3.2 2+1 维非线性系统的孤子解

近年来，许多研究表明，一些 $1+1$ 维孤子方程都有 $2+1$ 维的推广。著名的 KP 方程和 NVN 方程，它们就是 KdV 方程的两个 $2+1$ 维推广 [107–109]。在文献 [110] 中，耦合 KdV 方程就推广到了二维系统。受这些研究成果启发，本书研究如下的 $2+1$ 维非线性系统：

$$\varphi_y + \varphi_{xxx} + 3\varphi_x\psi_{xx} + \varphi_x^3 = 0, \tag{3.2.1a}$$

$$\psi_{yt} + \psi_{xxxt} + 3\varphi_x\varphi_{xxt} + 3\psi_{xx}\psi_{xt} + 3\varphi_x^2\psi_{xt} = 0。 \tag{3.2.1b}$$

这个非线性系统实际上是耦合 KdV 方程的另一种推广 [111]。下面主要讨论如何利用 Hirota 方法获得该系统的孤子解。

3.2.1 2+1 维非线性系统的双线性形式

通过下面的相关变量变换：

$$\varphi = \ln\frac{f}{g}, \qquad \psi = \ln fg, \tag{3.2.2}$$

对于方程 (3.2.1a)，我们有

$$\varphi_t + \varphi_x^3 + \varphi_{xxx} + 3\varphi_x\psi_{xx} = \frac{1}{fg}(D_y + D_x^3)f \cdot g = 0, \tag{3.2.3}$$

对于方程 (3.2.1b)，我们有

$$
\begin{aligned}
0 &= \psi_{yt} + \psi_{xxxt} + 3\varphi_x\varphi_{xxt} + 3\psi_{xx}\psi_{xt} + 3\varphi_x^2\psi_{xt} \\
&\stackrel{(3.2.1a)}{=} \psi_{yt} + \psi_{xxxt} + 3\varphi_x\varphi_{xxt} + 3\psi_{xx}\psi_{xt} + 3\varphi_x^2\psi_{xt} + (\varphi_t + \varphi_{xxx} + 3\varphi_x\psi_{xx} + \varphi_x^3)\varphi_t \\
&= \frac{1}{fg}D_t(D_y + D_x^3)f \cdot g, \tag{3.2.4}
\end{aligned}
$$

由方程 (3.2.3) 和方程 (3.2.4)，可得到 $2+1$ 维非线性系统 (3.2.1a) 和 (3.2.1b) 的双线性形式为：

$$(D_y + D_x^3)f \cdot g = 0, \tag{3.2.5a}$$
$$D_t(D_y + D_x^3)f \cdot g = 0, \tag{3.2.5b}$$

其中算子 D_x, D_t 和 D_y 定义如下 [3]：

$$D_x^m D_t^n D_y^\ell a \cdot b = \left(\frac{\partial}{\partial x_1} - \frac{\partial}{\partial x_2}\right)^m \left(\frac{\partial}{\partial t_1} - \frac{\partial}{\partial t_2}\right)^n \left(\frac{\partial}{\partial y_1} - \frac{\partial}{\partial y_2}\right)^\ell a(x_1, t_1, y_1)b(x_2, t_2, y_2)\Big|_{\substack{x_1=x_2 \\ t_1=t_2 \\ y_1=y_2}}。$$

3.2.2　$2+1$ 维非线性系统的孤子解

本部分将利用标准的摄动法，通过冗长但直接的计算获得方程 (3.2.5a) 和方程 (3.2.5b) 的类孤子解。

设

$$\begin{cases} f = 1 + \varepsilon f_1 + \varepsilon^2 f_2 + \varepsilon^3 f_3 + \cdots, \\ g = 1 + \varepsilon g_1 + \varepsilon^2 g_2 + \varepsilon^3 g_3 + \cdots, \end{cases} \tag{3.2.6}$$

将其代入方程 (3.2.5a) 和方程 (3.2.5b) 有

$$
\begin{aligned}
(D_y + D_x^3) [\ &1 \cdot 1 + \varepsilon(1 \cdot g_1 + f_1 \cdot 1) + \varepsilon^2(1 \cdot g_2 + f_1 \cdot g_1 + f_2 \cdot 1) + \\
&\varepsilon^3(1 \cdot g_3 + f_1 \cdot g_2 + f_2 \cdot g_1 + f_3 \cdot 1) + \cdots] = 0, \\
D_t(D_y + D_x^3) [\ &1 \cdot 1 + \varepsilon(1 \cdot g_1 + f_1 \cdot 1) + \varepsilon^2(1 \cdot g_2 + f_1 \cdot g_1 + f_2 \cdot 1) + \\
&\varepsilon^3(1 \cdot g_3 + f_1 \cdot g_2 + f_2 \cdot g_1 + f_3 \cdot 1) + \cdots] = 0,
\end{aligned}
$$

整理 ε 同次幂得:

$$\varepsilon : \begin{cases} (D_y + D_x^3)(1 \cdot g_1 + f_1 \cdot 1) = 0, \\ D_t(D_y + D_x^3)(1 \cdot g_1 + f_1 \cdot 1) = 0, \end{cases} \tag{3.2.7}$$

$$\varepsilon^2 : \begin{cases} (D_y + D_x^3)(1 \cdot g_2 + f_2 \cdot 1) = -(D_y + D_x^3)f_1 \cdot g_1, \\ D_t(D_y + D_x^3)(1 \cdot g_2 + f_2 \cdot 1) = -D_t(D_y + D_x^3)f_1 \cdot g_1, \end{cases} \tag{3.2.8}$$

$$\varepsilon^3 : \begin{cases} (D_y + D_x^3)(1 \cdot g_3 + f_3 \cdot 1) = -(D_y + D_x^3)(f_1 \cdot g_2 + f_2 \cdot g_1), \\ D_t(D_y + D_x^3)(1 \cdot g_3 + f_3 \cdot 1) = -D_t(D_y + D_x^3)(f_1 \cdot g_2 + f_2 \cdot g_1), \end{cases} \tag{3.2.9}$$

$$\varepsilon^4 : \begin{cases} (D_y + D_x^3)(1 \cdot g_4 + f_4 \cdot 1) = -(D_y + D_x^3)(f_1 \cdot g_3 + f_2 \cdot g_2 + f_3 \cdot g_1), \\ D_t(D_y + D_x^3)(1 \cdot g_4 + f_4 \cdot 1) = -D_t(D_y + D_x^3)(f_1 \cdot g_3 + f_2 \cdot g_2 + f_3 \cdot g_1), \end{cases} \tag{3.2.10}$$

$$\vdots$$

设:

$$\begin{cases} f_1 = ae^{\eta_1} \\ g_1 = be^{\eta_2} \end{cases}, \tag{3.2.11}$$

其中 a, b 为任意常数, $\eta_i = p_i x + \omega_i y + q_i t + c_i \ (i = 1, 2)$。

将其代入方程 (3.2.7) 的第二式得:

$$D_t(D_y + D_x^3)(f_1 \cdot 1 + 1 \cdot g_1) = D_t(f_{1y} + g_{1y} + f_{1xxx} + g_{1xxx}) = 0,$$

取

$$f_{1y} + g_{1y} + f_{1xxx} + g_{1xxx} = 0,$$

即

$$(\omega_1 + p_1^3)ae^{\eta_1} + (\omega_2 + p_2^3)be^{\eta_2} = 0。$$

由上式得:

$$\eta_1 = \eta_2 = \eta \quad (\eta = px + \omega y + qt + c), \qquad b = -a。$$

再将

$$\begin{cases} f_1 = ae^{\eta} \\ g_1 = -ae^{\eta} \end{cases}, \qquad \eta = px + \omega y + qt + c,$$

代入方程 (3.2.7) 的第一式得:

$$(D_y + D_x^3)(f_1 \cdot 1 + 1 \cdot g_1) = (\omega + p^3)ae^{\eta} + (\omega + p^3)ae^{\eta} = 0。$$

由上式得:

$$\omega = -p^3。$$

所以，有

$$
\begin{cases}
f_1 = ae^{\eta} \\
g_1 = -ae^{\eta}
\end{cases}, \qquad \eta = px - p^3 y + qt + c_{\circ}
\tag{3.2.12}
$$

将式 (3.2.12) 代入式 (3.2.8) 得：

$$
\begin{cases}
(D_y + D_x^3)(f_2 \cdot 1 + 1 \cdot g_2) = -(D_y + D_x^3)(ae^{\eta} - ae^{\eta}) = 0, \\
D_t(D_y + D_x^3)(f_2 \cdot 1 + 1 \cdot g_2) = -D_t(D_y + D_x^3)(ae^{\eta} - ae^{\eta}) = 0_{\circ}
\end{cases}
$$

因此，可以取

$$
\begin{cases}
f_2 = 0 \\
g_2 = 0
\end{cases},
$$

依次类推，可以取

$$
\begin{cases}
f_3 = 0 \\
g_3 = 0
\end{cases}, \quad \cdots, \quad
\begin{cases}
f_n = 0 \\
g_n = 0
\end{cases}, \quad \cdots
$$

将以上结果代入式 (3.2.6) 得：

$$
\begin{cases}
f = 1 + \varepsilon ae^{\eta} \\
g = 1 - \varepsilon ae^{\eta}
\end{cases}_{\circ}
$$

由于 εa 可以吸收到 e^{η} 的常数项里，因此 $2+1$ 维非线性系统的 1-孤立子解见下式。

1-孤立子解：

$$
f = 1 + e^{\eta},
$$
$$
g = 1 - e^{\eta}_{\circ}
$$

这里 $\eta = px - p^3 y + qt + c_0$，其中 p，q 和 c_0 均为任意常数。

　　类似上述获得 1-孤立子解的方式，我们可以获得 $2+1$ 维非线性系统的 2-孤立子解及 3-孤立子解。

2-孤立子解：

$$
f = 1 + e^{\eta_1} + e^{\eta_2} + \alpha_{12} e^{\eta_1 + \eta_2},
$$
$$
g = 1 - e^{\eta_1} - e^{\eta_2} + \alpha_{12} e^{\eta_1 + \eta_2}_{\circ}
$$

3-孤立子解：

$$
\begin{aligned}
f = {} & 1 + e^{\eta_1} + e^{\eta_2} + e^{\eta_3} + \alpha_{12} e^{\eta_1 + \eta_2} + \alpha_{13} e^{\eta_1 + \eta_3} + \alpha_{23} e^{\eta_2 + \eta_3} + \\
& (\beta_{13}\beta_{23}\alpha_{12} + \beta_{12}\beta_{32}\alpha_{13} + \beta_{12}\beta_{13}\alpha_{23}) e^{\eta_1 + \eta_2 + \eta_3}, \\
g = {} & 1 - e^{\eta_1} - e^{\eta_2} - e^{\eta_3} + \alpha_{12} e^{\eta_1 + \eta_2} + \alpha_{13} e^{\eta_1 + \eta_3} + \alpha_{23} e^{\eta_2 + \eta_3} - \\
& (\beta_{13}\beta_{23}\alpha_{12} + \beta_{12}\beta_{32}\alpha_{13} + \beta_{12}\beta_{13}\alpha_{23}) e^{\eta_1 + \eta_2 + \eta_3}_{\circ}
\end{aligned}
$$

这里 $\eta_i = p_i x - p_i^3 y + q_i t + c_i$，$\beta_{ij} = \frac{p_i - p_j}{p_i + p_j}$，$\alpha_{ij} = \frac{(p_i - p_j)(q_j - q_i)}{(p_i + p_j)(q_i + q_j)}$，其中 p_i，q_i 和 c_i $(i, j = 1, 2, 3)$ 均是任意常数。

3.3 超对称 KdV 方程的孤子解

3.3.1 超对称方程简介

超对称的概念首先由理论物理学家提出，数学家们随之发展了超几何、超分析以及超代数。超对称是两大类不同自旋、不同统计性质的粒子——玻色子和费米子的统一，但它并不是简单的玻色场与费米场的结合，它必须要满足在超对称变换下新系统的不变性这个条件。于是自然要求超对称化后得到的方程在费米场取零极限时即为初始方程[112]。

数学上超对称一般把经典时空 (t,x) 扩展成一个超时空 (t,x,θ)，这里 θ 是一个费米变量 $(\theta^2 = 0)$。超场是定义在由时空坐标和反对称变量坐标所组成的超空间上的场。因为非线性演化方程对时间变量的超对称扩张是平凡的，所以这里只考虑空间超对称系统，暂且忽略时间变量 t，用超场 $F(x,\theta)$ 来代替普通场 $f(x)$。由于 $\theta^2 = 0$，利用泰勒展开可得超场表示为：

$$F(x,\theta) = f(x) + \theta\gamma(x),$$

其中 $f(x)$ 和 $\gamma(x)$ 称为分量场，$\gamma(x)$ 称为 $f(x)$ 的超部分且 $\gamma(x)$ 是反对称场 $(\gamma(x)^2 = 0)$。

同时，引进超导数算子 $\mathcal{D} = \theta\partial_x + \partial_\theta$。

由于

$$\begin{aligned}
\mathcal{D}^2 F(x,\theta) &= (\theta\partial_x + \partial_\theta)(\theta\partial_x + \partial_\theta)[f(x) + \theta\gamma(x)] \\
&= (\theta\partial_x + \partial_\theta)[\theta f_x(x) + \gamma(x)] \\
&= f_x(x) + \theta\gamma_x(x) \\
&= \partial_x[f(x) + \theta\gamma(x)] \\
&= \partial_x F(x,\theta),
\end{aligned}$$

因此，超导数可看作是普通导数的平方根：$\mathcal{D}^2 = \partial$。

在超对称空间里的对称变换称为超对称变换，即 $\delta : \begin{cases} x \to x - \eta\theta \\ \theta \to \theta + \eta \end{cases}$，这里 η 是一个无穷小反对称参数。超场 $F(x,\theta)$ 在这个变换下为：

$$\begin{aligned}
F(x,\theta) &\to F(x - \eta\theta, \theta + \eta) \\
&= F(x,\theta) - \eta\theta F_x(x,\theta) + \eta F_\theta(x,\theta) \\
&= f(x) + \theta\gamma(x) - \eta\theta[f_x(x) + \theta\gamma_x(x)] + \eta\gamma(x) \\
&= f(x) + \eta\gamma(x) + \theta[\gamma(x) + \eta f_x(x)],
\end{aligned}$$

写成分量的形式，超对称变换相当于：

$$\begin{cases} \delta f(x) = f(x) + \eta\gamma(x) \\ \delta\gamma(x) = \gamma(x) + \eta f_x(x) \end{cases} \quad \text{。} \tag{3.3.1}$$

3.3.2　SKdV$_1$ 方程及其双线性化

KdV 方程的扩展形式有很多，其中超形式引起了人们极大的关注。Kupershmidt 在 1984 年首次把著名的 KdV 方程扩展成了超的形式 [113]。随后，Manin 和 Radul 在关于超对称 KP 谱系的研究中获得另一个超 KdV 方程 [114]。Mathieu 指出，Manin 和 Radul 构造的超 KdV 方程在空间超对称变换下保持不变，而由 Kupershmidt 扩展得到的超 KdV 方程不具备此性质 [115]。因此，将 Manin 和 Radul 得到的超 KdV 方程称为超对称 KdV 方程。

1988 年，Laberge 和 Mathieu 将 $N = 1$ 的超共形代数与 KdV 方程的两个可积费米展开的关系推广到 $N = 2$ 的超共形代数情形，由此得到了一个双哈密系统和带一个参数的超演化方程，即 $N = 2$ 超对称 KdV 方程（记作 SKdV$_a$）[116]。1991 年，Labelle 和 Mathieu 通过分析 SKdV$_a$ 方程的守恒律，寻找非平凡守恒律并且确定该非平凡守恒律存在时所对应的参数值（$a = 1, -2, 4$），由此找到了第三个系统即 SKdV$_1$ 系统，并猜测该系统是可积的 [117]。当 Popowicz 给出 SKdV$_1$ 方程的 Lax 表示后 [118]，SKdV$_1$ 系统的可积性得到验证，随之 SKdV$_1$ 系统被广泛研究。

下面首先给出 $N = 2$ 超对称 KdV 系统：

$$\phi_t = -\phi_{xxx} + 3(\phi \mathcal{D}_1 \mathcal{D}_2 \phi)_x + \frac{1}{2}(a - 1)(\mathcal{D}_1 \mathcal{D}_2 \phi^2)_x + 3a\phi^2 \phi_x, \tag{3.3.2}$$

其中 $\phi = \phi(x, t, \theta_1, \theta_2)$ 是一个超玻色函数，依赖时间变量 t 和空间变量 x，$\theta_i (i = 1, 2)$ 是费米变量，a 是一个参数。$\mathcal{D}_1$ 和 $\mathcal{D}_2$ 是超导数算子，定义为：

$$\mathcal{D}_1 = \partial_{\theta_1} + \theta_1 \partial_x, \qquad \mathcal{D}_2 = \partial_{\theta_2} + \theta_2 \partial_x。$$

我们把方程 (3.3.2) 记作 SKdV$_a$，当 a 取一定的值时，该系统是可积的。这里我们研究 $a = 1$ 时对应的超对称 KdV 系统，即 SKdV$_1$ 方程：

$$\phi_t = -\phi_{xxx} + 3(\phi \mathcal{D}_1 \mathcal{D}_2 \phi)_x + 3\phi^2 \phi_x。 \tag{3.3.3}$$

前面介绍了 Hirota 算子的定义及其一些重要的恒等式，在超场理论中，还需要引进 Hirota 超导数算子的定义 [119]：

$$SD_t^m D_x^n f \cdot g = (\mathcal{D}_{\theta_1} - \mathcal{D}_{\theta_2})(\frac{\partial}{\partial t_1} - \frac{\partial}{\partial t_2})(\frac{\partial}{\partial x_1} - \frac{\partial}{\partial x_2})f(x_1, t_1, \theta_1)g(x_2, t_2, \theta_2)|_{\substack{x_1 = x_2 = x \\ t_1 = t_2 = t \\ \theta_1 = \theta_2 = \theta}},$$

其中，$\mathcal{D}$ 为超导数算子，f，g 是玻色的。当 m，n 都为零时，有

$$Sf \cdot g = (\mathcal{D}f)g - f(\mathcal{D}g)。$$

SKdV$_1$ 方程 (3.3.3) 可写为：

$$\phi_t = \left[-\phi_{xx} + 3\phi \mathcal{D}_1 \mathcal{D}_2 \phi + \phi^3 \right]_x。 \tag{3.3.4}$$

令

$$\phi = v + \theta_2 \beta,$$

这里的 $v = v(t, x, \theta_1)$ 是玻色函数，$\beta = \beta(t, x, \theta_1)$ 是费米函数，则方程 (3.3.3) 可变为：

$$v_t + \theta_2 \beta_t = -v_{xxx} - \theta_2 \beta_{xxx} + 3(\theta_1 v \beta_x + \theta_1 \theta_2 v v_{xx} + \theta_1 \theta_2 \beta \beta_x)_x + (v^3 + 3\theta_2 v^2 \beta)_x \text{。} \quad (3.3.5)$$

把方程 (3.3.5) 写成分量的形式：

$$v_t = [-v_{xx} + 3v\mathcal{D}\beta + v^3]_x, \quad (3.3.6)$$

$$\beta_t = [-\beta_{xx} - 3v\mathcal{D}v_x + 3\beta\mathcal{D}\beta + 3v^2\beta]_x \text{。} \quad (3.3.7)$$

这里若令 $\mathcal{D}=\mathcal{D}_1$，可将 $N = 2$ 的情况转化为 $N = 1$ 的情况。

下面引入相关变量变换：

$$v = i\left(\ln\frac{f}{g}\right)_x = i\varphi_x, \qquad \beta = -(\mathcal{D}\ln fg)_x = -\mathcal{D}\rho_x, \quad (3.3.8)$$

其中 $f = f(t, x, \theta_1)$，$g = g(t, x, \theta_1)$，$\varphi = \varphi(t, x, \theta_1)$，$\rho = \rho(t, x, \theta_1)$ 都是玻色函数。

将变换 (3.3.8) 代入方程 (3.3.6) 与方程 (3.3.7) 中，得到

$$\varphi_t + \varphi_{xxx} + 3\varphi_x \rho_{xx} + \varphi_x^3 = 0, \quad (3.3.9)$$

$$\mathcal{D}\rho_t + \mathcal{D}\rho_{xxx} + 3\varphi_x \mathcal{D}\varphi_{xx} + 3\rho_{xx}\mathcal{D}\rho_x + 3\varphi_x^2 \mathcal{D}\rho_x = 0 \text{。} \quad (3.3.10)$$

对于方程 (3.3.9)，由于

$$\varphi_t = (\ln\frac{f}{g})_t \overset{(2.10)}{=} \frac{D_t f \cdot g}{fg},$$

$$\varphi_{xxx} = (\ln\frac{f}{g})_{xxx} \overset{(2.13)}{=} \frac{D_x^3 f \cdot g}{fg} - 3\frac{D_x^2 f \cdot g}{fg}\frac{D_x f \cdot g}{fg} + 2(\frac{D_x f \cdot g}{fg})^3,$$

$$\varphi_x^3 = [(\ln\frac{f}{g})_x]^3 \overset{(2.10)}{=} (\frac{D_x f \cdot g}{fg})^3,$$

$$\rho_{xx} = (\ln fg)_{xx} \overset{(2.12)}{=} \frac{D_x^2 f \cdot g}{fg} - (\frac{D_x f \cdot g}{fg})^2 \text{。}$$

将上述结果代入方程 (3.3.9) 并化简可得：

$$\varphi_t + \varphi_x^3 + \varphi_{xxx} + 3\varphi_x \rho_{xx} = \frac{1}{fg}(D_t + D_x^3)f \cdot g = 0 \text{。} \quad (3.3.11)$$

对于方程 (3.3.10)，我们有：

$$\frac{SD_t f \cdot g}{fg} = \varphi_t \mathcal{D}\varphi + \mathcal{D}\rho_t,$$

$$\frac{SD_x^3 f \cdot g}{fg} = \mathcal{D}\rho_{xxx} + 3\rho_{xx}\mathcal{D}\rho_x + 3\varphi_x \mathcal{D}\varphi_{xx} + 3\varphi_x^2 \mathcal{D}\rho_x + (\varphi_{xxx} + 3\varphi_x\rho_{xx} + \varphi_x^3)\mathcal{D}\varphi \text{。}$$

将上面两式相加并利用方程 (3.3.9) 和方程 (3.3.10) 可得：

$$
\begin{aligned}
0 &= \mathcal{D}\rho_t + \mathcal{D}\rho_{xxx} + 3\rho_{xx}\mathcal{D}\rho_x + 3\varphi_x\mathcal{D}\varphi_{xx} + 3\varphi_x^2\mathcal{D}\rho_x + (\varphi_t + \varphi_{xxx} + 3\varphi_x\rho_{xx} + \varphi_x^3)\mathcal{D}\varphi \\
&= \frac{1}{fg}S(D_t + D_x^3)f \cdot g_\circ
\end{aligned}
\tag{3.3.12}
$$

由此，得到 SKdV$_1$ 方程的双线性形式 [120]：

$$
(D_t + D_x^3)f \cdot g = 0,
\tag{3.3.13}
$$

$$
S(D_t + D_x^3)f \cdot g = 0_\circ
\tag{3.3.14}
$$

3.3.3　SKdV$_1$ 方程的孤立子解

下面利用 Hirota 双线性方法具体给出 SKdV$_1$ 方程取得孤立子解的过程。

设

$$
\begin{cases}
f = 1 + \varepsilon f_1 + \varepsilon^2 f_2 + \varepsilon^3 f_3 + \cdots, \\
g = 1 + \varepsilon g_1 + \varepsilon^2 g_2 + \varepsilon^3 g_3 + \cdots_\circ
\end{cases}
\tag{3.3.15}
$$

将其代入方程 (3.3.13) 和方程 (3.3.14) 得：

$$
\begin{aligned}
(D_t + D_x^3) \ [\ &1 \cdot 1 + \varepsilon(1 \cdot g_1 + f_1 \cdot 1) + \varepsilon^2(1 \cdot g_2 + f_1 \cdot g_1 + f_2 \cdot 1) \\
&+ \varepsilon^3(1 \cdot g_3 + f_1 \cdot g_2 + f_2 \cdot g_1 + f_3 \cdot 1) + \cdots] = 0, \\
S(D_t + D_x^3) \ [\ &1 \cdot 1 + \varepsilon(1 \cdot g_1 + f_1 \cdot 1) + \varepsilon^2(1 \cdot g_2 + f_1 \cdot g_1 + f_2 \cdot 1) \\
&+ \varepsilon^3(1 \cdot g_3 + f_1 \cdot g_2 + f_2 \cdot g_1 + f_3 \cdot 1) + \cdots] = 0_\circ
\end{aligned}
$$

整理 ε 同次幂得：

$$
\varepsilon : \begin{cases}
(D_t + D_x^3)(1 \cdot g_1 + f_1 \cdot 1) = 0, \\
S(D_t + D_x^3)(1 \cdot g_1 + f_1 \cdot 1) = 0,
\end{cases}
\tag{3.3.16}
$$

$$
\varepsilon^2 : \begin{cases}
(D_t + D_x^3)(1 \cdot g_2 + f_2 \cdot 1) = -(D_t + D_x^3)f_1 \cdot g_1, \\
S(D_t + D_x^3)(1 \cdot g_2 + f_2 \cdot 1) = -S(D_t + D_x^3)f_1 \cdot g_1,
\end{cases}
\tag{3.3.17}
$$

$$
\varepsilon^3 : \begin{cases}
(D_t + D_x^3)(1 \cdot g_3 + f_3 \cdot 1) = -(D_t + D_x^3)(f_1 \cdot g_2 + f_2 \cdot g_1), \\
S(D_t + D_x^3)(1 \cdot g_3 + f_3 \cdot 1) = -S(D_t + D_x^3)(f_1 \cdot g_2 + f_2 \cdot g_1),
\end{cases}
\tag{3.3.18}
$$

$$
\varepsilon^4 : \begin{cases}
(D_t + D_x^3)(1 \cdot g_4 + f_4 \cdot 1) = -(D_t + D_x^3)(f_1 \cdot g_3 + f_2 \cdot g_2 + f_3 \cdot g_1), \\
S(D_t + D_x^3)(1 \cdot g_4 + f_4 \cdot 1) = -S(D_t + D_x^3)(f_1 \cdot g_3 + f_2 \cdot g_2 + f_3 \cdot g_1),
\end{cases}
\tag{3.3.19}
$$

$$\varepsilon^5 : \begin{cases} (D_t + D_x^3)(1 \cdot g_5 + f_5 \cdot 1) = \\ \qquad -(D_t + D_x^3)(f_1 \cdot g_4 + f_2 \cdot g_3 + f_3 \cdot g_2 + f_4 \cdot g_1), \\ S(D_t + D_x^3)(1 \cdot g_5 + f_5 \cdot 1) = \\ \qquad -S(D_t + D_x^3)(f_1 \cdot g_4 + f_2 \cdot g_3 + f_3 \cdot g_2 + f_4 \cdot g_1), \end{cases} \quad (3.3.20)$$

$$\varepsilon^6 : \begin{cases} (D_t + D_x^3)(1 \cdot g_6 + f_6 \cdot 1) = \\ \qquad -(D_t + D_x^3)(f_1 \cdot g_5 + f_2 \cdot g_4 + f_3 \cdot g_3 + f_4 \cdot g_2 + f_5 \cdot g_1), \\ S(D_t + D_x^3)(1 \cdot g_5 + f_5 \cdot 1) = \\ \qquad -S(D_t + D_x^3)(f_1 \cdot g_5 + f_2 \cdot g_4 + f_3 \cdot g_3 + f_4 \cdot g_2 + f_5 \cdot g_1), \end{cases} \quad (3.3.21)$$

$$\vdots$$

1-孤立子解:

设

$$\begin{cases} f_1 = ae^{\eta_1 + \theta\xi_1} \\ g_1 = be^{\eta_2 + \theta\xi_2} \end{cases}, \qquad \eta_i = k_i x + \omega_i t + c_i \quad (i = 1, 2), \qquad (3.3.22)$$

其中 a, b 为任意常数，ξ_i 为费米变量。

将其代入方程 (3.3.16) 的第二式得:

$$S(D_t + D_x^3)(f_1 \cdot 1 + 1 \cdot g_1) = \mathcal{D}(f_{1t} + g_{1t} + f_{1xxx} + g_{1xxx}) = 0。$$

取

$$f_{1t} + g_{1t} + f_{1xxx} + g_{1xxx} = 0,$$

即

$$(\omega_1 + k_1^3)ae^{\eta_1 + \theta\xi_1} + (\omega_2 + k_2^3)be^{\eta_2 + \theta\xi_2} = 0。$$

由上式得:

$$\eta_1 = \eta_2 = \eta \quad (\eta = kx + \omega t + c), \qquad \xi_1 = \xi_2 = \xi, \qquad b = -a。$$

再将

$$\begin{cases} f_1 = ae^{\eta + \theta\xi} \\ g_1 = -ae^{\eta + \theta\xi} \end{cases}, \qquad \eta = kx + \omega t + c。$$

代入方程 (3.3.16) 的第一式得:

$$(D_t + D_x^3)(f_1 \cdot 1 + 1 \cdot g_1) = (\omega + k^3)ae^{\eta + \theta\xi} + (\omega + k^3)ae^{\eta + \theta\xi} = 0。$$

由上式得:

$$\omega = -k^3,$$

所以，有

$$\begin{cases} f_1 = ae^{\eta+\theta\xi} \\ g_1 = -ae^{\eta+\theta\xi} \end{cases}, \qquad \eta = kx - k^3 t + c_\circ \tag{3.3.23}$$

将方程 (3.3.23) 代入方程 (3.3.17) 得：

$$\begin{cases} (D_t + D_x^3)(f_2 \cdot 1 + 1 \cdot g_2) = -(D_t + D_x^3)(ae^{\eta+\theta\xi} \cdot 1 - 1 \cdot ae^{\eta+\theta\xi}) = 0, \\ S(D_t + D_x^3)(f_2 \cdot 1 + 1 \cdot g_2) = -S(D_t + D_x^3)(ae^{\eta+\theta\xi} \cdot 1 - 1 \cdot ae^{\eta+\theta\xi}) = 0_\circ \end{cases}$$

因此，可以取

$$\begin{cases} f_2 = 0 \\ g_2 = 0 \end{cases},$$

依次类推，可以取

$$\begin{cases} f_3 = 0 \\ g_3 = 0 \end{cases}, \quad \cdots, \quad \begin{cases} f_n = 0 \\ g_n = 0 \end{cases}, \quad \cdots$$

将以上结果代入方程 (3.3.15) 得：

$$\begin{cases} f = 1 + \varepsilon ae^{\eta+\theta\xi} \\ g = 1 - \varepsilon ae^{\eta+\theta\xi} \end{cases}_\circ$$

由于 εa 可以吸收到 e^η 的常数项里，因此 $SKdV_1$ 方程的 1-孤立子解为：

$$\begin{cases} f = 1 + e^{\eta+\theta\xi} \\ g = 1 - e^{\eta+\theta\xi} \end{cases}, \qquad \eta = kx - k^3 t + c_\circ$$

2-孤立子解：

由于方程 (3.3.16) 是线性方程，故设：

$$\begin{cases} f_1 = e^{\eta_1+\theta\xi_1} + e^{\eta_2+\theta\xi_2} \\ g_1 = -f_1 \end{cases}, \qquad \eta_i = k_i x - k_i^3 t + c_i, \tag{3.3.24}$$

也是方程 (3.3.16) 的解，其中 $\xi_i\,(i=1,2)$ 为费米变量。

将方程 (3.3.24) 代入方程 (3.3.17) 的第二式

$$-S(D_t + D_x^3)f_1 \cdot g_1$$

$$= 2[(\mathcal{D}f_{1t})f_1 - f_{1t}\mathcal{D}f_1 + (\mathcal{D}f_{1xxx})f_1 - f_{1xxx}\mathcal{D}f_1 - 3f_{1x}\mathcal{D}f_{1xx} + 3f_{1xx}\mathcal{D}f_{1x}]$$

$$= 2[-3(k_1 e^{\eta_1+\theta\xi_1} + k_2 e^{\eta_2+\theta\xi_2})(k_1^2\xi_1 e^{\eta_1+\theta\xi_1} + \theta k_1^3 e^{\eta_1+\theta\xi_1} + k_2^2\xi_2 e^{\eta_2+\theta\xi_2} + \theta k_2^3 e^{\eta_2+\theta\xi_2}) +$$

$$\quad 3(k_1^2 e^{\eta_1+\theta\xi_1} + k_2^2 e^{\eta_2+\theta\xi_2})(k_1\xi_1 e^{\eta_1+\theta\xi_1} + \theta k_1^2 e^{\eta_1+\theta\xi_1} + k_2\xi_2 e^{\eta_2+\theta\xi_2} + \theta k_2^2 e^{\eta_2+\theta\xi_2})]$$

$$= 6[k_1 k_2(k_1 - k_2)(\xi_2 - \xi_1 + \theta k_2 - \theta k_1)]e^{\eta_1+\eta_2+\theta(\xi_1+\xi_2)},$$

故可设 f_2、g_2 的形式为：

$$\begin{cases} f_2 = A_{12}e^{\eta_1+\eta_2+\theta(\xi_1+\xi_2)}, \\ g_2 = B_{12}e^{\eta_1+\eta_2+\theta(\xi_1+\xi_2)}。 \end{cases} \tag{3.3.25}$$

将方程 (3.3.24) 与方程 (3.3.25) 代入方程 (3.3.17) 的第一式

$$-(D_t+D_x^3)f_1 \cdot g_1 = (D_t+D_x^3)f_1 \cdot f_1 = 0,$$
$$(D_t+D_x^3)(f_2 \cdot 1 + 1 \cdot g_2) = (D_t+D_x^3)(A_{12}e^{\eta_1+\eta_2+\theta(\xi_1+\xi_2)} \cdot 1 + 1 \cdot B_{12}e^{\eta_1+\eta_2+\theta(\xi_1+\xi_2)})$$
$$= 3k_1k_2(k_1+k_2)(A_{12}-B_{12})e^{\eta_1+\eta_2+\theta(\xi_1+\xi_2)} = 0。$$

由上式可得：

$$A_{12} = B_{12},$$

因此

$$f_2 = g_2 = A_{12}e^{\eta_1+\eta_2+\theta(\xi_1+\xi_2)}。$$

下面确定系数 A_{12}。令 $A_{12} = B + \theta C$（B 为玻色的，C 为费米的），并将 $e^{\eta_1+\eta_2+\theta(\xi_1+\xi_2)}$ 在 $\theta = 0$ 泰勒展开为：

$$e^{\eta_1+\eta_2+\theta(\xi_1+\xi_2)} = [1 + \theta(\xi_1+\xi_2)]e^{\eta_1+\eta_2},$$

则有：

$$f_2 = g_2 = A_{12}e^{\eta_1+\eta_2+\theta(\xi_1+\xi_2)} = \{B + \theta[(\xi_1+\xi_2)B + C]\}e^{\eta_1+\eta_2}。$$

将其代入方程 (3.3.17) 第二式的左边为：

$$S(D_t+D_x^3)(f_2 \cdot 1 + 1 \cdot g_2) = 2(\mathcal{D}f_{2t} + \mathcal{D}f_{2xxx})$$
$$= 6k_1k_2(k_1+k_2)[(\xi_1+\xi_2)B + C + \theta B(k_1+k_2)]e^{\eta_1+\eta_2}。 \tag{3.3.26}$$

方程 (3.3.17) 第二式的右边为：

$$-S(D_t+D_x^3)f_1 \cdot g_1 = 6[k_1k_2(k_1-k_2)(\xi_2-\xi_1+\theta k_2-\theta k_1)]e^{\eta_1+\eta_2+\theta(\xi_1+\xi_2)}$$
$$= 6k_1k_2(k_1-k_2)[\xi_2-\xi_1+\theta(k_2-k_1+2\xi_1\xi_2)]e^{\eta_1+\eta_2}。 \tag{3.3.27}$$

比较式 (3.3.26) 和式 (3.3.27) 可得：

$$B = \frac{(k_1-k_2)(k_2-k_1+2\xi_1\xi_2)}{(k_1+k_2)^2},$$

$$C = \frac{2(k_1-k_2)(k_1\xi_2-k_2\xi_1)}{(k_1+k_2)^2},$$

因此

$$f_2 = g_2 = A_{12}e^{\eta_1+\eta_2+\theta(\xi_1+\xi_2)}, \tag{3.3.28}$$

其中

$$A_{12} = B + \theta C = \frac{k_1 - k_2}{k_1 + k_2}\left[\frac{k_2 - k_1 + 2\xi_1\xi_2}{k_1 + k_2} + 2\theta\frac{k_1\xi_2 - k_2\xi_1}{k_1 + k_2}\right]。$$

下面将方程 (3.3.24) 和式 (3.3.28) 代入方程 (3.3.18) 第一式的右边可得：

$$-(D_t + D_x^3)(f_1 \cdot g_2 + f_2 \cdot g_1) = -(D_t + D_x^3)(f_1 \cdot f_2 - f_2 \cdot f_1)$$

$$= -2(D_t + D_x^3)(e^{\eta_1+\theta\xi_1} + e^{\eta_2+\theta\xi_2} \cdot A_{12}e^{\eta_1+\eta_2+\theta(\xi_1+\xi_2)})$$

$$= 0。$$

代入方程 (3.3.18) 第二式的右边可得：

$$-S(D_t + D_x^3)(f_1 \cdot g_2 + f_2 \cdot g_1) = -S(D_t + D_x^3)(f_1 \cdot f_2 - f_2 \cdot f_1) = 0。$$

因此，由方程 (3.3.18) 可取：

$$\begin{cases} f_3 = 0 \\ g_3 = 0 \end{cases}。 \tag{3.3.29}$$

将方程 (3.3.24)，式 (3.3.28) 和式 (3.3.29) 代入方程 (3.3.19) 可得：

$$-(D_t + D_x^3)(f_1 \cdot g_3 + f_2 \cdot g_2 + f_3 \cdot g_1) = -(D_t + D_x^3)(f_2 \cdot f_2) = 0,$$

$$-S(D_t + D_x^3)(f_1 \cdot g_3 + f_2 \cdot g_2 + f_3 \cdot g_1) = -S(D_t + D_x^3)(f_2 \cdot f_2)$$

$$= -2[(\mathcal{D}f_{2t})f_2 - f_{2t}\mathcal{D}f_2 + (\mathcal{D}f_{2xxx})f_2 - f_{2xxx}\mathcal{D}f_2 - 3(\mathcal{D}f_{2xx})f_{2x} + 3f_{2xx}\mathcal{D}f_{2x}]$$

$$= -2\{[-\mathcal{D}((k_1^3 + k_2^3)A_{12}e^{\eta_1+\eta_2+\theta(\xi_1+\xi_2)})]A_{12}e^{\eta_1+\eta_2+\theta(\xi_1+\xi_2)} + (k_1^3 + k_2^3)A_{12}e^{\eta_1+\eta_2+\theta(\xi_1+\xi_2)}$$

$$[\mathcal{D}(A_{12}e^{\eta_1+\eta_2+\theta(\xi_1+\xi_2)})] + [\mathcal{D}((k_1 + k_2)^3 A_{12}e^{\eta_1+\eta_2+\theta(\xi_1+\xi_2)})]A_{12}e^{\eta_1+\eta_2+\theta(\xi_1+\xi_2)} -$$

$$(k_1 + k_2)^3 A_{12}e^{\eta_1+\eta_2+\theta(\xi_1+\xi_2)}[\mathcal{D}(A_{12}e^{\eta_1+\eta_2+\theta(\xi_1+\xi_2)})] - 3A_{12}(k_1 + k_2)e^{\eta_1+\eta_2+\theta(\xi_1+\xi_2)}$$

$$[\mathcal{D}((k_1 + k_2)^2 A_{12}e^{\eta_1+\eta_2+\theta(\xi_1+\xi_2)})] + 3[\mathcal{D}((k_1 + k_2)A_{12}e^{\eta_1+\eta_2+\theta(\xi_1+\xi_2)})]$$

$$A_{12}(k_1 + k_2)^2 e^{\eta_1+\eta_2+\theta(\xi_1+\xi_2)}\}$$

$$= 0。$$

因此，由方程 (3.3.19) 可取

$$\begin{cases} f_4 = 0 \\ g_4 = 0 \end{cases},$$

依次类推，可以取

$$\begin{cases} f_5 = 0 \\ g_5 = 0 \end{cases}, \quad \cdots, \quad \begin{cases} f_n = 0 \\ g_n = 0 \end{cases}, \quad \cdots$$

所以，2-孤立子解为：

$$\begin{cases} f = 1 + e^{\eta_1+\theta\xi_1} + e^{\eta_2+\theta\xi_2} + A_{12}e^{\eta_1+\eta_2+\theta(\xi_1+\xi_2)} \\ g = 1 - e^{\eta_1+\theta\xi_1} - e^{\eta_2+\theta\xi_2} + A_{12}e^{\eta_1+\eta_2+\theta(\xi_1+\xi_2)} \end{cases},$$

其中 $\eta_i = k_i x - k_i^3 t + c_i (i = 1, 2)$，$A_{12}$ 为方程 (3.3.26) 中的 A_{12}。

3-孤立子解:

同样由方程 (3.3.16) 是线性方程，设

$$\begin{cases} f_1 = e^{\eta_1+\theta\xi_1} + e^{\eta_2+\theta\xi_2} + e^{\eta_3+\theta\xi_3} \\ g_1 = -f_1 \end{cases}, \qquad \eta_i = k_i x - k_i^3 t + c_i, \qquad (3.3.30)$$

其中 $\xi_i (i = 1, 2, 3)$ 为费米变量。

将方程 (3.3.30) 代入方程 (3.3.17)：

$$-(D_t + D_x^3)(f_1 \cdot g_1) = (D_t + D_x^3)(f_1 \cdot f_1) = 0, \qquad (3.3.31)$$

$$-S(D_t + D_x^3)(f_1 \cdot g_1) = S(D_t + D_x^3)(f_1 \cdot f_1)$$

$$= 2[(\mathcal{D}f_{1t})f_1 - f_{1t}\mathcal{D}f_1 + (\mathcal{D}f_{1xxx})f_1 - f_{1xxx}\mathcal{D}f_1 - 3(\mathcal{D}f_{1xx})f_{1x} + 3f_{1xx}\mathcal{D}f_{1x}]$$

$$= 2\{-3(k_1 e^{\eta_1+\theta\xi_1} + k_2 e^{\eta_2+\theta\xi_2} + k_3 e^{\eta_3+\theta\xi_3})[k_1^2(k_1\theta + \xi_1)e^{\eta_1+\theta\xi_1} + k_2^2(k_2\theta + \xi_2)e^{\eta_2+\theta\xi_2} +$$

$$k_3^3(k_3\theta + \xi_3)e^{\eta_3+\theta\xi_3}] + 3(k_1^2 e^{\eta_1+\theta\xi_1} + k_2^2 e^{\eta_2+\theta\xi_2} + k_3^2 e^{\eta_3+\theta\xi_3})[k_1(k_1\theta + \xi_1)e^{\eta_1+\theta\xi_1} +$$

$$k_2(k_2\theta + \xi_2)e^{\eta_2+\theta\xi_2} + k_3(k_3\theta + \xi_3)e^{\eta_3+\theta\xi_3}]\}$$

$$= 6\{k_1 k_2(k_2 - k_1)[(k_1 - k_2)\theta + \xi_1 - \xi_2]e^{\eta_1+\eta_2+\theta(\xi_1+\xi_2)} +$$

$$k_1 k_3(k_3 - k_1)[(k_1 - k_3)\theta + \xi_1 - \xi_3]e^{\eta_1+\eta_3+\theta(\xi_1+\xi_3)} +$$

$$k_2 k_3(k_3 - k_2)[(k_2 - k_3)\theta + \xi_2 - \xi_3]e^{\eta_2+\eta_3+\theta(\xi_2+\xi_3)}\}, \qquad (3.3.32)$$

故可设 f_2、g_2 的形式为：

$$\begin{cases} f_2 = A_{12}e^{\eta_1+\eta_2+\theta(\xi_1+\xi_2)} + A_{13}e^{\eta_1+\eta_3+\theta(\xi_1+\xi_3)} + A_{23}e^{\eta_2+\eta_3+\theta(\xi_2+\xi_3)} \\ g_2 = B_{12}e^{\eta_1+\eta_2+\theta(\xi_1+\xi_2)} + B_{13}e^{\eta_1+\eta_3+\theta(\xi_1+\xi_3)} + B_{23}e^{\eta_2+\eta_3+\theta(\xi_2+\xi_3)} \end{cases} 。 \qquad (3.3.33)$$

将上式代入方程 (3.3.17) 第一式，并由式 (3.3.31) 可得：

$$(D_t + D_x^3)(f_2 \cdot 1 + 1 \cdot g_2) = f_{2t} + f_{2xxx} - g_{2t} - g_{2xxx}$$

$$= -A_{12}(k_1^3 + k_2^3)e^{\eta_1+\eta_2+\theta(\xi_1+\xi_2)} - A_{13}(k_1^3 + k_3^3)e^{\eta_1+\eta_3+\theta(\xi_1+\xi_3)}$$

$$-A_{23}(k_2^3 + k_3^3)e^{\eta_2+\eta_3+\theta(\xi_2+\xi_3)} + A_{12}(k_1 + k_2)^3 e^{\eta_1+\eta_2+\theta(\xi_1+\xi_2)}$$

$$+A_{13}(k_1 + k_3)^3 e^{\eta_1+\eta_3+\theta(\xi_1+\xi_3)} + A_{23}(k_2 + k_3)^3 e^{\eta_2+\eta_3+\theta(\xi_2+\xi_3)}$$

$$+B_{12}(k_1^3 + k_2^3)e^{\eta_1+\eta_2+\theta(\xi_1+\xi_2)} + B_{13}(k_1^3 + k_3^3)e^{\eta_1+\eta_3+\theta(\xi_1+\xi_3)}$$

$$+B_{23}(k_2^3 + k_3^3)e^{\eta_2+\eta_3+\theta(\xi_2+\xi_3)} - B_{12}(k_1 + k_2)^3 e^{\eta_1+\eta_2+\theta(\xi_1+\xi_2)}$$

$$-B_{13}(k_1 + k_3)^3 e^{\eta_1+\eta_3+\theta(\xi_1+\xi_3)} - B_{23}(k_2 + k_3)^3 e^{\eta_2+\eta_3+\theta(\xi_2+\xi_3)}$$

$$= 3k_1 k_2(k_1 + k_2)(A_{12} - B_{12})e^{\eta_1+\eta_2+\theta(\xi_1+\xi_2)}$$

$$+3k_1 k_3(k_1 + k_3)(A_{13} - B_{13})e^{\eta_1+\eta_3+\theta(\xi_1+\xi_3)}$$

$$+3k_2 k_3(k_2 + k_3)(A_{23} - B_{23})e^{\eta_2+\eta_3+\theta(\xi_2+\xi_3)}$$

$$= 0。$$

由此式可得：

$$A_{12} = B_{12}, \quad A_{13} = B_{13}, \quad A_{23} = B_{23},$$

所以

$$f_2 = g_2 = A_{12}e^{\eta_1+\eta_2+\theta(\xi_1+\xi_2)} + A_{13}e^{\eta_1+\eta_3+\theta(\xi_1+\xi_3)} + A_{23}e^{\eta_2+\eta_3+\theta(\xi_2+\xi_3)}。$$

设

$$A_{12} = a_{12} + \theta a_{12}', \quad A_{13} = a_{13} + \theta a_{13}', \quad A_{23} = a_{23} + \theta a_{23}',$$

其中 a_{ij} 是玻色的，a_{ij}' 是费米的，$i, j = 1, 2, 3$。

将 $e^{\eta_i+\eta_j+\theta(\xi_i+\xi_j)}$ 在 $\theta = 0$ 泰勒展开为：

$$e^{\eta_i+\eta_j+\theta(\xi_i+\xi_j)} = [1 + \theta(\xi_i + \xi_j)]e^{\eta_i+\eta_j} \quad (i, j = 1, 2, 3)。$$

将上面所设的 f_2，g_2 代入方程 (3.3.17) 第二式的左边可得：

$$S(D_t + D_x^3)(f_2 \cdot 1 + 1 \cdot g_2) = 2(\mathcal{D}f_{2t} + \mathcal{D}f_{2xxx})$$

$$= 2\mathcal{D}\{3k_1k_2(k_1+k_2)[a_{12} + \theta(\xi_1 a_{12} + \xi_2 a_{12} + a_{12}')]e^{\eta_1+\eta_2+\theta(\xi_1+\xi_2)} +$$

$$3k_1k_3(k_1+k_3)[a_{13} + \theta(\xi_1 a_{13} + \xi_3 a_{13} + a_{13}')]e^{\eta_1+\eta_3+\theta(\xi_1+\xi_3)} +$$

$$3k_2k_3(k_2+k_3)[a_{23} + \theta(\xi_2 a_{23} + \xi_3 a_{23} + a_{23}')]e^{\eta_2+\eta_3+\theta(\xi_2+\xi_3)}\}$$

$$= 6\{k_1k_2(k_1+k_2)[\theta a_{12}(k_1+k_2) + (\xi_1+\xi_2)a_{12} + a_{12}']e^{\eta_1+\eta_2+\theta(\xi_1+\xi_2)} +$$

$$k_1k_3(k_1+k_3)[\theta a_{13}(k_1+k_3) + (\xi_1+\xi_3)a_{13} + a_{13}']e^{\eta_1+\eta_3+\theta(\xi_1+\xi_3)} +$$

$$k_2k_3(k_2+k_3)[\theta a_{23}(k_2+k_3) + (\xi_2+\xi_3)a_{23} + a_{23}']e^{\eta_2+\eta_3+\theta(\xi_2+\xi_3)}\}。 \quad (3.3.34)$$

由式 (3.3.32) 知方程 (3.3.17) 第二式的右边为：

$$-S(D_t + D_x^3)(f_1 \cdot g_1) = S(D_t + D_x^3)(f_1 \cdot f_1)$$

$$= 6\{k_1k_2(k_2-k_1)[(k_1-k_2)\theta + \xi_1 - \xi_2]e^{\eta_1+\eta_2+\theta(\xi_1+\xi_2)} +$$

$$k_1k_3(k_3-k_1)[(k_1-k_3)\theta + \xi_1 - \xi_3]e^{\eta_1+\eta_3+\theta(\xi_1+\xi_3)} +$$

$$k_2k_3(k_3-k_2)[(k_2-k_3)\theta + \xi_2 - \xi_3]e^{\eta_2+\eta_3+\theta(\xi_2+\xi_3)}\}$$

$$= 6\{k_1k_2(k_2-k_1)[\xi_1 - \xi_2 + \theta(k_1 - k_2 - 2\xi_1\xi_2)]e^{\eta_1+\eta_2+\theta(\xi_1+\xi_2)} +$$

$$k_1k_3(k_3-k_1)[\xi_1 - \xi_3 + \theta(k_1 - k_3 - 2\xi_1\xi_3)]e^{\eta_1+\eta_3+\theta(\xi_1+\xi_3)} +$$

$$k_2k_3(k_3-k_2)[\xi_2 - \xi_3 + \theta(k_2 - k_3 - 2\xi_2\xi_3)]e^{\eta_2+\eta_3+\theta(\xi_2+\xi_3)}\}。 \quad (3.3.35)$$

比较式 (3.3.34) 和式 (3.3.35) 可得：

$$A_{ij} = \frac{k_i - k_j}{k_i + k_j}\left(\frac{k_j - k_i + 2\xi_i\xi_j}{k_i + k_j} + 2\theta\frac{k_i\xi_j - k_j\xi_i}{k_i + k_j}\right) \quad i, j = 1, 2, 3。 \quad (3.3.36)$$

因此

$$\begin{cases} f_2 = A_{12}e^{\eta_1+\eta_2+\theta(\xi_1+\xi_2)} + A_{13}e^{\eta_1+\eta_3+\theta(\xi_1+\xi_3)} + A_{23}e^{\eta_2+\eta_3+\theta(\xi_2+\xi_3)} \\ g_2 = f_2 \end{cases}, \qquad (3.3.37)$$

其中 A_{ij} 为式 (3.3.36)，$i,j = 1,2,3$。

将方程 (3.3.30) 与方程 (3.3.37) 代入 方程 (3.3.18) 第一式，由于

$$-(D_t + D_x^3)(f_1 \cdot g_2 + f_2 \cdot g_1)$$
$$= -(D_t + D_x^3)(f_1 \cdot f_2 - f_2 \cdot f_1) = -2(D_t + D_x^3)(f_1 \cdot f_2)$$
$$= -2(f_{1t}f_2 - f_1f_{2t} + f_{1xxx}f_2 - 3f_{1xx}f_{2x} + 3f_{1x}f_{2xx} - f_1f_{2xxx})$$
$$= -6[A_{12}(k_1+k_2)(k_1k_3 + k_2k_3 - k_1k_2 - k_3^2) + A_{13}(k_1+k_3)(k_1k_2 + k_2k_3 - k_1k_3 - k_2^2) +$$
$$A_{23}(k_2+k_3)(k_1k_2 + k_1k_3 - k_2k_3 - k_1^2)]e^{\eta_1+\eta_2+\eta_3+\theta(\xi_1+\xi_2+\xi_3)}。$$

因此，可设

$$\begin{cases} f_3 = B(\theta)e^{\eta_1+\eta_2+\eta_3+\theta(\xi_1+\xi_2+\xi_3)} = (b_1 + \theta b_2)e^{\eta_1+\eta_2+\eta_3+\theta(\xi_1+\xi_2+\xi_3)} \\ g_3 = C(\theta)e^{\eta_1+\eta_2+\eta_3+\theta(\xi_1+\xi_2+\xi_3)} = (c_1 + \theta c_2)e^{\eta_1+\eta_2+\eta_3+\theta(\xi_1+\xi_2+\xi_3)} \end{cases}, \qquad (3.3.38)$$

其中 b_1，c_1 是玻色的，b_2，c_2 是费米的。

将方程 (3.3.30)，方程 (3.3.37) 与方程 (3.3.38) 代入方程 (3.3.18) 第二式可得：

$$S(\mathcal{D}_t + \mathcal{D}_x^3)(1 \cdot g_3 + f_3 \cdot 1) = -S(\mathcal{D}_t + \mathcal{D}_x^3)(f_1 \cdot f_2 - f_2 \cdot f_1) = 0,$$

即

$$\mathcal{D}(f_{3t} + f_{3xxx} + g_{3t} + g_{3xxx}) = 0。$$

取

$$g_3 = -f_3,$$

因此，式 (3.3.38) 为

$$\begin{cases} f_3 = B(\theta)e^{\eta_1+\eta_2+\eta_3+\theta(\xi_1+\xi_2+\xi_3)} = (b_1 + \theta b_2)e^{\eta_1+\eta_2+\eta_3+\theta(\xi_1+\xi_2+\xi_3)} \\ g_3 = -f_3 \end{cases}。 \qquad (3.3.39)$$

将方程 (3.3.30)，方程 (3.3.37) 与方程 (3.3.39) 代入方程 (3.3.18) 第一式的左边可得：

$$(D_t + D_x^3)(1 \cdot g_3 + f_3 \cdot 1) = 2(D_t + D_x^3)f_3 \cdot 1 = 2(f_{3t} + f_{3xxx})$$
$$= 6(k_2+k_3)(k_1^2 + k_1k_2 + k_1k_3 + k_2k_3)[b_1 + \theta(b_1(\xi_1 + \xi_2 + \xi_3) + b_2)]e^{\eta_1+\eta_2+\eta_3}。$$

$$(3.3.40)$$

将方程 (3.3.30)，方程 (3.3.37) 与方程 (3.3.39) 代入方程 (3.3.18) 第一式的右边可得：

$$-(D_t + D_x^3)(f_1 \cdot g_2 + f_2 \cdot g_1) = -2(D_t + D_x^3)f_1 \cdot f_2$$

$$= -6[A_{12}(k_1 + k_2)(k_1k_3 + k_2k_3 - k_1k_2 - k_3^2) + A_{13}(k_1 + k_3)(k_1k_2 + k_2k_3 - k_1k_3 - k_2^2) +$$

$$A_{23}(k_2 + k_3)(k_1k_2 + k_1k_3 - k_2k_3 - k_1^2)]e^{\eta_1 + \eta_2 + \eta_3 + \theta(\xi_1 + \xi_2 + \xi_3)}$$

$$= -6\{(k_1 + k_2)(k_1k_3 + k_2k_3 - k_1k_2 - k_3^2)[a_{12} + \theta(a_{12}(\xi_1 + \xi_2 + \xi_3) + a'_{12})] +$$

$$(k_1 + k_3)(k_1k_2 + k_2k_3 - k_1k_3 - k_2^2)[a_{13} + \theta(a_{13}(\xi_1 + \xi_2 + \xi_3) + a'_{13})] +$$

$$(k_2 + k_3)(k_1k_2 + k_1k_3 - k_2k_3 - k_1^2)[a_{23} + \theta(a_{23}(\xi_1 + \xi_2 + \xi_3) + a'_{23})]\}e^{\eta_1 + \eta_2 + \eta_3}。$$

$$(3.3.41)$$

比较式 (3.3.40) 和式 (3.3.41) 得：

$$b_1 = \frac{(k_2 - k_3)(k_1 - k_3)}{(k_2 + k_3)(k_1 + k_3)}a_{12} + \frac{(k_1 - k_2)(k_3 - k_2)}{(k_2 + k_3)(k_1 + k_2)}a_{13} + \frac{(k_1 - k_3)(k_1 - k_2)}{(k_1 + k_3)(k_1 + k_2)}a_{23},$$

$$b_2 = \frac{(k_2 - k_3)(k_1 - k_3)}{(k_2 + k_3)(k_1 + k_3)}a'_{12} + \frac{(k_1 - k_2)(k_3 - k_2)}{(k_2 + k_3)(k_1 + k_2)}a'_{13} + \frac{(k_1 - k_3)(k_1 - k_2)}{(k_1 + k_3)(k_1 + k_2)}a'_{23}。$$

所以

$$\begin{cases} f_3 = [\frac{(k_2-k_3)(k_1-k_3)}{(k_2+k_3)(k_1+k_3)}A_{12} + \frac{(k_1-k_2)(k_3-k_2)}{(k_2+k_3)(k_1+k_2)}A_{13} + \frac{(k_1-k_3)(k_1-k_2)}{(k_1+k_3)(k_1+k_2)}A_{23}]e^{\eta_1 + \eta_2 + \eta_3 + \theta(\xi_1 + \xi_2 + \xi_3)} \\ g_3 = -f_3 \end{cases}。$$

令 $\beta_{ij} = \frac{k_i - k_j}{k_i + k_j}$，　　$(i, j = 1, 2, 3)$，则上式成为：

$$\begin{cases} f_3 = (\beta_{13}\beta_{23}A_{12} + \beta_{12}\beta_{32}A_{13} + \beta_{12}\beta_{13}A_{23})e^{\eta_1 + \eta_2 + \eta_3 + \theta(\xi_1 + \xi_2 + \xi_3)} \\ g_3 = -f_3 \end{cases}。 \qquad (3.3.42)$$

下面验证 f_4, g_4 可以取零：

将方程 (3.3.30)，方程 (3.3.37) 和方程 (3.3.42) 代入方程 (3.3.19)，并令

$$\xi_1\xi_2 = a, \qquad \xi_1\xi_3 = b, \qquad \xi_2\xi_3 = c。$$

由于

$$-(D_t + D_x^3)(f_1 \cdot g_3 + f_2 \cdot g_2 + f_3 \cdot g_1)$$

$$= -(D_t + D_x^3)(-f_1 \cdot f_3 + f_2 \cdot f_2 - f_3 \cdot f_1) = 0,$$

$$-S(D_t + D_x^3)(f_1 \cdot g_3 + f_2 \cdot g_2 + f_3 \cdot g_1)$$

$$= -S(D_t + D_x^3)(-f_1 \cdot f_3 + f_2 \cdot f_2 - f_3 \cdot f_1)$$

$$= 2S(D_t + D_x^3)f_1 \cdot f_3 - S(D_t + D_x^3)f_2 \cdot f_2$$

$$= 2[(\mathcal{D}f_{1t})f_3 - f_{1t}\mathcal{D}f_3 - (\mathcal{D}f_1)f_{3t} + f_1\mathcal{D}f_{3t} + (\mathcal{D}f_{1xxx})f_3 - f_{1xxx}\mathcal{D}f_3 -$$

$$3(\mathcal{D}f_{1xx})f_{3x} + 3f_{1xx}\mathcal{D}f_{3x} + 3(\mathcal{D}f_{1x})f_{3xx} - 3f_{1x}\mathcal{D}f_{3xx} - (\mathcal{D}f_1)f_{3xxx} + f_1\mathcal{D}f_{3xxx}] -$$

$$2[(\mathcal{D}f_{2t})f_2 - f_{2t}\mathcal{D}f_2 + (\mathcal{D}f_{2xxx})f_2 - f_{2xxx}\mathcal{D}f_2 - 3(\mathcal{D}f_{2xx})f_{2x} + 3f_{2xx}\mathcal{D}f_{2x}]$$

$$= 6k_2k_3\beta_{12}\beta_{13}(k_2 - k_3)\{(\frac{k_2 - k_1 + 2a}{k_1 + k_2} + \frac{k_1 - k_3 - 2b}{k_1 + k_3} + \frac{k_3 - k_2 + 2c}{k_2 + k_3})(\xi_2 + \xi_3)$$

$$2(\frac{k_1\xi_2 - k_2\xi_1}{k_1 + k_2} + \frac{k_3\xi_1 - k_1\xi_3}{k_1 + k_3} + \frac{k_2\xi_3 - k_3\xi_2}{k_2 + k_3}) + \frac{(k_2 - k_1 + 2a)(k_3 - k_1 + 2b)(\xi_2 - \xi_3)}{(k_1 + k_2)(k_1 + k_3)} +$$

$$\frac{2(k_3 - k_1 + 2b)(k_1\xi_2 - k_2\xi_1) - 2(k_2 - k_1 + 2a)(k_1\xi_3 - k_3\xi_1)}{(k_1 + k_2)(k_1 + k_3)} +$$

$$\theta[(\frac{k_2 - k_1 + 2a}{k_1 + k_2} + \frac{k_1 - k_3 - 2b}{k_1 + k_3} + \frac{k_3 - k_2 + 2c}{k_2 + k_3})(k_2 + k_3) +$$

$$2(\frac{k_1c - k_2a - k_2b}{k_1 + k_2} + \frac{k_3a + k_3b + k_1c}{k_1 + k_3} - \frac{k_2c + k_3c}{k_2 + k_3}) +$$

$$2\frac{(k_2 - k_1 + 2a)(-k_1c - k_3a + k_3b) + (k_3 - k_1 + 2b)(k_1c - k_2a + k_2b)}{(k_1 + k_2)(k_1 + k_3)} +$$

$$8\frac{k_1(k_2b - k_3a - k_1c)}{(k_1 + k_2)(k_1 + k_3)}]\}e^{2\eta_1 + \eta_2 + \eta_3 + \theta(2\xi_1 + \xi_2 + \xi_3)} +$$

$$6k_1k_3\beta_{12}\beta_{23}(k_1 - k_3)\{(\frac{k_2 - k_1 + 2a}{k_1 + k_2} + \frac{k_1 - k_3 - 2b}{k_1 + k_3} + \frac{k_3 - k_2 + 2c}{k_2 + k_3})(\xi_1 + \xi_3)$$

$$2(\frac{k_1\xi_2 - k_2\xi_1}{k_1 + k_2} + \frac{k_3\xi_1 - k_1\xi_3}{k_1 + k_3} + \frac{k_2\xi_3 - k_3\xi_2}{k_2 + k_3}) + \frac{(k_3 - k_2 + 2c)(k_2 - k_1 + 2a)(\xi_1 - \xi_3)}{(k_1 + k_2)(k_2 + k_3)} +$$

$$\frac{2(k_3 - k_2 + 2c)(k_1\xi_2 - k_2\xi_1) - 2(k_2 - k_1 + 2a)(k_2\xi_3 - k_3\xi_2)}{(k_1 + k_2)(k_2 + k_3)} +$$

$$\theta[(\frac{k_2 - k_1 + 2a}{k_1 + k_2} + \frac{k_1 - k_3 - 2b}{k_1 + k_3} + \frac{k_3 - k_2 + 2c}{k_2 + k_3})(k_1 + k_3) +$$

$$2(\frac{k_1c - k_1a - k_2b}{k_1 + k_2} + \frac{k_3b + k_1b}{k_1 + k_3} - \frac{k_3a - k_3c - k_2b}{k_2 + k_3}) +$$

$$2\frac{(k_2 - k_1 + 2a)(k_3c + k_3a - k_2b) + (k_3 - k_2 + 2c)(k_2b - k_1a - k_1c)}{(k_1 + k_2)(k_2 + k_3)} +$$

$$8\frac{k_2(k_2b - k_3a - k_1c)}{(k_1 + k_2)(k_2 + k_3)}]\}e^{\eta_1 + 2\eta_2 + \eta_3 + \theta(\xi_1 + 2\xi_2 + \xi_3)} +$$

$$6k_1k_2\beta_{13}\beta_{23}(k_1 - k_2)\{(\frac{k_2 - k_1 + 2a}{k_1 + k_2} + \frac{k_1 - k_3 - 2b}{k_1 + k_3} + \frac{k_3 - k_2 + 2c}{k_2 + k_3})(\xi_1 + \xi_2)$$

$$2(\frac{k_1\xi_2 - k_2\xi_1}{k_1 + k_2} + \frac{k_3\xi_1 - k_1\xi_3}{k_1 + k_3} + \frac{k_2\xi_3 - k_3\xi_2}{k_2 + k_3}) + \frac{(k_3 - k_1 + 2b)(k_3 - k_2 + 2c)(\xi_1 - \xi_2)}{(k_1 + k_3)(k_2 + k_3)} +$$

$$\frac{2(k_3 - k_2 + 2c)(k_1\xi_3 - k_3\xi_1) - 2(k_3 - k_1 + 2b)(k_2\xi_3 - k_3\xi_2)}{(k_1 + k_3)(k_2 + k_3)} +$$

$$\theta[(\frac{k_2 - k_1 + 2a}{k_1 + k_2} + \frac{k_1 - k_3 - 2b}{k_1 + k_3} + \frac{k_3 - k_2 + 2c}{k_2 + k_3})(k_1 + k_2) +$$

$$2(\frac{-k_1 a - k_2 a}{k_1 + k_2} + \frac{k_3 a + k_3 b + k_1 c}{k_1 + k_3} + \frac{k_3 a - k_2 b - k_2 c}{k_2 + k_3}) +$$

$$2\frac{(k_3 - k_1 + 2b)(k_3 a - k_2 b + k_2 c) + (k_3 - k_2 + 2c)(k_3 a + k_1 c - k_1 b)}{(k_1 + k_3)(k_2 + k_3)} +$$

$$8\frac{k_3(k_2 b - k_3 a - k_1 c)}{(k_1 + k_3)(k_2 + k_3)}]\}e^{\eta_1 + \eta_2 + 2\eta_3 + \theta(\xi_1 + \xi_2 + 2\xi_3)}$$

$$= 0_\circ$$

因此，可以取

$$\begin{cases} f_4 = 0 \\ g_4 = 0 \end{cases}_\circ \tag{3.3.43}$$

下面验证 f_5, g_5 可以取零：

将方程 (3.3.30)，方程 (3.3.37)，方程 (3.3.42) 和方程 (3.3.43) 代入方程 (3.3.20)，由于

$$-(D_t + D_x^3)(f_1 \cdot g_4 + f_2 \cdot g_3 + f_3 \cdot g_2 + f_4 \cdot g_1)$$

$$= -(D_t + D_x^3)(-f_2 \cdot f_3 + f_3 \cdot f_2) = 2(D_t + D_x^3)f_2 \cdot f_3$$

$$= 2(D_t + D_x^3)[(A_{12}e^{\eta_1 + \eta_2 + \theta(\xi_1 + \xi_2)} + A_{13}e^{\eta_1 + \eta_3 + \theta(\xi_1 + \xi_3)} + A_{23}e^{\eta_2 + \eta_3 + \theta(\xi_2 + \xi_3)}) \cdot$$

$$(\beta_{13}\beta_{23}A_{12} + \beta_{12}\beta_{32}A_{13} + \beta_{12}\beta_{13}A_{23})e^{\eta_1 + \eta_2 + \eta_3 + \theta(\xi_1 + \xi_2 + \xi_3)}]$$

$$= 0,$$

$$-S(D_t + D_x^3)(f_1 \cdot g_4 + f_2 \cdot g_3 + f_3 \cdot g_2 + f_4 \cdot g_1)$$

$$= -S(D_t + D_x^3)(-f_2 \cdot f_3 + f_3 \cdot f_2) = 0_\circ$$

因此，可以取

$$\begin{cases} f_5 = 0 \\ g_5 = 0 \end{cases}_\circ \tag{3.3.44}$$

下面验证 f_6, g_6 可以取零：

将方程 (3.3.30)，方程 (3.3.37)，方程 (3.3.42)，方程 (3.3.43) 和方程 (3.3.44) 代入方程 (3.3.21)，令

$$m = \beta_{13}\beta_{23}A_{12} + \beta_{12}\beta_{32}A_{13} + \beta_{12}\beta_{13}A_{23}_\circ$$

由于

$$-(D_t + D_x^3)(f_1 \cdot g_5 + f_2 \cdot g_4 + f_3 \cdot g_3 + f_4 \cdot g_2 + f_5 \cdot g_1)$$

$$= -(D_t + D_x^3)(f_3 \cdot g_3) = 2(D_t + D_x^3)f_3 \cdot f_3 = 0,$$

$$-S(D_t + D_x^3)(f_1 \cdot g_5 + f_2 \cdot g_4 + f_3 \cdot g_3 + f_4 \cdot g_2 + f_5 \cdot g_1)$$

$$= -S(D_t + D_x^3)(f_3 \cdot g_3) = S(D_t + D_x^3)f_3 \cdot f_3$$

$$= S(D_t + D_x^3)[(\beta_{13}\beta_{23}A_{12} + \beta_{12}\beta_{32}A_{13} + \beta_{12}\beta_{13}A_{23})e^{\eta_1+\eta_2+\eta_3+\theta(\xi_1+\xi_2+\xi_3)} \cdot$$
$$(\beta_{13}\beta_{23}A_{12} + \beta_{12}\beta_{32}A_{13} + \beta_{12}\beta_{13}A_{23})e^{\eta_1+\eta_2+\eta_3+\theta(\xi_1+\xi_2+\xi_3)}]$$

$$= S(D_t + D_x^3)me^{\eta_1+\eta_2+\eta_3+\theta(\xi_1+\xi_2+\xi_3)} \cdot me^{\eta_1+\eta_2+\eta_3+\theta(\xi_1+\xi_2+\xi_3)}$$

$$= 2\{[-k_1^3 - k_2^3 - k_3^3 + k_1^3 + k_2^3 + k_3^3 + (k_1+k_2+k_3)^3 - (k_1+k_2+k_3)^3 -$$
$$3(k_1+k_2+k_3)^3 + 3(k_1+k_2+k_3)^3][(\mathcal{D}m + m(\xi_1+\xi_2+\xi_3) +$$
$$m\theta(k_1+k_2+k_3)]me^{2\eta_1+2\eta_2+2\eta_3+2\theta(\xi_1+\xi_2+\xi_3)}] = 0。$$

因此，可取

$$\begin{cases} f_6 = 0 \\ g_6 = 0 \end{cases},$$

依次类推，可以取

$$\begin{cases} f_7 = 0 \\ g_7 = 0 \end{cases}, \quad \cdots, \quad \begin{cases} f_n = 0 \\ g_n = 0 \end{cases}, \quad \cdots$$

因此，3-孤立子解为：

$$f = 1 + e^{\eta_1+\theta\xi_1} + e^{\eta_2+\theta\xi_2} + e^{\eta_3+\theta\xi_3} + A_{12}e^{\eta_1+\eta_2+\theta(\xi_1+\xi_2)} + A_{13}e^{\eta_1+\eta_3+\theta(\xi_1+\xi_3)} +$$
$$A_{23}e^{\eta_2+\eta_3+\theta(\xi_2+\xi_3)} + (\beta_{13}\beta_{23}A_{12} + \beta_{12}\beta_{32}A_{13} + \beta_{12}\beta_{13}A_{23})e^{\eta_1+\eta_2+\eta_3+\theta(\xi_1+\xi_2+\xi_3)},$$

$$g = 1 - e^{\eta_1+\theta\xi_1} - e^{\eta_2+\theta\xi_2} - e^{\eta_3+\theta\xi_3} + A_{12}e^{\eta_1+\eta_2+\theta(\xi_1+\xi_2)} + A_{13}e^{\eta_1+\eta_3+\theta(\xi_1+\xi_3)} +$$
$$A_{23}e^{\eta_2+\eta_3+\theta(\xi_2+\xi_3)} - (\beta_{13}\beta_{23}A_{12} + \beta_{12}\beta_{32}A_{13} + \beta_{12}\beta_{13}A_{23})e^{\eta_1+\eta_2+\eta_3+\theta(\xi_1+\xi_2+\xi_3)}。$$

$$(3.3.45)$$

其中 A_{ij} 为式 (3.3.34)，$\beta_{ij} = \frac{k_i-k_j}{k_i+k_j}$，$(i,j=1,2,3)$。

3.4 小结

Hirota 双线性方法是求解非线性系统最有效、应用最广泛的方法之一。本章虽然只是利用该方法通常的步骤研究了两个非线性系统，但是对该方法具体获得孤立子解的步骤做了非常详细的介绍，而且引用的两个例子也具有非常好的代表性，一个是高维非线性系统、一个是超对称系统。通过本章的介绍，读者会对该方法有更深入的理解，并且能够学会如何将该方法应用到更多的高维非线性系统和超对称系统。有趣的是通过比较发现，本章所给的例子虽然是两个完全不同的系统，但是系统之间存在一定的联系。从双线性形式上观察，如果将 2 + 1 维非线性系统的双线性方程 (3.2.5a) 和 (3.2.5b) 中的 D_y 和 D_t 分别用 D_t 和 S 替换，该双线性方程就成为 $SKdV_1$ 方程的双线性形式 (3.3.13) 和 (3.3.14)。同时比较两者的孤子解，发现解的形式类似，只是变量发生了变化，超对称方程包含了费米变量。因此，从数学结构上而言，经典的非线性系统与超对称系统之间是有联系的，通过它们之间的联系可以更深入地理解超对称系统。

第 4 章　广义双线性 Bäcklund 变换法及其应用

众所周知，Bäcklund 变换方法也是构建非线性微分方程解的有效工具。本章将结合 Hirota 双线性方法并以经典 Bäcklund 变换方法为基础，介绍广义双线性 Bäcklund 变换法及其应用。主要包括两部分内容，第一部分主要结合 Hirota 双线性方法对原 Bäcklund 变换方法进行修正，给出构造广义双线性 Bäcklund 变换以及利用该变换构造非线性系统精确解的算法；第二部分利用广义双线性 Bäcklund 变换法，研究三个高维的重要数学物理模型并获得这些模型的精确解。

4.1　广义双线性 Bäcklund 变换及精确解的构造算法

Bäcklund 变换是由瑞典几何学家 Bäcklund A. V. 在研究 Sine-Gordon 方程时发现的，该变换本质上是将原来高阶的微分方程求解转化为包含不同解之间关系的低阶微分方程的求解问题。若已知微分方程的一个解，通过该变换即可获得微分方程的另一个解。然而，通常情况下利用本方法继续求解时，就要对该变换对应的低阶微分方程继续进行求解，这时求解往往会变得相对困难，并且利用经典的 Bäcklund 变换求到的解是有限的，要构造获得微分方程的这种 Bäcklund 变换也需要特别强的技巧性。因此，有必要对经典 Bäcklund 变换进行改进，使其具有更好的可扩展性，并得到广泛的应用。

一般对于一个非线性系统而言，可以通过选择适当的双线性变换，将原方程化为双线性形式，然后在双线性形式的基础上构造它的双线性 Bäcklund 变换。本章主要结合 Hirota 双线性方法对原 Bäcklund 变换方法进行修正。具体构造算法：首先假设原非线性系统对应的双线性方程具有两个解分别为 f 和 $\hat{f}$，把这两个解分别代入非线性系统的双线性方程；然后将这两个双线性方程相减，由于 f 和 $\hat{f}$ 分别为双线性方程的两个解，因此相减的结果必然为 0；在相减的计算过程中通过利用双线性恒等式可获得一些联系 f 和 $\hat{f}$ 不同双线性形式的方程，只要将这些双线性方程设定为 0，最初的两个双线性方程相减的结果必然为 0，由此获得的联系 f 和 $\hat{f}$ 的双线性形式的方程（组）即为原非线性系统的广义双线性 Bäcklund 变换。

利用上述方法得到的广义双线性 Bäcklund 变换，构造非线性系统不同形式的精确解析解。具体算法：首先利用 Hirota 双线性导数算子的定义把广义双线性 Bäcklund 变换化为对应的线性偏微分方程组；然后给定原非线性系统双线性方程的一个解，通常设 $f=1$，接着依据原系统的物理背景（也可忽略背景）设定另一个解 $\hat{f}$ 的具体形式且该形式含有待定参数；将设定的这两个解代入前面的线性偏微分方程组，通过求解该方程组确定所设定解 $\hat{f}$ 的待定参数，由此确定获得 $\hat{f}$ 的具体表达式再代入双线性变换，即可获得原非线性系统新的精确解析解。一般由于解 $\hat{f}$ 为先验假设，故其形式具有多样性，因此，通过广义双线性 Bäcklund 变换获得的原非线性系统的精确解也具有多样性。

为了后面引用方便，将证明广义双线性 Bäcklund 变换时用到的相关双线性恒等式罗列如下，且这些双线性恒等式的相关证明可参考文献 [3]。

$$2(D_x^3 D_t a \cdot a)b^2 - 2(D_x^3 D_t b \cdot b)a^2 = D_x[(3D_x^2 D_t a \cdot b) \cdot ab + (3D_x^2 a \cdot b) \cdot (D_t b \cdot a) +$$
$$(6D_x D_t a \cdot b) \cdot (D_x b \cdot a)] + D_t[(D_x^3 a \cdot b) \cdot ab + (3D_x^2 a \cdot b) \cdot (D_t b \cdot a)], \tag{4.1.1}$$

$$(D_x D_t a \cdot a)b^2 - (D_x D_t b \cdot b)a^2 = 2D_x(D_t a \cdot b) \cdot ba, \tag{4.1.2}$$

$$(D_x^2 a \cdot a)b^2 - (D_x^2 b \cdot b)a^2 = 2D_x(D_x a \cdot b) \cdot ba, \tag{4.1.3}$$

$$(D_x^4 a \cdot a)b^2 - (D_x^4 b \cdot b)a^2 = 2D_x[(D_x^3 a \cdot b) \cdot ab + 3(D_x^2 a \cdot b) \cdot (D_x b \cdot a)], \tag{4.1.4}$$

$$D_t(D_x a \cdot b) \cdot ba = D_x(D_t a \cdot b) \cdot ba, \tag{4.1.5}$$

$$D_x a \cdot a = 0, \tag{4.1.6}$$

其中 a, b 分别是 x, t 的任意函数，D 是著名的 Hirota 双线性算子[3]，定义如下：

$$D_x^m D_t^n a \cdot b = \left(\frac{\partial}{\partial x_1} - \frac{\partial}{\partial x_2} \right)^m \left(\frac{\partial}{\partial t_1} - \frac{\partial}{\partial t_2} \right)^n a(x_1, t_1) b(x_2, t_2) \Big|_{\substack{x_1 = x_2 \\ t_1 = t_2}}。$$

4.2　3＋1 维非线性方程的广义双线性 Bäcklund 变换及其精确解

本节考虑一个高维非线性系统即 3＋1 维非线性波方程，该方程是由马文秀教授利用多变量多项式首次在文献 [121] 中得到，该方程为：

$$u_{yt} - u_{xxxy} - 3(u_x u_y)_x + 3u_{xx} + 3u_{zz} = 0, \tag{4.2.1}$$

其中 $u = u(x, y, z, t)$。

4.2.1　3＋1 维非线性方程的广义双线性 Bäcklund 变换

首先，引入双线性变换：

$$u = u_0 + 2(\ln f)_x, \tag{4.2.2}$$

其中 $f = f(x, y, z, t)$，u_0 是不为零的任意常数。将变换 (4.2.2) 代入方程 (4.2.1)，且关于 x 积分一次，可得双线性形式：

$$(D_t D_y - D_x^3 D_y + 3D_x^2 + 3D_z^2)f \cdot f = 0。 \tag{4.2.3}$$

利用上节中给出的算法，在 Hirota 双线性形式的基础上，构造方程 (4.2.1) 的广义双线性 Bäcklund 变换，该变换以定理形式给出如下：

定理4.2.1 假设 f 是方程 (4.2.3) 的一个解，那么满足下面关系式

$$B_1\hat{f} \cdot f = (4D_t + \lambda_1 D_z - D_x^3 - \lambda_7 + \lambda_2 D_x)\hat{f} \cdot f = 0, \tag{4.2.4}$$

$$B_2\hat{f} \cdot f = (12D_z - \lambda_1 D_y - \lambda_9 D_x)\hat{f} \cdot f = 0, \tag{4.2.5}$$

$$B_3\hat{f} \cdot f = -(3D_x^2 D_y + \lambda_2 D_y - 12D_x - \lambda_9 D_z + \lambda_3)\hat{f} \cdot f = 0, \tag{4.2.6}$$

$$B_4\hat{f} \cdot f = -(3D_x^2 + \lambda_4 D_y + \lambda_5)\hat{f} \cdot f = 0, \tag{4.2.7}$$

$$B_5\hat{f} \cdot f = -6(D_x D_y + \lambda_6 D_x)\hat{f} \cdot f = 0, \tag{4.2.8}$$

$$B_6\hat{f} \cdot f = -(3D_x^2 + \lambda_8 D_x - \lambda_5)\hat{f} \cdot f = 0, \tag{4.2.9}$$

的 $\hat{f}$ 是方程 (4.2.3) 的另一个解，其中 $\lambda_i\,(i=1,\ldots,9)$ 是任意常数。

证明　考虑下面的函数

$$P = (D_t D_y - D_x^3 D_y + 3D_x^2 + 3D_z^2)\hat{f} \cdot f。$$

只需要利用定理中的式 (4.2.4)～(4.2.9) 使其能够推导得到 $P = 0$ 即可，证明过程中用到上节给出的双线性恒等式。

$$
\begin{aligned}
2Pff &= 2[(D_t D_y - D_x^3 D_y + 3D_x^2 + 3D_z^2)\hat{f} \cdot \hat{f}]ff - 2[(D_t D_y - D_x^3 D_y + 3D_x^2 + 3D_z^2)f \cdot f]\hat{f}\hat{f} \\
&= 2[(D_t D_y \hat{f} \cdot \hat{f})f^2 - (D_t D_y f \cdot f)\hat{f}^2] - 2[(D_x^3 D_y \hat{f} \cdot \hat{f})f^2 - (D_x^3 D_y f \cdot f)\hat{f}^2] + \\
&\quad 6[(D_x^2 \hat{f} \cdot \hat{f})f^2 - (D_x^2 f \cdot f)\hat{f}^2] + 6[(D_z^2 \hat{f} \cdot \hat{f})f^2 - (D_z^2 f \cdot f)\hat{f}^2] \\
&\overset{(4.1.1)\sim(4.1.3)}{=} 4D_t(D_y \hat{f} \cdot f) \cdot f\hat{f} - D_x[(3D_x^2 D_y \hat{f} \cdot f) \cdot f\hat{f} + (3D_x^2 \hat{f} \cdot f) \cdot (D_y f \cdot \hat{f}) + \\
&\quad (6D_x D_y \hat{f} \cdot f) \cdot (D_x f \cdot \hat{f})] - D_y[(D_x^3 \hat{f} \cdot f) \cdot f\hat{f} + (3D_x^2 \hat{f} \cdot f) \cdot (D_x f \cdot \hat{f})] + \\
&\quad 12D_x(D_x \hat{f} \cdot f) \cdot f\hat{f} + 12D_z(D_z \hat{f} \cdot f) \cdot f\hat{f} \\
&= D_y(4D_t \hat{f} \cdot f + \lambda_1 D_z \hat{f} \cdot f) \cdot f\hat{f} + D_z(12D_z \hat{f} \cdot f - \lambda_1 D_y \hat{f} \cdot f - \lambda_9 D_x \hat{f} \cdot f) \cdot f\hat{f} - \\
&\quad D_x[(3D_x^2 D_y \hat{f} \cdot f + \lambda_2 D_y \hat{f} \cdot f + \lambda_3 \hat{f} \cdot f) \cdot f\hat{f} + (3D_x^2 \hat{f} \cdot f + \lambda_4 D_y \hat{f} \cdot f + \\
&\quad \lambda_5 \hat{f} \cdot f) \cdot (D_y f \cdot \hat{f})] - D_x[6(D_x D_y \hat{f} \cdot f + \lambda_6 D_x \hat{f} \cdot f) \cdot (D_x f \cdot \hat{f})] - \\
&\quad D_y[(D_x^3 \hat{f} \cdot f - \lambda_2 D_x \hat{f} \cdot f + \lambda_7 \hat{f} \cdot f) \cdot f\hat{f} + (3D_x^2 \hat{f} \cdot f + \lambda_8 D_x \hat{f} \cdot f - \\
&\quad \lambda_5 \hat{f} \cdot f) \cdot (D_x f \cdot \hat{f})] + D_x(12D_x \hat{f} \cdot f + \lambda_9 D_z \hat{f} \cdot f) \cdot f\hat{f} \\
&\overset{(4.2.4)\sim(4.2.9)}{=} D_y(B_1\hat{f} \cdot f) \cdot f\hat{f} + D_z(B_2\hat{f} \cdot f) \cdot f\hat{f} + D_x(B_3\hat{f} \cdot f) \cdot f\hat{f} + \\
&\quad D_x(B_4\hat{f} \cdot f) \cdot (D_y f \cdot \hat{f}) + D_x(B_5\hat{f} \cdot f) \cdot (D_x f \cdot \hat{f}) + D_y(B_6\hat{f} \cdot f) \cdot (D_x f \cdot \hat{f}) \\
&\equiv 0。
\end{aligned}
$$

在以上推导过程中，为使得到的广义双线性 Bäcklund 变换更具一般性，特意引入了带参数 $\lambda_i\,(i=1,\ldots,9)$ 的项，而且引入的带参数的项与引入前的式子是恒等变换。这是因为由恒等式 (4.1.5) 可以保障 $\lambda_i\,(i=1,2,5,9)$ 所在项均为 0，通过恒等式 (4.1.6) 可以得到 $\lambda_i\,(i=3,4,6,7,8)$ 所在项为 0。 □

4.2.2　3+1 维非线性方程的精确解

Bäcklund 变换是联系微分方程不同解之间关系的变换，由本章第一节中利用广义双线性 Bäcklund 变换构造非线性系统精确解的算法，首先选择满足方程 (4.2.3) 的一个比较简单的解 $f=1$，将该解代入变量变换 (4.2.2) 得到 $u = u_0 + (\ln f)_x = u_0$。由于 $D_x^n a \cdot 1 = \frac{\partial^n}{\partial x^n} a, (n \geqslant 1)$，再将 $f=1$ 代入前面获得的广义双线性 Bäcklund 变换 (4.2.4)~(4.2.9)，可得如下线性偏微分方程组[122]：

$$\begin{cases} 4\hat{f}_t - \hat{f}_{xxx} + \lambda_1 \hat{f}_z + \lambda_2 \hat{f}_x - \lambda_7 \hat{f} = 0, \\ 12\hat{f}_z - \lambda_1 \hat{f}_y - \lambda_9 \hat{f}_x = 0, \\ 3\hat{f}_{xxy} + \lambda_2 \hat{f}_y + \lambda_3 \hat{f} - 12\hat{f}_x - \lambda_9 \hat{f}_z = 0, \\ 3\hat{f}_{xx} + \lambda_4 \hat{f}_y + \lambda_5 \hat{f} = 0, \\ \hat{f}_{xy} + \lambda_6 \hat{f}_x = 0, \\ 3\hat{f}_{xx} - \lambda_5 \hat{f} + \lambda_8 \hat{f}_x = 0。 \end{cases} \tag{4.2.10}$$

一般地，直接求解上面的方程组是比较困难的，可以依据非线性系统的物理背景先验假设出其解通常具有的形式，并将该形式的解代入上面方程组，然后再求解进而获得原系统方程的精确解。

首先考虑一类指数波解，即令方程 (4.2.10) 中的 $\hat{f}$ 可表示为：

$$\hat{f} = 1 + \epsilon e^{kx+ly+mz+\omega t}, \tag{4.2.11}$$

其中 ϵ，k，l，m 和 ω 是待定常数。将方程 (4.2.11) 代入方程 (4.2.10) 并假设方程 (4.2.10) 中的 $\lambda_3 = \lambda_5 = \lambda_7 = 0$，借助符号计算系统 Maple 计算得：

$$\lambda_2 = \frac{-36\,k^2 l + 144\,k + \lambda_9^2 k + \lambda_9 \lambda_1 l}{12l}, \quad \lambda_4 = \frac{-3k^2}{l},, \quad \lambda_6 = -l, \quad \lambda_8 = -3\,k,$$
$$m = \frac{\lambda_9 k + \lambda_1 l}{12}, \quad \omega = \frac{48\,k^3 l - 144\,k^2 - \lambda_9^2 k^2 - 2\,\lambda_1 \lambda_9 kl - \lambda_1^2 l^2}{48l}。 \tag{4.2.12}$$

由此可得方程 (4.2.1) 的行波解为：

$$u = u_0 + \frac{2k\epsilon e^{kx+ly+\frac{\lambda_9 k+\lambda_1 l}{12}z+\frac{48\,k^3 l-144\,k^2-\lambda_9^2 k^2-2\,\lambda_1 \lambda_9 kl-\lambda_1^2 l^2}{48l}t}}{1 + \epsilon e^{kx+ly+\frac{\lambda_9 k+\lambda_1 l}{12}z+\frac{48\,k^3 l-144\,k^2-\lambda_9^2 k^2-2\,\lambda_1 \lambda_9 kl-\lambda_1^2 l^2}{48l}t}}, \tag{4.2.13}$$

其中 ϵ，k，λ_1，λ_9 是任意常数，且 $l \neq 0$。

下面考虑一类一阶多项式解，即令方程 (4.2.10) 中的 $\hat{f}$ 表示为：

$$\hat{f} = kx + ly + mz + \omega t, \tag{4.2.14}$$

其中 k, l, m 和 ω 是待定常数。同样将式 (4.2.14) 代入方程 (4.2.10) 并假设方程 (4.2.10) 中的 $\lambda_i = 0\,(3 \leqslant i \leqslant 8)$，借助 Maple 直接计算可得：

$$\lambda_2 = \frac{144\,k + \lambda_9^2 k + \lambda_9 \lambda_1 l}{12l}, \quad m = \frac{\lambda_9 k + \lambda_1 l}{12}, \quad \omega = -\frac{144\,k^2 + \lambda_9^2 k^2 + 2\,\lambda_1 \lambda_9 kl + \lambda_1^2 l^2}{48l},$$

$$\tag{4.2.15}$$

其中 k, λ_1 和 λ_9 是任意常数，且 $l \neq 0$。

于是获得方程 (4.2.1) 的一类有理解：

$$u = u_0 + \frac{2k}{kx + ly + mz + \omega t}, \tag{4.2.16}$$

其中 k, l, m 和 ω 满足式 (4.2.15)。

下面继续考虑一类双曲函数解，令方程 (4.2.10) 中的 $\hat{f}$ 具有如下形式：

$$\hat{f} = 1 + \epsilon_1 \cosh\,(kx + ly + mz + \omega\,t) + \epsilon_2 \sinh\,(kx + ly + mz + \omega\,t), \tag{4.2.17}$$

其中 ϵ_1, ϵ_2, k, l, m 和 ω 是待定常数。将式 (4.2.17) 代入方程 (4.2.10) 并假设方程 (4.2.10) 中的 $\lambda_3 = \lambda_5 = \lambda_7 = 0$，利用 Maple 直接计算可得：

$$\lambda_2 = \frac{12\,k^2 - 3\,k^3 l + 12\,m^2 - m\lambda_1 l}{kl}, \quad \lambda_4 = \pm 3\frac{k^2}{l}, \quad \lambda_6 = \pm l, \quad \lambda_8 = \pm 3\,k,$$

$$\lambda_9 = \frac{12\,m - \lambda_1 l}{k}, \quad \omega = \frac{k^3 l - 3k^2 - 3m^2}{l}, \quad \epsilon_1 = \mp\epsilon_2,$$

$$\tag{4.2.18}$$

其中 ϵ_2, λ_1, m 和 ω 是任意常数，且 $kl \neq 0$。

将上述结果代入双线性变换可得到方程 (4.2.1) 双曲函数形式的解：

$$u = u_0 +$$

$$\frac{2k\epsilon_2 [\cosh(kx + ly + mz + \frac{k^3 l - 3k^2 - 3m^2}{l}t) \mp \sinh(kx + ly + mz + \frac{k^3 l - 3k^2 - 3m^2}{l}t)]}{1 + \epsilon_2 [\sinh(kx + ly + mz + \frac{k^3 l - 3k^2 - 3m^2}{l}t) \mp \cosh(kx + ly + mz + \frac{k^3 l - 3k^2 - 3m^2}{l}t)]}\,。$$

$$\tag{4.2.19}$$

如果将式 (4.2.18) 中的 λ_9 代入式 (4.2.12)，式 (4.2.12) 正好是式 (4.2.18) 的第二组参数值。

最后，考虑一类混合解，令方程 (4.2.10) 中的 $\hat{f}$ 表达为：

$$\hat{f} = (k_1 x + l_1 y + m_1 z + \omega_1 t) + \epsilon_1\, e^{k_2 x + l_2 y + m_2 z + \omega_2 t}, \tag{4.2.20}$$

其中 ϵ_1, k_i, l_i, m_i 和 $\omega_i\,(i = 1, 2)$ 是待定常数。将式 (4.2.20) 代入方程 (4.2.10)，借助 Maple 计算得：

$$\lambda_2 = \pm \lambda_1 I, \quad \lambda_3 = \lambda_4 = \lambda_5 = \lambda_6 = \lambda_7 = \lambda_8 = 0, \quad \lambda_9 = \pm l_2 I, \quad k_2 = 0,$$

$$m_1 = \pm k_1 I + \frac{\lambda_1}{12}, \quad m_2 = \frac{\lambda_1}{12}, \quad \omega_1 = \mp\frac{\lambda_1 I}{2} - \frac{\lambda_1^2 l_1}{48}, \quad \omega_2 = -\frac{\lambda_1^2}{48},$$

$$\tag{4.2.21}$$

其中 ϵ_1，λ_1，k_1，l_1 和 l_2 是任意常数。

于是得到方程 (4.2.1) 的混合解为：

$$u = u_0 + \frac{k_1}{(k_1 x + l_1 y \pm k_1 I + \frac{\lambda_1}{12} z + (\mp \frac{\lambda_1 I}{2} - \frac{\lambda_1^2 l_1}{48}) t) + \epsilon_1 e^{l_2 y + \frac{\lambda_1}{12} z - \frac{\lambda_1^2}{48} t}}。 \tag{4.2.22}$$

4.3 广义 3 + 1 维非线性方程的广义双线性 Bäcklund 变换及其精确解

本节将研究一个在液体中含有气泡的非线性物理模型，即广义 3 + 1 维非线性波方程：

$$(u_t + h_1 u u_x + h_2 u_{xxx} + h_3 u_x)_x + h_4 u_{yy} + h_5 u_{zz} = 0, \tag{4.3.1}$$

其中 $u = u(x, y, z, t)$，h_i $(i = 1, \ldots, 5)$ 为任意常数。该方程 (4.3.1) 首次出自文献 [123] 中。观察方程含有任意参数，若赋予 h_i 适当的参数值，可以获得许多不同的非线性波方程。例如，若取系数为：$h_1 = -6$，$h_2 = 1$，$h_3 = 0$，$h_4 = h_5 = 3$，方程 (4.3.1) 即为一个 3 + 1 维 KP 方程 [124]：

$$(u_t - 6u u_x + u_{xxx})_x + 3u_{yy} + 3u_{zz} = 0。 \tag{4.3.2}$$

若取 $h_1 = h_2 = 1$，$h_3 = 0$ 和 $h_4 = h_5 = \frac{1}{2}$ 时，方程 (4.3.1) 被约化为如下 3 + 1 维非线性波方程 [125]：

$$(u_t + u u_x + u_{xxx})_x + \frac{1}{2} u_{yy} + \frac{1}{2} u_{zz} = 0。 \tag{4.3.3}$$

或者取 $h_1 = 6$，$h_2 = 1$，$h_3 = h_4 = h_5 = 0$ 时，方程 (4.3.1) 即可被约化为著名的 KdV 方程 [72]：

$$u_t + 6u u_x + u_{xxx} = 0。 \tag{4.3.4}$$

由此，对于方程 (4.3.1) 包含了若干著名的非线性系统，但值得一提的是，该方程却并不包含上节中讨论的 3 + 1 维非线性波方程 (4.2.1)，无论如何，研究方程 (4.3.1) 的求解方法对于一般的 3 + 1 维非线性系统而言具有很好的代表性。

4.3.1 广义 3 + 1 维非线性方程的广义双线性 Bäcklund 变换

同样利用本章首节的算法获得方程 (4.3.1) 的广义双线性 Bäcklund 变换。

引入变换：

$$u = u_0 + 12 h_2 h_1^{-1} (\ln f)_{xx}, \tag{4.3.5}$$

其中 $f = f(x, y, z, t)$，u_0 为任意常数的微扰项。把式 (4.3.5) 代入方程 (4.3.1)，利用 Hirota 双线性算子并经过运算可得方程 (4.3.1) 的双线性形式：

$$(D_x D_t + h_2 D_x^4 + h_3 D_x^2 + h_1 u_0 D_x^2 + h_4 D_y^2 + h_5 D_z^2) f \cdot f = 0。 \tag{4.3.6}$$

在获得的如上 Hirota 双线性形式的基础上, 构造方程 (4.3.1) 的广义双线性 Bäcklund 变换, 该变换同样以定理形式给出:

定理4.3.1 假设 f 是方程 (4.3.6) 的一个解, 那么满足下面关系式

$$B_1\hat{f} \cdot f = (D_t + \lambda_1 D_y + \lambda_2 D_z + h_2 D_x^3 + h_3 D_x + h_1 u_0 D_x + \lambda_3)\hat{f} \cdot f = 0, \quad (4.3.7)$$

$$B_2\hat{f} \cdot f = (3h_2 D_x^2 + \lambda_4 D_x)\hat{f} \cdot f = 0, \quad (4.3.8)$$

$$B_3\hat{f} \cdot f = (h_4 D_y - \lambda_1 D_x + \lambda_5 D_z + \lambda_6)\hat{f} \cdot f = 0, \quad (4.3.9)$$

$$B_4\hat{f} \cdot f = (h_5 D_z - \lambda_2 D_x - \lambda_5 D_y + \lambda_7)\hat{f} \cdot f = 0, \quad (4.3.10)$$

的 $\hat{f}$ 是方程 (4.3.6) 的另一个解, 其中 $\lambda_i\,(i = 1,\ldots,7)$ 是任意常数.

证明　考虑如下函数

$$P = (D_x D_t + h_2 D_x^4 + h_3 D_x^2 + h_1 u_0 D_x^2 + h_4 D_y^2 + h_5 D_z^2)\hat{f} \cdot \hat{f}.$$

只需利用定理中的式 (4.3.7)~式 (4.3.10) 使其能够推导得到 $P = 0$ 即可, 证明过程中用到第一节列出的双线性恒等式.

$$
\begin{aligned}
Pff &= [(D_x D_t + h_2 D_x^4 + h_3 D_x^2 + h_1 u_0 D_x^2 + h_4 D_y^2 + h_5 D_z^2)\hat{f} \cdot \hat{f}]ff - \\
&\quad [(D_x D_t + h_2 D_x^4 + h_3 D_x^2 + h_1 u_0 D_x^2 + h_4 D_y^2 + h_5 D_z^2)f \cdot f]\hat{f}\hat{f} \\
&= [(D_x D_t \hat{f} \cdot \hat{f})f^2 - (D_x D_t f \cdot f)\hat{f}^2] + h_2[(D_x^4 \hat{f} \cdot \hat{f})f^2 - (D_x^4 f \cdot f)\hat{f}^2] + \\
&\quad (h_3 + h_1 u_0)[(D_x^2 \hat{f} \cdot \hat{f})f^2 - (D_x^2 f \cdot f)\hat{f}^2] + h_4[(D_y^2 \hat{f} \cdot \hat{f})f^2 - (D_y^2 f \cdot f)\hat{f}^2] + \\
&\quad h_5[(D_z^2 \hat{f} \cdot \hat{f})f^2 - (D_z^2 f \cdot f)\hat{f}^2] \\
&\stackrel{(4.1.2)\sim(4.1.4)}{=} 2D_x(D_t\hat{f} \cdot f) \cdot f\hat{f} + 2h_2 D_x[(D_x^3 \hat{f} \cdot f) \cdot f\hat{f} + 3(D_x^2 \hat{f} \cdot f) \cdot (D_x f \cdot \hat{f})] + \\
&\quad 2(h_3 + h_1 u_0)D_x(D_x \hat{f} \cdot f) \cdot f\hat{f} + 2h_4 D_y(D_y\hat{f} \cdot f) \cdot f\hat{f} + 2h_5 D_z(D_z\hat{f} \cdot f) \cdot f\hat{f} \\
&= 2D_x[(D_t\hat{f} \cdot f + \lambda_1 D_y\hat{f} \cdot f + \lambda_2 D_z\hat{f} \cdot f + \lambda_3\hat{f} \cdot f) \cdot f\hat{f} + \\
&\quad 2D_x[(h_2 D_x^3 \hat{f} \cdot f) \cdot f\hat{f} + (3h_2 D_x^2\hat{f} \cdot f + \lambda_4 D_x\hat{f} \cdot f) \cdot (D_x\hat{f} \cdot f)] + \\
&\quad 2D_x[(h_3 + h_1 u_0)D_x\hat{f} \cdot f] \cdot f\hat{f} + 2D_y(h_4 D_y\hat{f} \cdot f - \lambda_1 D_x\hat{f} \cdot f + \lambda_5 D_z\hat{f} \cdot f + \\
&\quad \lambda_6\hat{f} \cdot f) \cdot f\hat{f} + 2D_z(h_5 D_z\hat{f} \cdot f - \lambda_2 D_x\hat{f} \cdot f - \lambda_5 D_y\hat{f} \cdot f + \lambda_7\hat{f} \cdot f) \cdot f\hat{f} \\
&= 2D_x[(D_t\hat{f} \cdot f + \lambda_1 D_y\hat{f} \cdot f + \lambda_2 D_z\hat{f} \cdot f + h_2 D_x^3\hat{f} \cdot f + (h_3 + h_1 u_0)D_x\hat{f} \cdot f + \\
&\quad \lambda_3\hat{f} \cdot f)] \cdot f\hat{f} + 2D_x[(3h_2 D_x^2\hat{f} \cdot f + \lambda_4 D_x\hat{f} \cdot f) \cdot (D_x\hat{f} \cdot f)] + \\
&\quad 2D_y(h_4 D_y\hat{f} \cdot f - \lambda_1 D_x\hat{f} \cdot f + \lambda_5 D_z\hat{f} \cdot f + \lambda_6\hat{f} \cdot f) \cdot f\hat{f} + \\
&\quad 2D_z(h_5 D_z\hat{f} \cdot f - \lambda_2 D_x\hat{f} \cdot f - \lambda_5 D_y\hat{f} \cdot f + \lambda_7\hat{f} \cdot f) \cdot f\hat{f} \\
&\stackrel{(4.3.7)\sim(4.3.10)}{=} 2D_x(B_1\hat{f} \cdot f) \cdot f\hat{f} + 2D_x(B_2\hat{f} \cdot f) \cdot (D_x f \cdot \hat{f}) + 2D_y(B_3\hat{f} \cdot f) \cdot f\hat{f} + \\
&\quad 2D_z(B_4\hat{f} \cdot f) \cdot f\hat{f} \\
&\equiv 0.
\end{aligned}
$$

在以上推导过程中，引入了带参数 $\lambda_i\,(i=1,\ldots,7)$ 的项，且引入带参数的项与引入之前的式子是恒等变换。这是由于恒等式 (4.1.6) 可以保障 $\lambda_i\,(i=3,4,6,7)$ 所在项都为 0，同时通过恒等式 (4.1.5) 可以得到 $\lambda_i\,(i=1,2,5)$ 所在项为 0 [126]。 $\qquad\square$

特别指出，这里的双线性形式及广义双线性 Bäcklund 变换与文献 [123] 中的完全不同。

4.3.2　广义 $3+1$ 维非线性方程的精确解

通过观察，选择方程 (4.3.6) 的一个解为 $f=1$，将该解代入最初的变量变换 (4.3.5) 可得， $u=u_0+12h_2h_1^{-1}(\ln f)_{xx}=u_0$。由于 $D_x^n a\cdot 1=\frac{\partial^n}{\partial x^n}a,(n\geqslant 1)$，将 $f=1$ 代入广义双线性 Bäcklund 变换式 (4.3.7)～式 (4.3.10)，即可得线性偏微分方程组为：

$$\begin{cases}\hat{f}_t+\lambda_1\hat{f}_y+\lambda_2\hat{f}_z+h_2\hat{f}_{xxx}+h_3\hat{f}_x+h_1u_0\hat{f}_x+\lambda_3\hat{f}=0,\\ 3h_2\hat{f}_{xx}+\lambda_4\hat{f}_x=0,\\ h_4\hat{f}_y-\lambda_1\hat{f}_x+\lambda_5\hat{f}_z+\lambda_6\hat{f}=0,\\ h_5\hat{f}_z-\lambda_2\hat{f}_x-\lambda_5\hat{f}_y+\lambda_7\hat{f}=0。\end{cases} \qquad (4.3.11)$$

首先考虑一类指数波解，令

$$\hat{f}=1+\epsilon e^{kx+ly+mz+\omega t}, \qquad (4.3.12)$$

其中 ϵ, k, l, m 和 ω 是待定常数。令方程 (4.3.11) 中的 $\lambda_3=\lambda_6=\lambda_7=0$，将式 (4.3.12) 代入方程 (4.3.11)，借助 Maple 直接运算得：

$$k=-\frac{\lambda_4}{3h_2},\qquad l=\frac{\lambda_4(\lambda_2\lambda_5-\lambda_1 h_5)}{3h_2(\lambda_5^2+h_4h_5)},\qquad m=-\frac{\lambda_4(\lambda_1\lambda_5+\lambda_2 h_4)}{3h_2(\lambda_5^2+h_4h_5)},$$
$$\omega=\frac{\lambda_4^3}{27h_2^2}+\frac{\lambda_4 h_3}{3h_2}+\frac{\lambda_4(\lambda_1^2 h_5+\lambda_2^2 h_4)}{3h_2(\lambda_5^2+h_4h_5)}。 \qquad (4.3.13)$$

由此获得方程 (4.3.6) 的指数波解为：

$$\hat{f}=1+\epsilon e^{-\frac{\lambda_4}{3h_2}x+\frac{\lambda_4(\lambda_2\lambda_5-\lambda_1 h_5)}{3h_2(\lambda_5^2+h_4h_5)}y-\frac{\lambda_4(\lambda_1\lambda_5+\lambda_2 h_4)}{3h_2(\lambda_5^2+h_4h_5)}z+(\frac{\lambda_4^3}{27h_2^2}+\frac{\lambda_4 h_3}{3h_2}+\frac{\lambda_4(\lambda_1^2 h_5+\lambda_2^2 h_4)}{3h_2(\lambda_5^2+h_4h_5)})t}, \qquad (4.3.14)$$

其中 $h_2(\lambda_5^2+h_4h_5)\neq 0$，$\epsilon$，$h_3$，$\lambda_i\,(i=1,2,4)$ 为任意常数。

将指数波解 (4.3.14) 代入变换 (4.3.5)，可得到方程 (4.3.1) 的一类行波解：

$$u=u_0+\frac{12h_2k^2\epsilon e^{kx+ly+mz+\omega t}}{h_1(1+\epsilon e^{kx+ly+mz+\omega t})^2}, \qquad (4.3.15)$$

其中的参数 k, l, m 和 ω 满足式 (4.3.13)。

接着考虑一阶多项式形式的解，令

$$\hat{f} = kx + ly + mz + \omega t, \tag{4.3.16}$$

其中 k, l, m 和 ω 是待定常数。令方程 (4.3.11) 中的 $\lambda_i = 0$ $(i = 3, 6, 7)$，将式 (4.3.16) 代入方程 (4.3.11)，利用 Maple 直接运算可得：

$$k = \frac{m(\lambda_5^2 + h_4 h_5)}{\lambda_1 \lambda_5 + \lambda_2 h_4}, \qquad l = \frac{m(\lambda_1 h_5 - \lambda_2 \lambda_5)}{\lambda_1 \lambda_5 + \lambda_2 h_4}, \qquad m = m,$$

$$\omega = -\frac{m(\lambda_2^2 h_4 + h_3 h_4 h_5 + \lambda_1^2 h_5 + \lambda_5^2 h_3)}{\lambda_1 \lambda_5 + \lambda_2 h_4}, \qquad \lambda_4 = 0, \tag{4.3.17}$$

其中 $\lambda_1 \lambda_5 + \lambda_2 h_4 \neq 0$，$m$ 和 h_i $(i = 3, 5)$ 是任意常数。

将上述结果代入双线性变换 (4.3.5)，得到方程 (4.3.1) 的有理函数解：

$$u = u_0 - \frac{12 h_2 k^2}{h_1 (kx + ly + mz + \omega t)^2}, \tag{4.3.18}$$

其中 k, l, m 和 ω 满足式 (4.3.17)。

最后考虑混合解，令方程 (4.3.11) 中的 $\hat{f}$ 具有如下形式：

$$\hat{f} = (k_1 x + l_1 y + m_1 z + \omega_1 t) + \epsilon_1 \cosh(k_2 x + l_2 y + m_2 z + \omega_2 t), \tag{4.3.19}$$

其中 ϵ_1, k_i, l_i, m_i 和 ω_i $(i = 1, 2)$ 均为待定常数。将式 (4.3.19) 代入方程 (4.3.11)，利用 Maple 经过直接但冗长烦琐的运算，可获得 31 组解。为了保证方程 (4.3.1) 的一般性，将解中含有 $h_i = 0$ $(i = 1, \ldots, 5)$ 的解去除掉，最终得到一组解如下：

$$k_1 = \frac{h_4 l_1 \mp m_1 \sqrt{-h_4 h_5}}{\lambda_1}, \qquad l_1 = l_1, \qquad m_1 = m_1,$$

$$\omega_1 = \frac{\pm h_3 h_4 (h_4 l_1^2 \mp 2 l_1 m_1 \sqrt{-h_4 h_5} - h_5 m_1^2) \pm \lambda_1^2 (h_4 l_1^2 + h_5 m_1^2)}{\lambda_1 (m_1 \sqrt{-h_4 h_5} \mp h_4 l_1)},$$

$$l_2 = \pm \frac{\sqrt{-h_4 h_5} m_2}{h_4}, \qquad \omega_2 = \pm \frac{2 \lambda_1 m_2 h_5}{\sqrt{-h_4 h_5}}, \qquad m_2 = m_2, \qquad \epsilon_1 = \epsilon_1, \tag{4.3.20}$$

$$\lambda_2 = \mp \frac{\lambda_1 h_5}{\sqrt{-h_4 h_5}}, \qquad \lambda_5 = \pm \frac{h_4 h_5}{\sqrt{-h_4 h_5}}, \qquad k_2 = \lambda_3 = \lambda_4 = \lambda_6 = \lambda_7 = 0,$$

其中 ϵ_1, l_1, m_1, m_2 和 h_3 是任意常数，且 $h_4 h_5 < 0$，$\lambda_1 (m_1 \sqrt{-h_4 h_5} \mp h_4 l_1) \neq 0$。

将上述结果代入双线性变换 (4.3.5)，可得方程 (4.3.1) 如下形式的解：

$$u = u_0 - \frac{12 h_2 k_1^2}{h_1 \left((k_1 x + l_1 y + m_1 z + \omega_1 t) + \epsilon_1 \cosh(l_2 y + m_2 z + \omega_2 t) \right)^2}, \tag{4.3.21}$$

其中 ϵ_1, k_i, l_i, m_i 和 ω_i $(i = 1, 2)$ 满足式 (4.3.20)。

4.4　4+1 维 Fokas 方程的广义双线性 Bäcklund 变换及其精确解

本节将研究 4+1 维的 Fokas 方程：

$$u_{xt} - \frac{1}{4}u_{xxxy} + \frac{1}{4}u_{xyyy} + \frac{3}{2}(u^2)_{xy} - \frac{3}{2}u_{zw} = 0, \tag{4.4.1}$$

其中 $u=u(x,y,z,w,t)$。该方程 (4.4.1) 是一个重要的物理模型，起初是由 Fokas 在扩展可积的 KP 方程及 Davey-Stewartson（DS）方程到高维非线性波方程的过程中推导得到[127]。虽然已有众多学者用不同的方法研究了该方程[127–133]，但就我们所知，这个方程的双线性 Bäcklund 变换在先前的文献中没有出现过。下面就用本章的算法来构造该方程的广义双线性 Bäcklund 变换及其精确解。

4.4.1　4+1 维 Fokas 方程的广义双线性 Bäcklund 变换

引入行波变换

$$\xi = \alpha x + \beta y, \tag{4.4.2}$$

其中 α 和 β 为待定常数，这里假设 $\alpha\beta \neq 0$ 且 $\alpha^2 \neq \beta^2$。把 $v(\xi,z,w,t) = u(x,y,z,w,t)$ 代入方程 (4.4.1)，可得如下非线性偏微分方程 （NLPDE）：

$$v_{\xi t} - \frac{1}{4}\alpha^2\beta v_{\xi\xi\xi\xi} + \frac{1}{4}\beta^3 v_{\xi\xi\xi\xi} + \frac{3}{2}\beta v_{\xi\xi}^2 - \frac{3}{2\alpha}v_{zw} = 0。 \tag{4.4.3}$$

令

$$v = u_0 + (\beta^2 - \alpha^2)(\ln f)_{\xi\xi}, \qquad f = f(\xi, z, w, t), \tag{4.4.4}$$

其中 $u_0 \neq 0$。将方程 (4.4.4) 代入方程 (4.4.3)，并对所得方程关于 ξ 积分两次，可得方程 (4.4.3) 带有微扰项 u_0 的双线性形式：

$$(D_\xi D_t + \frac{1}{4}\beta(\beta^2 - \alpha^2)D_\xi^4 + 3\beta u_0 D_\xi^2 - \frac{3}{2\alpha}D_z D_w)f \cdot f = 0。 \tag{4.4.5}$$

接下来，以定理形式给出方程 (4.4.5) 的广义双线性 Bäcklund 变换：

定理4.4.1 假设 f 是方程 (4.4.5) 的一个解，那么满足下面关系式

$$B_1\hat{f} \cdot f = (D_t + 3\beta u_0 D_\xi + \frac{1}{4}\beta(\beta^2 - \alpha^2)D_\xi^3 + \lambda_1 + \lambda_2 D_z)\hat{f} \cdot f = 0, \tag{4.4.6}$$

$$B_2\hat{f} \cdot f = (3D_\xi^2 + \lambda_3 D_\xi)\hat{f} \cdot f = 0, \tag{4.4.7}$$

$$B_3\hat{f} \cdot f = (D_w + \frac{2\alpha}{3}\lambda_2 D_\xi + \lambda_4)\hat{f} \cdot f = 0, \tag{4.4.8}$$

的 $\hat{f}$ 是方程 (4.4.5) 的另一个解，其中 $\lambda_i\,(i = 1,\ldots,4)$ 是任意常数。

证明　同样考虑下面的函数

$$P = (D_\xi D_t + \frac{1}{4}\beta(\beta^2 - \alpha^2)D_\xi^4 + 3\beta u_0 D_\xi^2 - \frac{3}{2\alpha}D_z D_w)\hat{f} \cdot \hat{f}。$$

只需要利用定理中的式 (4.4.6)~式 (4.4.8) 能够推导得到 $P = 0$ 即可，证明中用到了前面的双线性恒等式。

$$Pff = [(D_\xi D_t + \frac{1}{4}\beta(\beta^2 - \alpha^2)D_\xi^4 + 3\beta u_0 D_\xi^2 - \frac{3}{2\alpha}D_z D_w)\hat{f} \cdot \hat{f}]ff -$$

$$[(D_\xi D_t + \frac{1}{4}\beta(\beta^2 - \alpha^2)D_\xi^4 + 3\beta u_0 D_\xi^2 - \frac{3}{2\alpha}D_z D_w)f \cdot f]\hat{f}\hat{f}$$

$$= [(D_\xi D_t \hat{f} \cdot \hat{f})f^2 - (D_\xi D_t f \cdot f)\hat{f}^2] + \frac{1}{4}\beta(\beta^2 - \alpha^2)[(D_\xi^4 \hat{f} \cdot \hat{f})f^2 - (D_\xi^4 f \cdot f)\hat{f}^2] +$$

$$3\beta u_0[(D_\xi^2 \hat{f} \cdot \hat{f})f^2 - (D_\xi^2 f \cdot f)\hat{f}^2] - \frac{3}{2\alpha}[(D_z D_w \hat{f} \cdot \hat{f})f^2 - (D_z D_w f \cdot f)\hat{f}^2]$$

$$\overset{(4.1.2)\sim(4.1.4)}{=} 2D_\xi(D_t \hat{f} \cdot f) \cdot f\hat{f} + \frac{1}{4}\beta(\beta^2 - \alpha^2)2D_\xi[(D_\xi^3 \hat{f} \cdot f) \cdot f\hat{f} + 3(D_\xi^2 \hat{f} \cdot f) \cdot (D_\xi f \cdot \hat{f})] +$$

$$3\beta u_0 2D_\xi(D_\xi \hat{f} \cdot f) \cdot f\hat{f} - \frac{3}{2\alpha}2D_z(D_w \hat{f} \cdot f) \cdot f\hat{f})$$

$$= 2D_\xi(D_t \hat{f} \cdot f + 3\beta u_0 D_\xi \hat{f} \cdot f + \frac{1}{4}\beta(\beta^2 - \alpha^2)D_\xi^3 \hat{f} \cdot f + \lambda_1 \hat{f}f + \lambda_2 D_z \hat{f} \cdot f) \cdot f\hat{f} +$$

$$\frac{1}{4}\beta(\beta^2 - \alpha^2)2D_\xi(3D_\xi^2 \hat{f} \cdot f + \lambda_3 D_\xi \hat{f} \cdot f) \cdot (D_\xi f \cdot \hat{f}) -$$

$$\frac{3}{2\alpha}2D_z(D_w \hat{f} \cdot f + \frac{2\alpha}{3}\lambda_2 D_\xi \hat{f} \cdot f + \lambda_4 \hat{f}f) \cdot f\hat{f}$$

$$\overset{(4.4.6)\sim(4.4.8)}{=} 2D_\xi(B_1 \hat{f} \cdot f) \cdot f\hat{f} + \frac{1}{4}\beta(\beta^2 - \alpha^2)2D_\xi(B_2 \hat{f} \cdot f) \cdot (D_\xi f \cdot \hat{f}) -$$

$$\frac{3}{2\alpha}2D_z(B_3 \hat{f} \cdot f) \cdot f\hat{f}$$

$$\equiv 0。$$

同样在以上推导过程中，引入参数 $\lambda_i\,(i = 1, \ldots, 4)$ 后与引入之前的式子是恒等变换，λ_1、λ_3 和 λ_4 所在的项都为 0，这点可由恒等式 (4.1.6) 推得；通过恒等式 (4.1.5) 可以得到 λ_2 所在项亦为 0 [134]。　　　　　　　　　　　　　□

4.4.2　4+1 维 Fokas 方程的精确解

首先同样取方程 (4.4.5) 一个较直观的解 $f = 1$，将其代到最初的变量变换中可得 $v = u_0 + (\beta^2 - \alpha^2)(\ln f)_{\xi\xi} = u_0$。由于 $D_x^n a \cdot 1 = \frac{\partial^n}{\partial x^n}a, (n \geq 1)$，将 $f = 1$ 代入广义双线性 Bäcklund 变换式 (4.4.6)~式 (4.4.8)，可得如下线性偏微分方程组：

$$\begin{cases} \hat{f}_t + 3\beta u_0 \hat{f}_\xi + \frac{1}{4}\beta(\beta^2 - \alpha^2)\hat{f}_{\xi\xi\xi} + \lambda_1 \hat{f} + \lambda_2 \hat{f}_z = 0, \\[2mm] 3\hat{f}_{\xi\xi} + \lambda_3 \hat{f}_\xi = 0, \\[2mm] \hat{f}_w + \frac{2\alpha}{3}\lambda_2 \hat{f}_\xi + \lambda_4 \hat{f} = 0。 \end{cases} \quad (4.4.9)$$

根据本章获得精确解的算法，先验假设方程 (4.4.9) 一类指数波形式的解：

$$\hat{f} = 1 + \epsilon e^{k\xi + lz + mw + nt}, \tag{4.4.10}$$

其中 ϵ，k，l，m 和 n 都是待定常数。将式 (4.4.10) 代入方程 (4.4.9) 中并设方程 (4.4.9) 中的 $\lambda_1 = \lambda_4 = 0$ 及 $\lambda_3 = 1$，利用 Maple 直接计算得：

$$k = -\frac{1}{3}, \quad m = \frac{2\alpha}{9}\lambda_2, \quad n = \beta u_0 + \frac{1}{108}\beta(\beta^2 - \alpha^2) - \lambda_2 l_\circ \tag{4.4.11}$$

由此获得方程 (4.4.5) 一类指数波形式的解：

$$\hat{f} = 1 + \epsilon e^{-\frac{1}{3}\xi + lz + \frac{2\alpha}{9}\lambda_2 w + (\beta u_0 + \frac{1}{108}\beta(\beta^2 - \alpha^2) - \lambda_2 l)t}, \tag{4.4.12}$$

其中 ϵ，l 和 λ_2 是任意常数。

由于 $v = u_0 + (\beta^2 - \alpha^2)(\ln \hat{f})_{\xi\xi}$ 是方程 (4.4.3) 的解，因此将解 (4.4.12) 代入该变换，可得方程 (4.4.3) 的精确解：

$$v = u_0 + \frac{\epsilon\, e^{\Theta}(\beta^2 - \alpha^2)}{9\,(1 + \epsilon\, e^{\Theta})^2}, \tag{4.4.13}$$

这里 $\Theta = -\frac{1}{3}\xi + lz + \frac{2\alpha}{9}\lambda_2 w + (\beta u_0 + \frac{1}{108}\beta(\beta^2 - \alpha^2) - \lambda_2 l)t$。

接着可考虑一阶多项式形式的解：

$$\hat{f} = k\xi + lz + mw + nt, \tag{4.4.14}$$

其中 k，l，m 和 n 均为待定常数。类似地，将式 (4.4.14) 代入方程 (4.4.9) 中并令方程 (4.4.9) 中的 $\lambda_1 = \lambda_3 = \lambda_4 = 0$，利用 Maple 运算得到待定常数所满足的关系为：

$$\begin{cases} n + 3\beta u_0 k + \lambda_2 l = 0, \\ m + \dfrac{2\alpha}{3}\lambda_2 k = 0_\circ \end{cases} \tag{4.4.15}$$

将式 (4.4.14) 代入变换 $v = u_0 + (\beta^2 - \alpha^2)(\ln \hat{f})_{\xi\xi}$，由此获得方程 (4.4.3) 一类有理函数解：

$$v = u_0 + \frac{k^2(\alpha^2 - \beta^2)}{(k\xi + lz + mw + nt)^2}, \tag{4.4.16}$$

其中参数 k，l，m 和 n 满足方程 (4.4.15)。

4.5 小结

本章主要结合 Hirota 双线性方法对经典 Bäcklund 变换方法进行了修正，给出了构造广义双线性 Bäcklund 变换以及利用该变换构造非线性系统精确解的算法；然后应用这些算法研究了三个高维的重要数学物理模型，即 $3+1$ 维和广义 $3+1$ 维非线性波方程，以及 4+1 维的 Fokas 方程。具体思路为：首先针对这三个高维系统分别引入了适当的变量变换，继而将这三个方程转化为对应的 Hirota 双线性形式；然后分别在它们的双线性形式基础上构造广义双线性 Bäcklund 变换，同时利用本章罗列出的一些双线性恒等式对所构造的广义双线性 Bäcklund 变换进行严格的数学证明；最后分别利用三者的广义双线性 Bäcklund 变换构造出三个高维系统的形如有理解、行波解、双曲函数解和混合解等精确解。

值得一提的是，利用本章算法所构造的广义双线性 Bäcklund 变换并没有统一的形式，也就是说对于同一个方程不同研究者所得到的广义双线性 Bäcklund 变换的形式可能不一样。但是只要通过严格的数学证明即可验证所得的广义双线性 Bäcklund 变换的正确性。其实在本章广义双线性 Bäcklund 变换的基础上，还可以获得更多不同形式的精确解，这里不一一赘述，有兴趣的读者不妨一试。总之，广义双线性 Bäcklund 变换方法为求解非线性微分方程提供了一种新的思路和方法。

第 5 章　Darboux 变换构造及其应用

　　众所周知，Darboux 变换也可用来获得非线性系统许多有趣的精确解，诸如呼吸子、孤子和怪波等非线性局域波解 [76,135-138]。对于很多经典非线性系统而言，许多学者已给出它们不同形式的 Darboux 变换。本章讨论 Darboux 变换是源自近年来涌现了众多非局部非线性可积系统，这些非局部非线性系统一般都是利用宇称 $\hat{P}$ $(\hat{P} = -x)$，时间反演 $\hat{T}$ $(\hat{T} = -t)$ 和电荷共轭 $\hat{C}$ 对称得到的。特别是 $\hat{P} - \hat{T} - \hat{C}$ 对称在量子物理 [40] 和其他物理领域中具有重要的作用 [41-43]。注意到最近的文献 [46] 中，楼森岳教授得到了非局部 KdV 方程和非局部 Boussinesq 方程的多孤子解。有趣的是，他发现了非局部 Boussinesq 方程的一些禁戒，即非局部 Boussinesq 方程的孤子数必定是偶数的，不存在奇数的孤子这一结论。事实上，对于非局部非线性系统还有很多有趣的工作需要去探索。

　　本章主要研究 Darboux 变换方法在非局部非线性可积系统中的应用，一方面讨论经典的 Darboux 变换方法如何应用于非局部非线性可积系统；另一方面通过 Darboux 变换研究如何获得非局部非线性可积系统的精确解。主要分三部分，第一部分首先通过 Lax 对与可积系统的关系，研究由 Lax 对获得可积系统的符号计算算法，利用 Maple 软件设计自动推导程序包 Laxpairtest，从而实现 Lax 对验证的机械化；第二部分研究由楼森岳教授近来提出的 Alice-Bob 系统的非线性 Schrödinger（AB-NLS）方程，首先利用程序包 Laxpairtest 验证该系统 Lax 对的正确性，然后详细给出构造该系统的 n 阶 Darboux 变换的过程，最后从零种子解出发利用 Darboux 变换构造该系统的孤子解，并绘制孤子解的图形进而讨论这些解的动力学性质；第三部分利用经典 Darboux 变换方法研究了一个最新提出的非局部导数非线性 Schrödinger (DNLS) 方程，获得了该方程具有行列式形式的 n-阶 Darboux 变换，并利用该 Darboux 变换获得了该方程一些精确的新奇解。

5.1　Lax 对与可积系统关系的符号计算算法研究及其实现

　　非线性系统的 Darboux 变换构造的前提是必须首先给出该系统正确的 Lax 对，若系统的 Lax 对不正确，将导致之后的所有结果都是错误的，因此验证 Lax 对的正确与否至关重要。然而由于 Lax 算子运算的复杂性，很多研究者很少对 Lax 对进行验证。鉴于此，本章在符号计算系统 Maple 中采用模块化程序设计思想，编制了验证 Lax 对的自动程序包 Laxpairtest。通常非线性演化方程可由 Lax 方程或零曲率方程推导获得，这两种方法各有所长且相互联系，本节将就这两种方式给出自动推导算法。

5.1.1 Laxpairtest 程序包

Lax P. D. 最早提出，非线性演化方程可通过以下方式获得：

设定一个线性算子，使其满足如下谱方程：

$$L\varphi = \lambda\varphi, \tag{5.1.1}$$

其中 φ 是 x、t 的函数，λ 是与 t 无关的谱参数；φ 还满足下面的线性方程：

$$\varphi_t = A\varphi, \tag{5.1.2}$$

A 也是一个算子，若 φ 同时满足方程 (5.1.1) 和方程 (5.1.2)，则 L、A 满足以下算子方程：

$$L_t = AL - LA \equiv [A, L], \tag{5.1.3}$$

方程 (5.1.3) 称为 Lax 方程，L、A 称为 Lax 对 [2]。

除了 Lax 方程之外，非线性演化方程还可通过零曲率方程推导得到。

设谱问题为：

$$\varphi_x = M\varphi, \tag{5.1.4}$$

$$\varphi_t = N\varphi, \tag{5.1.5}$$

其中 φ 是 x、t 的 n 维向量函数，M、N 是 $n \times n$ 矩阵，其元素包含谱参数 λ 和以 x、t 为自变量的 m 维向量函数 $u(x, t)$ 及其各阶导数 [2]。为了使方程 (5.1.4) 与方程 (5.1.5) 同时有解，φ 必须满足相容性条件 $\varphi_{xt} = \varphi_{tx}$，由该条件可得：

$$M_t - N_x + [M, N] = 0, \tag{5.1.6}$$

其中 $[M, N] \equiv MN - NM$，在微分几何中称这个方程为零曲率方程。

通过以上相关知识可知，给定算子 L，A，利用 Lax 方程 (5.1.3) 或者给定 M，N，利用零曲率方程 (5.1.6)，分别可以推导得到相应的非线性演化方程。根据如上定义，为实现模块化的程序设计并提升代码的可重用性，将以上两种方法利用 Maple 语言编写函数 Laxtest( ) 和 Laxtest1( )，并封装至 Laxpairtest 包中，这两个函数具体实现如下：

函数 Laxtest( )：首先定义局部变量 L，A，Lt，$L1$，$A1$，AL，LA，eq 和 Eq，其中算子 L 和 A 可以赋予不同的形式。Lt 表示算子 L 关于 t 的导数；依据算子 L 和 A 的形式分别定义映射 $L1$ 和 $A1$，同时引入辅助函数 $P(x)$；AL 表示映射 $A1$ 作用于算子 L，LA 表示映射 $L1$ 作用于算子 A；eq 定义为先运算 $AL - LA$，再对其结果按照函数 $P(x)$ 的微分合并同类项，然后用 Lt 减去上一步的结果，再继续按函数 $P(x)$ 合并同类项即为 eq；取 eq 中 $P(x)$ 的系数部分得 Eq；Eq 即为要验证的那个非线性演化方程，与给定方程比较，如果得到的 Eq 与给定方程一致，则说明给定的算子 L 和 A 确为这个方程的 Lax 对。

函数 Laxtest1( )：首先定义局部变量 Mt，Nx，MN，NM，$S1$，$S2$，S，$S11$，$S12$，$S21$ 和 $S22$，其中 M 和 N 为对应于零曲率方程中的两个谱矩阵。Mt 表示矩阵 M 关于变量 t 求导；Nx 表示矩阵 N 关于变量 x 求导；MN 和 NM 分别表示矩阵 M 与 N 相乘及矩阵 N 与 M 相乘；$S1$ 表示 $Mt + MN$，$S2$ 表示 $Nx - NM$，S 表示 $S1 - S2$；$Sij\,(1 \leqslant i, j \leqslant 2)$ 表示对矩阵 S 的每个元素关于谱参数 λ 合并同类项的结果，在该结果中如果存在与给定的方程一致的非线性演化方程，说明 M 和 N 所在的谱方程即为非线性演化方程的 Lax 方程。

5.1.2　Laxpairtest 程序包应用实现

下面主要通过具体的实例来验证 Laxpairtest 程序包的有效性。

例 1 KdV 方程：

$$u_t + 6uu_x + u_{xxx} = 0。 \tag{5.1.7}$$

已知 KdV 方程的 Lax 对为：

$$L = \partial_x^2 + u, \qquad A = -4\partial_x^3 - 6u\partial_x - 3u_x, \tag{5.1.8}$$

其中 $u = u(x, t)$。

若由 Lax 方程验证，在 Maple 上可输入如下命令：

$> with(Laxpairtest):$　♯ 将 Laxpairtest 软件包调入 Maple。

$> Laxtest([diff(P(x), x, x) + u(x, t) * P(x),$

$\quad -4 * diff(P(x), x, x, x) - 6 * u(x, t) * diff(P(x), x) - 3 * diff(u(x, t), x) * P(x)]);$

则可得运行结果为：

$$\left(\frac{\partial}{\partial t} u(x, t) \right) + \left(\frac{\partial^3}{\partial x^3} u(x, t) \right) + 6u(x, t) \left(\frac{\partial}{\partial t} u(x, t) \right)。$$

如上结果显示，由 Lax 方程利用 Laxpairtest 程序包推导获得 KdV 方程，因此验证了 KdV 方程的 Lax 对是正确的。

若由零曲率方程验证，已知 KdV 方程对应的谱问题为：

$$\varphi_x = M\varphi = \begin{pmatrix} 0 & 1 \\ \lambda - u & 0 \end{pmatrix} \varphi,$$

$$\varphi_t = N\varphi = \begin{pmatrix} u_x & -4\lambda - 2u \\ u_{xx} - 4\lambda^2 + 2\lambda u + 2u^2 & -u_x \end{pmatrix} \varphi。$$

在 Maple 上输入如下命令:

> $with(Laxpairtest)$:

> $alias(u = u(x,t), phi = phi(x,t))$;　♯ 将函数$u(x,t)$，$\varphi(x,t)$ 用别名u，φ 表示。

> $M := Matrix([[0,1],[lambda - u, 0]])$;

> $N := Matrix([[diff(u,x), -4*lambda - 2*u],$

$\quad [diff(u,x,x) - 4*lambda^2 + 2*lambda*u + 2*u^2, -diff(u,x)]])$;

> $trace(Laxtest1)$;

> $Laxtest1(M, N)$;

则可得运行结果为:

$$Mt := \begin{pmatrix} 0 & 0 \\ -\left(\frac{\partial}{\partial t}u\right) & 0 \end{pmatrix},$$

$$MN := \begin{pmatrix} \left(\frac{\partial^2}{\partial x^2}u\right) - 4\lambda^2 + 2\lambda u + 2u^2 & -\left(\frac{\partial}{\partial x}u\right) \\ (\lambda - u)\left(\frac{\partial}{\partial x}u\right) & (\lambda - u)(-4\lambda - 2u) \end{pmatrix},$$

$$S1 := \begin{pmatrix} \left(\frac{\partial^2}{\partial x^2}u\right) - 4\lambda^2 + 2\lambda u + 2u^2 & -\left(\frac{\partial}{\partial x}u\right) \\ (\lambda - u)\left(\frac{\partial}{\partial x}u\right) - \left(\frac{\partial}{\partial t}u\right) & (\lambda - u)(-4\lambda - 2u) \end{pmatrix},$$

$$Nx := \begin{pmatrix} \left(\frac{\partial^2}{\partial x^2}u\right) & -2\left(\frac{\partial}{\partial x}u\right) \\ \left(\frac{\partial^3}{\partial x^3}u\right) + 2\lambda\left(\frac{\partial}{\partial x}u\right) + 4u\left(\frac{\partial}{\partial x}u\right) & -\left(\frac{\partial^2}{\partial x^2}u\right) \end{pmatrix},$$

$$NM := \begin{pmatrix} (\lambda - u)(-4\lambda - 2u) & \frac{\partial}{\partial x}u \\ -(\lambda - u)\left(\frac{\partial}{\partial x}u\right) & \left(\frac{\partial^2}{\partial x^2}u\right) - 4\lambda^2 + 2\lambda u + 2u^2 \end{pmatrix},$$

$$S2 := \begin{pmatrix} (\lambda - u)(-4\lambda - 2u) + \left(\frac{\partial^2}{\partial x^2}u\right) & -\left(\frac{\partial}{\partial x}u\right) \\ -(\lambda - u)\left(\frac{\partial}{\partial x}u\right) + \left(\frac{\partial^3}{\partial x^3}u\right) + 2\lambda\left(\frac{\partial}{\partial x}u\right) + 4u\left(\frac{\partial}{\partial x}u\right) & -4\lambda^2 + 2\lambda u + 2u^2 \end{pmatrix},$$

$$S := \begin{pmatrix} -4\lambda^2 + 2\lambda u + 2u^2 - (\lambda - u)(-4\lambda - 2u) & 0 \\ 2(\lambda - u)(\frac{\partial}{\partial x}u) - (\frac{\partial}{\partial t}u) - (\frac{\partial^3}{\partial x^3}u) - 2\lambda(\frac{\partial}{\partial x}u) - 4u(\frac{\partial}{\partial x}u) & (u - \lambda)(4\lambda + 2u) + 4\lambda^2 - 2\lambda u - 2u^2 \end{pmatrix},$$

$$S11 := 0,$$

$$S12 := 0,$$

$$S21 := -6u\left(\frac{\partial}{\partial x}u\right) - \left(\frac{\partial}{\partial t}u\right) - \left(\frac{\partial^3}{\partial x^3}u\right),$$

$$S22 := 0。$$

从以上结果可知 $S21$ 所表示的正是 KdV 方程，由此可证得所给的谱矩阵 M、N 是正确的。

例 2 修正 KdV（mKdV）方程：

$$u_t + 6u^2 u_x - u_{xxx} = 0。 \tag{5.1.9}$$

已知 mKdV 方程的 Lax 对分别为 [139]：

$$L = -\partial_x^2 + u^2 + u_x, \quad A = 4\partial_x^3 - 6(u^2 + u_x)\partial_x - 3\partial_x(u^2 + u_x), \tag{5.1.10}$$

其中 $u = u(x,t)$。

由 Lax 方程验证，在 Maple 上输入如下命令：

> $with(Laxpairtest)$:

> $Laxtest([-diff(P(x),x,x) + u(x,t)^2 * P(x) + diff(u(x,t),x) * P(x),$

$4 * diff(P(x),x,x,x) - 6 * [u(x,t)^2 + diff(u(x,t),x)] * diff(P(x),x) -$

$3 * [2 * u(x,t) * diff(u(x,t),x) + diff(u(x,t),x,x)] * P(x)]);$

则可得运行结果为：

$$2u(x,t)\left(\frac{\partial}{\partial t}u(x,t)\right) + \left(\frac{\partial^2}{\partial x \partial t}u(x,t)\right) - \left(\frac{\partial^4}{\partial x^4}u(x,t)\right) + 6u(x,t)^2\left(\frac{\partial^2}{\partial x^2}u(x,t)\right) +$$
$$12u(x,t)\left(\frac{\partial}{\partial x}u(x,t)\right)^2 + 12u(x,t)^3\left(\frac{\partial}{\partial x}u(x,t)\right) - 2u(x,t)\left(\frac{\partial^3}{\partial x^3}u(x,t)\right)。$$

上述结果经化简可得：

$$(\partial_x + 2u)(u_t + 6u^2 u_x - u_{xxx}) = 0。 \tag{5.1.11}$$

由式 (5.1.11) 得到 mKdV 方程 (5.1.9)，因此由 Lax 方程利用 Laxpairtest 程序包推导出 mKdV 方程，说明该方程的 Lax 对是正确的。

若由零曲率方程验证，已知 mKdV 方程对应的谱问题为：

$$\varphi_x = M\varphi = \begin{pmatrix} -i\lambda & u \\ u & i\lambda \end{pmatrix}\varphi,$$

$$\varphi_t = N\varphi = \begin{pmatrix} 4i\lambda^3 + 2iu^2\lambda & -4u\lambda^2 - 2iu_x\lambda + u_{xx} - 2u^3 \\ -4u\lambda^2 + 2iu_x\lambda + u_{xx} - 2u^3 & -4i\lambda^3 - 2iu^2\lambda \end{pmatrix}\varphi。$$

在 Maple 上输入如下命令：

> $with(Laxpairtest)$:

> $alias(u = u(x,t))$;

> $M := Matrix([[-I * lambda, u], [u, I * lambda]])$;

> $N := Matrix([[4 * I * lambda^3 + 2 * I * u^2 * lambda,$

  $- 4 * u * lambda^2 - 2 * I * diff(u, x) * lambda + diff(u, x, x) - 2 * u^3],$

  $[-4 * u * lambda^2 + 2 * I * diff(u, x) * lambda + diff(u, x, x) - 2 * u^3,$

  $- 4 * I * lambda^3 - 2 * I * u^2 * lambda]])$;

> $trace(Laxtest1)$;

> $Laxtest1(M, N)$;

即得运行结果，下面只展示与方程相关的运行结果为：

$$S11 := 0,$$

$$S12 := \left(\frac{\partial}{\partial t}u\right) - \left(\frac{\partial^3}{\partial x^3}u\right) + 6u^2\left(\frac{\partial}{\partial x}u\right),$$

$$S21 := \left(\frac{\partial}{\partial t}u\right) - \left(\frac{\partial^3}{\partial x^3}u\right) + 6u^2\left(\frac{\partial}{\partial x}u\right),$$

$$S22 := 0。$$

从结果中可知 $S12$ 和 $S21$ 所表示的正是 mKdV 方程，继而证明所给的谱矩阵 M、N 是正确的。

例 3 非线性薛定谔（NLS）方程：

$$iq_t + q_{xx} \pm 2q^2q^* = 0, \tag{5.1.12}$$

其中 $q = q(x,t)$。

若由零曲率方程验证，已知 NLS 方程对应的谱问题为：

$$\varphi_x = M\varphi = \begin{pmatrix} -i\lambda & q \\ r & i\lambda \end{pmatrix}\varphi,$$

$$\varphi_t = N\varphi = \begin{pmatrix} -2i\lambda^2 - iqr & 2q\lambda + iq_x \\ 2r\lambda - ir_x & 2i\lambda^2 + iqr \end{pmatrix}\varphi。$$

在 Maple 上输入如下命令：

> $with(Laxpairtest):$

> $alias(q = q(x, t), r = r(x, t));$

> $M := Matrix([[-I * lambda, q], [r, I * lambda]]);$

> $N := Matrix([[-2 * I * lambda^2 - I * q * r, 2 * q * lambda + I * diff(q, x)],$

　　$[2 * r * lambda - I * diff(r, x), 2 * I * lambda^2 + I * q * r]]);$

> $trace(Laxtest1);$

> $Laxtest1(M, N);$

即得运行结果，下面只给出与方程相关的运行结果为：

$$S11 := 0,$$

$$S12 := \left(\frac{\partial}{\partial t}q\right) + 2Iq^2 r - \left(\frac{\partial^2}{\partial x^2}q\right)I,$$

$$S21 := -2Ir^2 q + \left(\frac{\partial}{\partial t}r\right) + \left(\frac{\partial^2}{\partial x^2}r\right)I,$$

$$S22 := 0_\circ$$

在如上结果中令 $S12$ 中的 $r = \mp q^*$ 即得 NLS 方程 (5.1.12)，同样令 $S21$ 中的 $q = \mp r^*$ 亦可得 NLS 方程，由此证明所给的谱矩阵 M、N 是正确的。

例 4 伯格斯（Burgers）方程：

$$u_t + u_{xx} - 2uu_x = 0, \tag{5.1.13}$$

其中 $u = u(x, t)_\circ$

若由零曲率方程验证，已知 Burgers 方程对应的谱问题为：

$$\varphi_x = M\varphi = \begin{pmatrix} -i\lambda & q \\ r & i\lambda \end{pmatrix}\varphi,$$

$$\varphi_t = N\varphi = \begin{pmatrix} -2\lambda^2 - qr & -2iq\lambda + q_x \\ -2ir\lambda - r_x & 2\lambda^2 + qr \end{pmatrix}\varphi_\circ$$

在 Maple 上输入如下命令：

> $with(Laxpairtest)$:

> $alias(q = q(x,t), r = r(x,t))$;

> $M := Matrix([[-I * lambda, q], [r, I * lambda]])$;

> $N := Matrix([[-2 * lambda^2 - q * r, -2 * I * q * lambda + diff(q,x)],$
  $[-2 * I * r * lambda - diff(r,x), 2 * lambda^2 + q * r]])$;

> $trace(Laxtest1)$;

> $Laxtest1(M, N)$;

即得运行结果，下面只展示与方程相关的运行结果：

$$S11 := 0,$$

$$S12 := \left(\frac{\partial}{\partial t}q\right) + 2q^2 r - \left(\frac{\partial^2}{\partial x^2}q\right),$$

$$S21 := -2r^2 q + \left(\frac{\partial}{\partial t}r\right) + \left(\frac{\partial^2}{\partial x^2}r\right),$$

$$S22 := 0_\circ$$

在如上结果中将 $S12$ 和 $S21$ 的方程联立起来得：

$$q_t = q_{xx} - 2q^2 r, \tag{5.1.14}$$

$$r_t = -r_{xx} + 2r^2 q_\circ \tag{5.1.15}$$

将方程 (5.1.14) 两边同时乘以 r，方程 (5.1.15) 两边同时乘以 q 再相加得：

$$rq_t + qr_t = rq_{xx} - qr_{xx\circ} \tag{5.1.16}$$

令 $u_x = qr$，方程 (5.1.16) 经化简即可获得 Burgers 方程 (5.1.13)，由此证明所给的谱矩阵 M、N 是正确的。

例 5 正弦-戈登（sine-Gordon）方程：

$$u_{xt} - \sin u = 0, \tag{5.1.17}$$

其中 $u = u(x,t)_\circ$

若由零曲率方程验证，已知 sine-Gordon（SG）方程对应的谱问题为：

$$\varphi_x = M\varphi = \begin{pmatrix} -i\lambda & q \\ r & i\lambda \end{pmatrix}\varphi,$$

$$\varphi_t = N\varphi = \begin{pmatrix} \frac{\mathrm{i}}{4\lambda}\cos u & \frac{\mathrm{i}}{4\lambda}\sin u \\ \frac{\mathrm{i}}{4\lambda}\sin u & \frac{\mathrm{i}}{4\lambda}\cos u \end{pmatrix}\varphi_{\circ}$$

在 Maple 上输入如下命令：

> $with(Laxpairtest)$:

> $alias(u = u(x,t), q = q(x,t), r = r(x,t));$

> $M := Matrix([[-I*lambda, q], [r, I*lambda]]);$

> $N := Matrix([[I*cos(u)/4/lambda, I*sin(u)/4/lambda],$

  $[I*sin(u)/4/lambda, -I*cos(u)/4/lambda]]);$

> $trace(Laxtest1);$

> $Laxtest1(M, N);$

即可运行结果，只给出与方程相关的运行结果如下：

$$S11 := \frac{\frac{1}{4}Isin(u)\left[q - r + (\frac{\partial}{\partial x}u)\right]}{\lambda},$$

$$S12 := -\frac{1}{4}\frac{-2sin(u)\lambda - 4(\frac{\partial}{\partial t}q)\lambda + 2Iqcos(u) + cos(u)(\frac{\partial}{\partial x}u)I}{\lambda},$$

$$S21 := -\frac{1}{4}\frac{2sin(u)\lambda - 4(\frac{\partial}{\partial t}r)\lambda - 2Ircos(u) - cos(u)(\frac{\partial}{\partial x}u)I}{\lambda},$$

$$S22 := \frac{-\frac{1}{4}Isin(u)\left[q - r + (\frac{\partial}{\partial x}u)\right]}{\lambda}_{\circ}$$

在上面的结果中令 $q = -r = -\frac{u_x}{2}$，则 $S11 = S22 = 0$，$S12$ 和 $S21$ 经化简均可得到 SG 方程 (5.1.17)，由此证明所给的谱矩阵 M、N 是正确的。

通过以上实例说明了我们设计的 Lax 对自动验证程序包 Laxpairtest 的有效性。其实还可将该算法中的 L、A 换作不同的算子或代换算法中的 M、N 证明或得到更多不同的非线性演化方程。

5.2 AB-NLS 方程的 n 阶 Darboux 变换

5.2.1 非局部非线性系统 AB-NLS 方程

2013 年，Ablowitz 和 Musslimani 在对 AKNS 散射问题进行非局域对称约化时得到非局部 NLS 方程，同时通过反散射方法获得它的精确解[31]。因为非局部 NLS 方程的非线性诱导势满足 $\mathcal{PT}$ 对称条件，所以该方程为 $\mathcal{PT}$ 对称的。非局部 NLS 方程的暗孤子解[135]、呼吸子和怪波解[34]已经被获得。除此之外，在文献 [35] 中对一类带自诱导 $\mathcal{PT}$ 对称势的非局部 NLS 方程进行了研究，同时利用相似变换获得了该方程的一些对称性质及精确解。文献 [36] 中提出了两参数的非局部向量形式的 $\mathcal{PT}$ 对称 NLS 方程，并利用 Hirota 双线性方法获得该方程的精确解。自 Ablowitz 和 Musslimani 提出非局部 NLS 方程之后，又给出了一系列逆时间和逆空间-时间的非局部非线性可积系统 [37]。

楼森岳教授在文献 [44,45] 中，基于 Alice-Bob 系统，分别讨论了非局部 NLS 方程和非局部 KdV 方程的可能应用。在文献 [38] 里利用简单的变量变换建立了非局部可积方程（其中包括非局部 DS 方程，非局部 NLS 方程，非局部导数 NLS 方程等）与经典方程之间的关系，利用文献里的变换不仅建立了非局部方程的可积性，而且利用经典方程的解获得了非局部方程的解。周子翔教授利用 Darboux 变换方法得到了非局部导数 NLS 方程的全局解 [47]。有关非局部 DS 方程和逆时间非局部 NLS 方程的怪波解在文献 [39] 里通过 Darboux 变换方法也已给出。除以上研究成果外，很多学者仍致力于运用不同方法研究更多非局部方程同时也取得了许多新的研究结果 [34,48-53]。

为了描述关于两地的物理问题，楼森岳教授近年来提出了很多可能的模型，并将其命名为 Alice-Bob (AB) 系统 [44,45]。众所周知，发生于不同时间、地点的事件，有可能紧密相关和/或相互纠缠 [140]，把这两个事件或物理上称之为两个遥远的粒子 Alice 和 Bob，两者可能被一个合适的运算符 $\hat{f}$ 紧密纠缠在一起，即表示为：

$$B(x',t') = \hat{f}A = A^f, \tag{5.2.1}$$

其中 $\hat{f}$ 表示空间移位 $(\hat{P}_s)$ 的宇称变换和时间变量的延迟时间反转 $(\hat{T}_d)$：

$$x' = -x + x_0 \equiv \hat{P}_s x, \qquad t' = -t + t_0 \equiv \hat{T}_d t。 \tag{5.2.2}$$

若 $x_0 = 0$，$t_0 = 0$，则即可约化为一般 $\mathcal{PT}$ 对称。

通常，$\{x',t'\}$ 与 $\{x,t\}$ 是不相邻的，所以本质的两地模型 Alice-Bob 系统是非局部的。近年来，虽然这种非局部模型的特殊类型诸如耦合非局部 NLS 方程 [141]、非局部 DS 方程 [142]、离散非局部 NLS 方程 [143] 等不断被提出，然而，也只有部分非局部方程的解被给出，如在文献 [144-146] 中分别研究了非局部 DSI 与 DSII 方程，并求出它们的有理解；楼森岳教授研究获得了 Alice-Bob 系统的多孤子解 [44] 等。在这些研究成果的启发下，我们主要研究 Alice-Bob-Schrödinger 系统（AB-NLS）[44]：

$$iA_t + A_{xx} + 2\sigma A^2 B = 0, \qquad B = A^{P_s T_d} = \hat{P}_s \hat{T}_d A = A(-x + x_0, -t + t_0), \tag{5.2.3}$$

其中 $\sigma = \pm 1$。方程 (5.2.3) 是如下 AKNS 系统

$$\begin{cases} iA_t + A_{xx} + 2\sigma A^2 B = 0 \\ -iB_t + B_{xx} + 2\sigma B^2 A = 0 \end{cases} \tag{5.2.4}$$

的一个特殊对称约化。实际上，若令 $x_0 = t_0 = 0$，方程 (5.2.3) 就变成了一个逆时空非局部 NLS 方程 [37]。

5.2.2　AB-NLS 方程的 n 阶 Darboux 变换

本节我们详细给出构建 AB-NLS 系统 (5.2.3) 的 n 阶 Darboux 变换的过程。

已知 AKNS 系统 (5.2.4) 具有如下的谱问题:

$$\psi_x = \mathbf{U}\psi = \begin{pmatrix} \lambda & A \\ -\sigma B & -\lambda \end{pmatrix}\psi, \tag{5.2.5}$$

$$\psi_t = \mathbf{V}\psi = \begin{pmatrix} 2\mathrm{i}\lambda^2 + \mathrm{i}\sigma AB & 2\mathrm{i}\lambda A + \mathrm{i}A_x \\ -\mathrm{i}\sigma(2\lambda B - B_x) & -2\mathrm{i}\lambda^2 - \mathrm{i}\sigma AB \end{pmatrix}\psi, \tag{5.2.6}$$

其中 $\psi = (\psi_1(x,t), \psi_2(x,t))^{\mathrm{T}}$, λ 表示谱参数, 且 $B = A^{P_s T_d} = A(-x + x_0, -t + t_0)$。

下面利用上节获得的 Laxpairtest 程序包来推导 AB-NLS 系统 (5.2.4), 从而验证 Lax 对式 (5.2.5) 与式 (5.2.6) 的正确性。在 Maple 上输入如下命令:

> $with(Laxpairtest) :$
> $alias(A = A(x,t), B = B(x,t));$
> $M := Matrix([[lambda, A], [-sigma * B, -lambda]]);$
> $N := Matrix([[2*I*lambda^2 + I*sigma*A*B, 2*I*lambda*A + I*diff(A,x)],$
> $\quad [-I*sigma*(2*lambda*B - diff(B,x)), -(2*I*lambda^2 + I*sigma*A*B)]]);$
> $trace(Laxtest1);$
> $Laxtest1(M, N);$

直接运行后即可获得结果, 这里只展示运行结果中与方程相关的部分:

$$S11 := 0,$$

$$S12 := \left(\frac{\partial}{\partial t}A\right) - 2IA^2\sigma B - \left(\frac{\partial^2}{\partial x^2}A\right)I,$$

$$S21 := -\sigma\left[2I\sigma B^2 A + \left(\frac{\partial^2}{\partial x^2}B\right)I + \left(\frac{\partial}{\partial t}B\right)\right],$$

$$S22 := 0。$$

上述结果与方程 (5.2.4) 进行对比, 结果是一致的, 这样我们就验证了该系统的 Lax 对是正确的。只要 Lax 对是正确的即可保障后续结果的正确性。

接下来, 利用经典可积方程的 Darboux 变换方法[147,148]来构造式 (5.2.3) 的 n 阶 Darboux 变换。

首先给出规范变换:

$$\psi^{[1]} = T^{[1]}\psi。 \tag{5.2.7}$$

对式 (5.2.7) 两边分别关于 x 和 t 求导得到：

$$\psi_x^{[1]} = (T_x^{[1]} + T^{[1]}U)(T^{[1]})^{-1}\psi^{[1]} \triangleq U^{[1]}\psi^{[1]}, \tag{5.2.8}$$

$$\psi_t^{[1]} = (T_t^{[1]} + T^{[1]}V)(T^{[1]})^{-1}\psi^{[1]} \triangleq V^{[1]}\psi^{[1]}。 \tag{5.2.9}$$

我们只要把式 (5.2.5) 与式 (5.2.6) 中的旧势 A，B 替换为新势 $A^{[1]}$，$B^{[1]}$，使式 (5.2.8) 与式 (5.2.9) 中的 $U^{[1]}$，$V^{[1]}$ 与式 (5.2.5) 与式 (5.2.6) 中的 U，V 分别具有相同的形式，依此来定义 $T^{[1]}$。

令

$$T^{[1]} = \lambda I + S^{[1]}, \tag{5.2.10}$$

其中 I 是单位矩阵，$S^{[1]} = (s_{ij}^{[1]})_{2\times 2}$，$s_{ij}^{[1]}(i,j=1,2)$ 是 x 和 t 的函数。于是可得新旧势之间的关系：

$$A^{[1]}(x,t) = A(x,t) - 2s_{12}^{[1]}(x,t), \qquad B^{[1]}(x,t) = B(x,t) - 2\sigma s_{21}^{[1]}(x,t)。 \tag{5.2.11}$$

由 A 和 B 在式 (5.2.3) 中的关系，得到下面的约束条件：

$$s_{12}^{[1]}(-x+x_0, -t+t_0) = \sigma s_{21}^{[1]}(x,t)。 \tag{5.2.12}$$

为了得到 $T^{[1]}$ 的具体表达式，设 $T^{[1]}|_{\lambda=\lambda_j}\psi = 0$。让 $f(\lambda_j) = (f_1(\lambda_j), f_2(\lambda_j))^{\mathrm{T}}$ 和 $g(\lambda_j) = (g_1(\lambda_j), g_2(\lambda_j))^{\mathrm{T}}$ 作为对应于种子解和特征值 $\lambda = \lambda_j$ 的特征函数。于是，可获得：

$$\lambda_j + s_{11}^{[1]} + \beta_j s_{12}^{[1]} = 0, \qquad s_{21}^{[1]} + \beta_j(\lambda_j + s_{22}^{[1]}) = 0, \quad (j=1,2), \tag{5.2.13}$$

其中

$$\beta_j = \frac{f_2(\lambda_j) + \alpha_j g_2(\lambda_j)}{f_1(\lambda_j) + \alpha_j g_1(\lambda_j)} \quad (j=1,2), \tag{5.2.14}$$

这里 α_j $(j=1,2)$ 是常数。因此，矩阵 $T^{[1]}$ 有如下形式：

$$T^{[1]} = \begin{pmatrix} \lambda & 0 \\ 0 & \lambda \end{pmatrix} + \frac{1}{\beta_2 - \beta_1} \begin{pmatrix} \lambda_2\beta_1 - \lambda_1\beta_2 & \lambda_1 - \lambda_2 \\ \beta_1\beta_2(\lambda_2 - \lambda_1) & \lambda_1\beta_1 - \lambda_2\beta_2 \end{pmatrix}。 \tag{5.2.15}$$

利用符号计算系统 Maple 经过冗长的计算，我们即可证明当 β_j $(j=1,2)$ 满足下面的条件时：

$$\begin{aligned} \beta_{jx} &= -\sigma B - 2\lambda_j\beta_j - \beta_j^2 A, \\ \beta_{jt} &= \mathrm{i}(\sigma B_x - 2\sigma B\lambda_j) - 2\mathrm{i}(2\lambda_j^2 + \sigma AB)\beta_j - \mathrm{i}(2A\lambda_j + A_x)\beta_j^2, \end{aligned} \tag{5.2.16}$$

$U^{[1]}$，$V^{[1]}$ 与 U，V 分别具有相同的形式，其中 $B(x,t) = A(-x+x_0, -t+t_0)$。

经过 n 次迭代后，我们获得系统 (5.2.3) 的 n-阶 Darboux 变换为：

$$\psi^{[n]} = T_n(\lambda)\psi, \qquad T_n(\lambda) = T^{[n]}(\lambda)T^{[n-1]}(\lambda)\cdots T^{[k]}(\lambda)\cdots T^{[1]}(\lambda), \qquad (5.2.17)$$

其中

$$T^{[k]}(\lambda) = \lambda I + S^{[k]}$$

$$= \lambda I + \frac{1}{\beta_{2k} - \beta_{2k-1}} \begin{pmatrix} \lambda_{2k}\beta_{2k-1} - \lambda_{2k-1}\beta_{2k} & \lambda_{2k-1} - \lambda_{2k} \\ \beta_{2k-1}\beta_{2k}(\lambda_{2k} - \lambda_{2k-1}) & \lambda_{2k-1}\beta_{2k-1} - \lambda_{2k}\beta_{2k} \end{pmatrix}。 \qquad (5.2.18)$$

在式 (5.2.18) 中，β_j 满足：

$$\beta_j = \frac{f_2^{[k-1]}(\lambda_j) + \alpha_j g_2^{[k-1]}(\lambda_j)}{f_1^{[k-1]}(\lambda_j) + \alpha_j g_1^{[k-1]}(\lambda_j)}, \qquad (j = 2k-1,\ 2k, \qquad k = 1, 2, \ldots, n), \qquad (5.2.19)$$

其中

$$f^{[k]}(\lambda) = \begin{pmatrix} f_1^{[k]}(\lambda) \\ f_2^{[k]}(\lambda) \end{pmatrix} = T^{[k]}(\lambda) f^{[k-1]}(\lambda_1, \lambda_2, \ldots, \lambda_{2k-1}, \lambda_{2k}),$$

$$g^{[k]}(\lambda) = \begin{pmatrix} g_1^{[k]}(\lambda) \\ g_2^{[k]}(\lambda) \end{pmatrix} = T^{[k]}(\lambda) g^{[k-1]}(\lambda_1, \lambda_2, \ldots, \lambda_{2k-1}, \lambda_{2k}),$$

且矩阵 $S^{[k]}$ 有约束条件：

$$s_{12}^{[k]}(-x + x_0, -t + t_0) = \sigma s_{21}^{[k]}(x, t), \qquad (k = 1, 2, \ldots, n)。 \qquad (5.2.20)$$

考虑 n-阶 Darboux 变换式 (5.2.17) 的计算复杂度，它的空间复杂度是 $O(1)$，时间复杂度是 $O(n)$。通过 n 次迭代后，我们就能获得新解 $A^{[n]}(x, t)$ 与旧解 $A(x, t)$ 之间的关系为：

$$A^{[n]}(x, t) = A(x, t) - 2\sum_{k=1}^{n} s_{12}^{[k]}(x, t)。 \qquad (5.2.21)$$

5.3　AB-NLS 方程的孤子解

本节将利用前面获得的 Darboux 变换来构建方程 (5.2.3) 的孤子解。易证方程 (5.2.3) 具有如下形式的解：

$$A(x, t) = a e^{k\left(x - \frac{1}{2}x_0\right) + \mathrm{i}\omega\left(t - \frac{1}{2}t_0\right)}, \qquad (5.3.1)$$

其中 a，k，ω 是复参数，且 $\omega = k^2 + 2a^2\sigma$。

5.3.1 AB-NLS 方程的 1-孤子解

从零种子解出发，即设方程 (5.2.5) 与方程 (5.2.6) 中 $A = 0$。由此计算可得对应于该种子解的特征函数如下：

$$f(x, t; \lambda) = \begin{pmatrix} e^{\lambda(x+2i\lambda t)} \\ 0 \end{pmatrix}, \qquad g(x, t; \lambda) = \begin{pmatrix} 0 \\ e^{-\lambda(x+2i\lambda t)} \end{pmatrix}。 \tag{5.3.2}$$

由方程 (5.2.14)，我们得到：

$$\beta_j = \alpha_j e^{-2\lambda_j(x+2i\lambda_j t)} \triangleq \alpha_j e^{\xi_j}, \qquad j = 1, 2。 \tag{5.3.3}$$

由方程 (5.2.15) 与 (5.3.3)，我们得到：

$$s_{12}^{[1]}(x, t) = \frac{\lambda_1 - \lambda_2}{\alpha_2 e^{\xi_2} - \alpha_1 e^{\xi_1}}, \qquad s_{21}^{[1]}(x, t) = \frac{\alpha_1 \alpha_2 (\lambda_2 - \lambda_1) e^{\xi_1 + \xi_2}}{\alpha_2 e^{\xi_2} - \alpha_1 e^{\xi_1}}。 \tag{5.3.4}$$

如果在式 (5.2.20) 中取 $x_0 = 0$，$t_0 = 0$，由约束条件 $s_{12}^{[1]}(-x, -t) = \sigma s_{21}^{[1]}(x, t)$ 可得：

$$\alpha_1^2 = \sigma, \qquad \alpha_2^2 = \sigma, \tag{5.3.5}$$

其中 $\sigma = \pm 1$。由式 (5.2.11) 即可获得方程 (5.2.3) 的 1-孤子解为：

$$A^{[1]}(x, t) = \frac{-2(\lambda_1 - \lambda_2)}{\alpha_2 e^{\xi_2} - \alpha_1 e^{\xi_1}}。 \tag{5.3.6}$$

为了能更好地理解该孤子解的动力学性质，我们通过式 (5.3.5) 的不同情况对上面的 1-孤子解做进一步的分析。

情况 1：$\alpha_1 = -1$，$\alpha_2 = 1$。

在此情况下 1-孤子解式 (5.3.6) 具体表达为：

$$A^{[1]}(x, t) = \frac{-2(\lambda_1 - \lambda_2)}{e^{\xi_2} + e^{\xi_1}}。 \tag{5.3.7}$$

为了保证式 (5.3.7) 的解析性即不含有任意奇点，必须使 $e^{\xi_2} + e^{\xi_1} \neq 0$。为了满足这一条件，考虑下式：

$$|e^{\xi_2} + e^{\xi_1}|^2 = 2e^{\xi_{1R} + \xi_{2R}}[\cosh(\xi_{1R} - \xi_{2R}) + \cos(\xi_{1I} - \xi_{2I})]。 \tag{5.3.8}$$

令 $\lambda_j = \mu_j + i\nu_j$，$\mu_j, \nu_j \in \mathrm{R}$ $(j = 1, 2)$，则式 (5.3.8) 中

$$\begin{aligned} \xi_{jR} &\triangleq \operatorname{Re}(\xi_j) = -2\mu_j x + 8\mu_j \nu_j t, \\ \xi_{jI} &\triangleq \operatorname{Im}(\xi_j) = -2\nu_j x + 4(\nu_j^2 - \mu_j^2)t。 \end{aligned} \tag{5.3.9}$$

经过上述分析，要使解 (5.3.7) 不包含任意奇点必须要满足下面的条件：

$$-2(\mu_1 + \mu_2)[(\mu_1 - \mu_2)^2 + (\nu_1 - \nu_2)^2] = 0。 \tag{5.3.10}$$

显然，当 $(\mu_1 - \mu_2)^2 + (\nu_1 - \nu_2)^2 = 0$ 时，有 $\lambda_1 = \lambda_2$ 成立，此时解 (5.3.7) 无意义。为了避免这种情况出现，由方程 (5.3.10) 可得：

$$\mu_1 + \mu_2 = 0。 \tag{5.3.11}$$

下面依据条件 (5.3.11) 并结合解 (5.3.7)，讨论几种特殊的 1-孤子解。

若令 $\mu_1 = -\mu_2$，$\nu_1 = \nu_2$，即可获得一个经典的孤子解：

$$A^{[1]}(x,t) = -2\mu_1 \mathrm{e}^{2\mathrm{i}[\nu_1 x + 2(\mu_1^2 - \nu_1^2)t]} \operatorname{sech}[2\mu_1(x - 4\nu_1 t)]。 \tag{5.3.12}$$

该解的时空结构如图 5.1 所示，从图 5.1 中我们观察到解 (5.3.12) 的实部和虚部呈现出周期振荡的形态。

若令 $\mu_1 = -\mu_2$，$\nu_1 = -\nu_2$，我们获得如下解：

$$A^{[1]}(x,t) = \frac{-4(\mu_1 + \mathrm{i}\nu_1)\mathrm{e}^{2x(\mu_1 + \mathrm{i}\nu_1) - 4[2\mu_1\nu_1 + \mathrm{i}(\nu_1^2 - \mu_1^2)]t}}{1 + \mathrm{e}^{4(\mu_1 + \mathrm{i}\nu_1)x}}。 \tag{5.3.13}$$

该解的时空结构如图 5.2 所示，由该图观察到势函数是沿着 t-轴方向衰减的。

如果设 $\mu_1 = -\mu_2$，$\nu_1 \neq \nu_2$，$\nu_1 \neq -\nu_2$，我们得到下面的解：

$$A^{[1]}(x,t) = \frac{-4\,\mu_1 + 2\,\mathrm{i}\,(\nu_2 - \nu_1)}{\mathrm{e}^{2\,\mu_1 x - 8\,\mu_1\nu_2 t + \mathrm{i}[-2\,\nu_2 x + 4\,(\nu_2{}^2 - \mu_1{}^2)t]} + \mathrm{e}^{-2\,\mu_1 x + 8\,\mu_1\nu_1 t + \mathrm{i}[-2\,\nu_1 x + 4\,(\nu_1{}^2 - \mu_1{}^2)t]}}。 \tag{5.3.14}$$

该解的时空结构如图 5.3 所示，观察该图发现势函数也沿着 t-轴方向衰减。图 5.3 (b) 和图 5.3 (c) 分别为解 (5.3.14) 的实部和虚部。

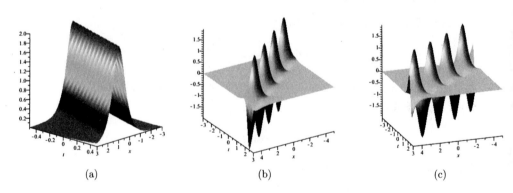

(a)　　　　　　　　(b)　　　　　　　　(c)

图 5.1　解 (5.3.12) 中参数取 $\mu_1 = 1$，$\nu_1 = \frac{1}{2}$ 时的孤子解，(a) 为解 (5.3.12) 的模，(b) 和 (c) 分别为解 (5.3.12) 的实部和虚部。

实际上，我们也可以类似于 **情况 1** 讨论 $\alpha_1 = 1$，$\alpha_2 = -1$；$\alpha_1 = \mathrm{i}$，$\alpha_2 = -\mathrm{i}$ 和 $\alpha_1 = -\mathrm{i}$，$\alpha_2 = \mathrm{i}$ 时的情形。

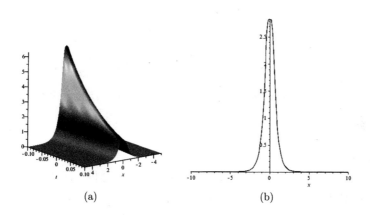

图 5.2 解 (5.3.13) 中参数取 $\mu_1 = 1$，$\nu_1 = 1$ 时的复数解，(a) 为解 (5.3.13) 的模，(b) 演示了该解在 $t = 0$ 时的波形图。

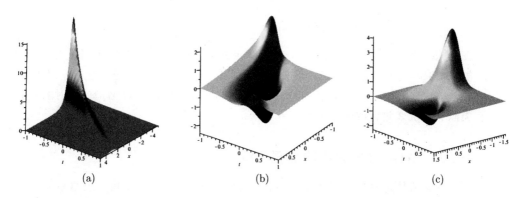

图 5.3 解 (5.3.14) 中参数取 $\mu_1 = 1$，$\nu_1 = 1$ 和 $\nu_2 = \frac{1}{2}$ 时的复数解，(a) 为解 (5.3.14) 的模，(b) 和 (c) 分别为解 (5.3.14) 的实部和虚部。

情况 2: $\alpha_1 = 1$, $\alpha_2 = 1$。

在此情况下，1-孤子解 (5.3.6) 具体表达为：

$$A^{[1]}(x,t) = \frac{-2(\lambda_1 - \lambda_2)}{e^{\xi_2} - e^{\xi_1}}。 \tag{5.3.15}$$

当

$$|e^{\xi_2} - e^{\xi_1}|^2 = 2e^{\xi_{1R}+\xi_{2R}}[\cosh(\xi_{1R} - \xi_{2R}) - \cos(\xi_{1I} - \xi_{2I})] = 0 \tag{5.3.16}$$

时，解 (5.3.15) 有无穷多奇点 (x,t)，同时任意奇点 (x,t) 满足如下条件：

$$\xi_{1R} = \xi_{2R}, \qquad \xi_{1I} - \xi_{2I} = 2k\pi, \ \ (k \in R)。 \tag{5.3.17}$$

在式 (5.3.17) 中，ξ_{jR}，ξ_{jI} $(j = 1,2)$ 满足式 (5.3.9)。当式 (5.3.17) 不同时成立时，解 (5.3.15) 不包含任意奇点。于是可以类似于 **情况 1** 进行分析。同时有兴趣的读者也可以类似于 **情况 2** 讨论 $\alpha_1 = -1$，$\alpha_2 = -1$；$\alpha_1 = i$，$\alpha_2 = i$ 和 $\alpha_1 = -i$，$\alpha_2 = -i$ 时的情形。

情况 3: $\alpha_1 = i$, $\alpha_2 = 1$。

在此情况下，1-孤子解 (5.3.6) 表达为：

$$A^{[1]}(x,t) = \frac{-2(\lambda_1 - \lambda_2)}{e^{\xi_2} - ie^{\xi_1}}。 \tag{5.3.18}$$

当

$$|e^{\xi_2} - ie^{\xi_1}|^2 = e^{2\xi_{1R}} + e^{2\xi_{2R}} + 2e^{\xi_{1R}+\xi_{2R}}\sin(\xi_{1I} - \xi_{2I}) = 0 \tag{5.3.19}$$

时，解 (5.3.18) 有无穷多奇点 (x,t)，并且任意奇点 (x,t) 满足：

$$\xi_{1R} = \xi_{2R}, \qquad \xi_{1I} - \xi_{2I} = 2k\pi - \frac{\pi}{2}, \ \ (k \in R)。 \tag{5.3.20}$$

在式 (5.3.20) 中，ξ_{jR}，ξ_{jI} $(j = 1,2)$ 满足式 (5.3.9)。当式 (5.3.20) 不同时成立时，解 (5.3.18) 不包含任意奇点。这样我们能类似于 **情况 1** 对它进行分析。对于 $\alpha_1 = -i$，$\alpha_2 = 1$；$\alpha_1 = \pm i$，$\alpha_2 = -1$；$\alpha_1 = -1$，$\alpha_2 = \pm i$ 和 $\alpha_1 = 1$，$\alpha_2 = \pm i$ 时的情形可类似于 **情况 3** 进行讨论。

5.3.2　AB-NLS 方程的 2-孤子解

下面依然选择零种子解 $A = 0$，并利用 2-阶 Darboux 变换，求得系统 (5.2.3) 的 2-孤子解。为此，我们需要选取两对共轭复数作为特征值：$\lambda_1 = \lambda_2^* = \mu_1 + i\nu_1$，$\lambda_3 = \lambda_4^* = \mu_2 + i\nu_2$。令 $\alpha_1 = -1$，$\alpha_2 = 1$，$\alpha_3 = -1$ 和 $\alpha_4 = 1$，使其满足约束条件 (5.2.20)，经过运算可得如下解：

$$A^{[2]}(x,t) = \frac{F_2(x,t)}{G_2(x,t)}, \tag{5.3.21}$$

其中

$$F_2(x,t) = 4\nu_1\mathrm{i}[\mu_1 - \mu_2 + (\nu_1 + \nu_2)\mathrm{i}][\mu_2 - \mu_1 + (\nu_1 - \nu_2)\mathrm{i}]\mathrm{e}^{\frac{\zeta_2 - \eta_2}{2}} +$$
$$4\nu_1\mathrm{i}[\mu_1 - \mu_2 + (\nu_1 - \nu_2)\mathrm{i}][\mu_2 - \mu_1 + (\nu_1 + \nu_2)\mathrm{i}]\mathrm{e}^{-\frac{\zeta_2 - \eta_2}{2}} -$$
$$4\nu_2\mathrm{i}[\mu_1 - \mu_2 + (\nu_1 - \nu_2)\mathrm{i}][\mu_1 - \mu_2 + (\nu_1 + \nu_2)\mathrm{i}]\mathrm{e}^{\eta_1 - \frac{\zeta_2 + \eta_2}{2}} -$$
$$4\nu_2\mathrm{i}[\mu_2 - \mu_1 + (\nu_1 - \nu_2)\mathrm{i}][\mu_2 - \mu_1 + (\nu_1 + \nu_2)\mathrm{i}]\mathrm{e}^{\zeta_1 - \frac{\zeta_2 + \eta_2}{2}},$$
$$G_2(x,t) = -4\nu_1\nu_2\mathrm{e}^{\frac{\zeta_2 + \eta_2}{2}} - 4\nu_1\nu_2\mathrm{e}^{\zeta_1 + \eta_1 - \frac{\zeta_2 + \eta_2}{2}} +$$
$$[(\mu_1 - \mu_2)^2 + (\nu_1 - \nu_2)^2]\mathrm{e}^{\eta_1 - \frac{\zeta_2 - \eta_2}{2}} + [(\mu_1 - \mu_2)^2 + (\nu_1 + \nu_2)^2]\mathrm{e}^{\eta_1 + \frac{\zeta_2 - \eta_2}{2}} +$$
$$[(\mu_1 - \mu_2)^2 + (\nu_1 + \nu_2)^2]\mathrm{e}^{\zeta_1 - \frac{\zeta_2 - \eta_2}{2}} + [(\mu_1 - \mu_2)^2 + (\nu_1 - \nu_2)^2]\mathrm{e}^{\zeta_1 + \frac{\zeta_2 - \eta_2}{2}},$$

且

$$\zeta_j = -2\mu_j x + 8\mu_j \nu_j t - 2\nu_j x\mathrm{i} + 4\mathrm{i}(\nu_j^2 - \mu_j^2)t,$$
$$\eta_j = -2\mu_j x - 8\mu_j \nu_j t + 2\nu_j x\mathrm{i} + 4\mathrm{i}(\nu_j^2 - \mu_j^2)t_\circ$$

通过确定解 (5.3.21) 中的参数值，可得图 5.4，其展示了该解的 3-维演化图。

下面我们将从零种子解出发，利用 2-阶 Darboux 变换进一步给出一些精确的 2-孤子解。设 $\alpha_1 = -1$, $\alpha_2 = 1$, $\alpha_3 = -1$, $\alpha_4 = 1$ 和 $\lambda_1 = 1$, $\lambda_2 = \mathrm{i}$, $\lambda_3 = -\mathrm{i}$, $\lambda_4 = \frac{3}{2}\mathrm{i}$，我们得到下面的复数解：

$$A^{[2]}(x,t) = \frac{F_3(x,t)}{G_3(x,t)}, \tag{5.3.22}$$

其中

$$F_3(x,t) = (-25 + 5\mathrm{i})\mathrm{e}^{-\frac{1}{2}\mathrm{i}(3x+5t)} + (1 + 5\mathrm{i})\mathrm{e}^{-\frac{5}{2}\mathrm{i}(-x+t)} + 16\mathrm{e}^{\frac{5}{2}\mathrm{i}(-x+t)} - 10\mathrm{e}^{-2x+\frac{1}{2}\mathrm{i}(x-21t)},$$
$$G_3(x,t) = (1 + \mathrm{i})\mathrm{e}^{\frac{1}{2}\mathrm{i}(-9x+13t)} + (5 - 5\mathrm{i})\mathrm{e}^{-2x - \frac{1}{2}\mathrm{i}(3x+13t)} + (-4 + 6\mathrm{i})\mathrm{e}^{\frac{1}{2}\mathrm{i}(x+3t)} +$$
$$(5 - 5\mathrm{i})\mathrm{e}^{\frac{1}{2}\mathrm{i}(-x+13t)} + (-4 + 6\mathrm{i})\mathrm{e}^{-2x - \frac{1}{2}\mathrm{i}(5x+3t)} + (1 + \mathrm{i})\mathrm{e}^{-2x+\frac{1}{2}\mathrm{i}(5x-13t)}_\circ$$

图 5.5 描述了复数解 (5.3.22)。从图 5.5 (a) 中，我们看到有两个孤波，图 5.5 (b) 和图 5.5 (c) 分别是解 (5.3.22) 的实部和虚部。

令 $\alpha_1 = \alpha_3 = -1$, $\alpha_2 = \alpha_4 = 1$, $\lambda_1 = \mathrm{i}$, $\lambda_2 = -\mathrm{i}$, $\lambda_3 = -2\mathrm{i}$, $\lambda_4 = 2\mathrm{i}$，我们得到另一个复数解：

$$A^{[2]}(x,t) = \frac{F_4(x,t)}{G_4(x,t)}, \tag{5.3.23}$$

其中

$$F_4(x,t) = 24\,\mathrm{i}[\cos(4x) + \mathrm{e}^{-2\,\mathrm{i}(x+6t)} + \mathrm{e}^{-2\,\mathrm{i}(-x+6t)}],$$
$$G_4(x,t) = 8\,\mathrm{e}^{-8\,\mathrm{i}t} + \mathrm{e}^{2\,\mathrm{i}\mathrm{i}(-3x+2t)} + 9\,\mathrm{e}^{2\,\mathrm{i}(x+2t)} + 9\,\mathrm{e}^{2\,\mathrm{i}(-x+2t)} + \mathrm{e}^{2\,\mathrm{i}(3x+2t)} + 8\,\mathrm{e}^{16\,\mathrm{i}t}_\circ$$

图 5.6 描述了复数解 (5.3.23)。

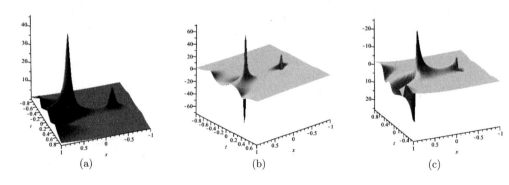

图 5.4　解 (5.3.21) 中参数取 $\mu_1 = \frac{1}{2}$，$\nu_1 = 1$，$\mu_2 = 1$ 和 $\nu_2 = \frac{1}{2}$ 时的复数解，(a) 为该解的模，(b) 和 (c) 分别为解 (5.3.21) 的实部和虚部。

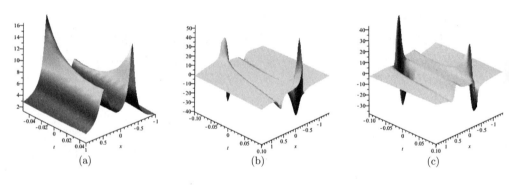

图 5.5　复数解 (5.3.22)，(a) 为该解的模，(b) 和 (c) 分别为解 (5.3.22) 的实部和虚部。

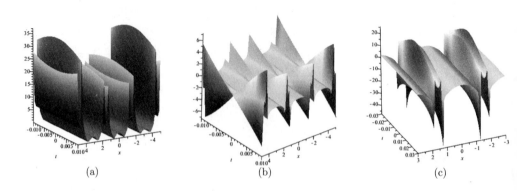

图 5.6　复数解 (5.3.23)，(a) 为该解的模，(b) 和 (c) 分别为解 (5.3.23) 的实部和虚部。

本节利用 AB-NLS 系统 (5.2.3) 的 Darboux 变换得到了它的 1-孤子解和 2-孤子解，并通过选取不同的参数值展示了这些解的时空演化图，实际上通过取其他不同的参数值，还可以获得更多有趣的多孤子解，有兴趣的读者可以自行练习。

5.4　非局部 DNLS 方程的 Darboux 变换及精确解

大家都知道导数非线性 Schrödinger (DNLS) 方程 [149]

$$iq_t(x,t) = q_{xx}(x,t) + i\varepsilon[q(x,t)^2 q^*(x,t)]_x \quad (\varepsilon = \pm 1) \tag{5.4.1}$$

有许多物理应用，比如圆极化非线性 Alfvén 波在等离子体中的传播及射频波在等离子体中的传播 [149,150]。方程 (5.4.1) 是一个局部方程，即方程解的演化仅仅依赖于局部解的值和它的局部空间和时间。

最近，周子翔教授提出了一个可积的非局部导数非线性 Schrödinger (DNLS) 方程 [47]：

$$iq_t(x,t) = q_{xx}(x,t) + \varepsilon[q(x,t)^2 q^*(-x,t)]_x \quad (\varepsilon = \pm 1), \tag{5.4.2}$$

其中 * 表示复共轭。方程 (5.4.2) 有一个 $\mathcal{PT}$ 对称的守恒密度 $q^*(-x,t)q(x,t)$，即

$$i[q^*(-x,t)q(x,t)]_t = \{q^*(-x,t)q_x(x,t) - [q^*(-x,t)]_x q(x,t)\}_x + \frac{3\varepsilon}{2}[q^2(x,t)q^{*2}(-x,t)]_x. \tag{5.4.3}$$

在变量变换 $x \to -ix$，$t \to -t$ 下，方程 (5.4.2) 能从方程 (5.4.1) 中推导出来 [38]。

本节主要利用 Darboux 变换方法研究非局部 DNLS 方程 (5.4.2)，获得它的非线性局域波并分析其动力学行为，下面首先构造该方程 (5.4.2) 的 Darboux 变换。

5.4.1　非局部 DNLS 方程的 Darboux 变换

方程 (5.4.2) 的可积性可以由下面的 Lax 对得到 [47]：

$$\psi_x = U\psi = \begin{pmatrix} \lambda^2 & \lambda q \\ \lambda r & -\lambda^2 \end{pmatrix}\psi, \tag{5.4.4}$$

$$\psi_t = V\psi = \begin{pmatrix} -2i\lambda^4 + i\lambda^2 qr & -2i\lambda^3 q + (-iq_x + iq^2 r)\lambda \\ -2i\lambda^3 r + (ir_x + iqr^2)\lambda & 2i\lambda^4 - i\lambda^2 qr \end{pmatrix}\psi, \tag{5.4.5}$$

其中 λ 是谱参数，q，r 是 (x,t) 的函数，且

$$r = -\varepsilon\bar{q}^* = -\varepsilon q^*(-x,t), \quad \psi = (\psi_1(x,t), \ \psi_2(x,t))^{\mathrm{T}}.$$

参考经典可积方程 Darboux 变换的方法 [147,148]，通过以下步骤构建方程 (5.4.2) 的 Darboux 变换。

首先给出规范变换：

$$\psi^{[1]} = T\psi。 \tag{5.4.6}$$

对式 (5.4.6) 两边分别关于 x 和 t 求导得到：

$$\psi_x^{[1]} = (T_x + TU)T^{-1}\psi^{[1]} \triangleq U^{[1]}\psi^{[1]}, \tag{5.4.7}$$

$$\psi_t^{[1]} = (T_t + TV)T^{-1}\psi^{[1]} \triangleq V^{[1]}\psi^{[1]}。 \tag{5.4.8}$$

只需将式 (5.4.4) 与式 (5.4.5) 中的旧势 q，r 替换为新势 $q^{[1]}$，$r^{[1]}$，使得式 (5.4.7) 与式 (5.4.8) 中的 $U^{[1]}$，$V^{[1]}$ 与式 (5.4.4) 及式 (5.4.5) 中的 U，V 分别具有相同的形式，由此来定义 T。

令

$$T = \lambda I - P, \tag{5.4.9}$$

其中 I 是单位矩阵，$P = (p_{ij})_{2\times 2}$，且 $p_{ij}(i, j = 1, 2)$ 是 x 和 t 的函数。将式 (5.4.9) 代入式 (5.4.7) 与式 (5.4.8)，经过运算得到新势和旧势之间的关系为：

$$q^{[1]} = q + 2p_{12}, \qquad r^{[1]} = r - 2p_{21}。 \tag{5.4.10}$$

根据 q 和 r 之间的关系：

$$r = -\varepsilon \bar{q}^* = -\varepsilon q^*(-x, t), \tag{5.4.11}$$

得到下面的约束条件：

$$p_{21}(x, t) = \varepsilon p_{12}^*(-x, t)。 \tag{5.4.12}$$

注意为了方便我们记 $\bar{f}(x, t) = f(-x, t)$。

为了定义式 (5.4.9) 中的 T，设

$$P = H\Lambda H^{-1}, \tag{5.4.13}$$

且

$$H = \begin{pmatrix} f_1 & g_1 \\ f_2 & g_2 \end{pmatrix}, \qquad \Lambda = \begin{pmatrix} \lambda_1 & 0 \\ 0 & \lambda_2 \end{pmatrix}, \tag{5.4.14}$$

其中 $(f_1, f_2)^{\mathrm{T}} = (f_1(x, t), f_2(x, t))^{\mathrm{T}}$ 是方程 (5.4.4) 与方程 (5.4.5) 对应于种子解和特征值 $\lambda = \lambda_1$ 的一个解。根据式 (5.4.11)，可得 $(g_1, g_2)^{\mathrm{T}} = (\bar{f}_2^*, \varepsilon \bar{f}_1^*)^{\mathrm{T}}$ 是方程 (5.4.4) 与方程 (5.4.5) 当 $\lambda = \lambda_1^* \triangleq \lambda_2$ 时的一个解。特别注意我们的 Darboux 矩阵与文献 [47] 中的 Darboux 矩阵不同。

因此，经过运算得到：

$$P = \frac{1}{\Delta}\begin{pmatrix} \varepsilon\lambda_1 f_1\bar{f}_1^* - \lambda_1^* f_2\bar{f}_2^* & (\lambda_1^* - \lambda_1)f_1\bar{f}_2^* \\ (\lambda_1 - \lambda_1^*)\varepsilon f_2\bar{f}_1^* & \varepsilon\lambda_1^* f_1\bar{f}_1^* - \lambda_1 f_2\bar{f}_2^* \end{pmatrix}, \tag{5.4.15}$$

其中 $\Delta = \varepsilon f_1 \bar{f}_1^* - f_2 \bar{f}_2^*$。通过直接运算，从式 (5.4.15) 中可以直接证明约束条件式 (5.4.12) 成立。于是，由式 (5.4.10) 与式 (5.4.15)，方程 (5.4.2) 的新解表达式为：

$$q^{[1]} = q + \frac{2}{\Delta}(\lambda_1^* - \lambda_1) f_1 \bar{f}_2^* \text{。} \tag{5.4.16}$$

构造方程 (5.4.2) 的 n-阶 Darboux 变换的行列式表示为：

$$q^{[n]} = q + 2\frac{P_{2n}}{W_{2n}}, \tag{5.4.17}$$

其中

$$P_{2n} = \begin{vmatrix} f_1 & f_2 & \lambda_1 f_1 & \lambda_1 f_2 & \cdots & \lambda_1^{n-1} f_1 & \lambda_1^n f_1 \\ g_1 & g_2 & \lambda_2 g_1 & \lambda_2 g_2 & \cdots & \lambda_2^{n-1} g_1 & \lambda_2^n g_1 \\ f_3 & f_4 & \lambda_3 f_3 & \lambda_3 f_4 & \cdots & \lambda_3^{n-1} f_3 & \lambda_3^n f_3 \\ g_3 & g_4 & \lambda_4 g_3 & \lambda_4 g_4 & \cdots & \lambda_4^{n-1} g_3 & \lambda_4^n g_3 \\ \vdots & \vdots & \vdots & \vdots & \ddots & \vdots & \vdots \\ g_{2n-1} & g_{2n} & \lambda_{2n} g_{2n-1} & \lambda_{2n} g_{2n} & \cdots & \lambda_{2n}^{n-1} g_{2n-1} & \lambda_{2n}^n g_{2n-1} \end{vmatrix},$$

$$W_{2n} = \begin{vmatrix} f_1 & f_2 & \lambda_1 f_1 & \lambda_1 f_2 & \cdots & \lambda_1^{n-1} f_1 & \lambda_1^{n-1} f_2 \\ g_1 & g_2 & \lambda_2 g_1 & \lambda_2 g_2 & \cdots & \lambda_2^{n-1} g_1 & \lambda_2^{n-1} g_2 \\ f_3 & f_4 & \lambda_3 f_3 & \lambda_3 f_4 & \cdots & \lambda_3^{n-1} f_3 & \lambda_3^{n-1} f_4 \\ g_3 & g_4 & \lambda_4 g_3 & \lambda_4 g_4 & \cdots & \lambda_4^{n-1} g_3 & \lambda_4^{n-1} g_4 \\ \vdots & \vdots & \vdots & \vdots & \ddots & \vdots & \vdots \\ g_{2n-1} & g_{2n} & \lambda_{2n} g_{2n-1} & \lambda_{2n} g_{2n} & \cdots & \lambda_{2n}^{n-1} g_{2n-1} & \lambda_{2n}^{n-1} g_{2n} \end{vmatrix}\text{。}$$

通过利用式 (5.4.17)，可获得方程 (5.4.2) 许多不同的精确解。

5.4.2 非局部 DNLS 方程的精确解

在这一节，我们利用上节的 Darboux 变换构建方程 (5.4.2) 的 1-阶和 2-阶精确解。在方程 (5.4.4) 与方程 (5.4.5) 中选择零种子解 $q = 0$，通过计算得到对应于该种子解的特征函数为：

$$f_1 = \mathrm{e}^{\lambda_1^2 x - 2\mathrm{i}\lambda_1^4 t}, \qquad f_2 = \mathrm{e}^{-\lambda_1^2 x + 2\mathrm{i}\lambda_1^4 t}\text{。} \tag{5.4.18}$$

设 $\lambda_1 = a + \mathrm{i}b$，并将式 (5.4.18) 代入式 (5.4.16)，容易得到一个 1-阶精确解为：

$$q^{[1]} = \frac{-4\mathrm{i}b\mathrm{e}^{2x(a^2 - b^2) - 4\mathrm{i}t(a^4 - 6a^2 b^2 + b^4)}}{\varepsilon \mathrm{e}^{-4\mathrm{i}ab(4\mathrm{i}ta^2 - 4\mathrm{i}tb^2 - x)} - \mathrm{e}^{4\mathrm{i}ab(4\mathrm{i}ta^2 - 4\mathrm{i}tb^2 - x)}}\text{。} \tag{5.4.19}$$

这个解 (5.4.19) 是一个复数解，它的模为：

$$|q^{[1]}| = \frac{4|b|\mathrm{e}^{2x(a^2 - b^2)}}{\sqrt{2\cosh\left[32abt(a^2 - b^2)\right] - 2\varepsilon\cos\left(8abx\right)}}, \tag{5.4.20}$$

通过观察，我们发现式 (5.4.20) 在点

$$\{(x,t)|2\cosh\left[32abt(a^2-b^2)\right]-2\varepsilon\cos\left(8abx\right)=0\}$$

处有奇点。下面分析该解的动力学性质。

从式 (5.4.20) 可以发现，当 $a^2>b^2$ 时，$x\to+\infty$，有 $|q^{[1]}|\to+\infty$，而 $x\to-\infty$，有 $|q^{[1]}|\to0$。我们也可以得到当 $t\to\pm\infty$ 时，$|q^{[1]}|\to0$。通过设 $\varepsilon=1$，$a=0.2$，$b=0.01$，图 5.7(a) 和图 5.7(b) 分别证实了式 (5.4.20) 中对于解 $|q^{[1]}|$ 渐进行为的分析。基于前面的参数不变，如果在式 (5.4.20) 中取 $t=0$，我们能获得一个带有奇点的 1-阶特殊解。图 5.7(c) 演示了该情况。当 $t=1$ 时，从图 5.7(d) 中可以看到在 $x=0$ 处，$|q^{[1]}|$ 达到最大值。经过计算得到它的最大振幅为 15.66400782。

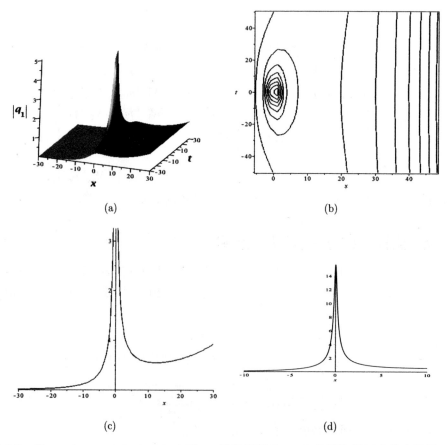

图 5.7　当 $\varepsilon=1$，$a=0.2$，$b=0.01$ 时，1-阶特解模 (5.4.20) 的演化图(a)和等高线图(b)；(c)为 $t=0$ 时的波形图和 (d) 为 $t=1$ 时的波形图。

下面，仍然选择零种子解 $q = 0$。通过利用 2-阶 Darboux 变换，获得方程 (5.4.2) 的 2-阶精确解如下：

$$q^{[2]} = q + 2\frac{P_4}{W_4}, \tag{5.4.21}$$

其中

$$P_4 = \begin{vmatrix} f_1 & f_2 & \lambda_1 f_1 & \lambda_1^2 f_1 \\ g_1 & g_2 & \lambda_2 g_1 & \lambda_2^2 g_1 \\ f_3 & f_4 & \lambda_3 f_3 & \lambda_3^2 f_3 \\ g_3 & g_4 & \lambda_4 g_3 & \lambda_4^2 g_3 \end{vmatrix}, \qquad W_4 = \begin{vmatrix} f_1 & f_2 & \lambda_1 f_1 & \lambda_1 f_2 \\ g_1 & g_2 & \lambda_2 g_1 & \lambda_2 g_2 \\ f_3 & f_4 & \lambda_3 f_3 & \lambda_3 f_4 \\ g_3 & g_4 & \lambda_4 g_3 & \lambda_4 g_4 \end{vmatrix}。$$

设 $\lambda_1 = \lambda_2^* = a + \mathrm{i}b$ 和 $\lambda_3 = \lambda_4^* = c + \mathrm{i}d$，通过求解方程 (5.4.4) 与方程 (5.4.5)，我们获得特征函数为：

$$f_1 = \mathrm{e}^{(a+\mathrm{i}b)^2 x - 2\mathrm{i}(a+\mathrm{i}b)^4 t}, \qquad f_2 = \mathrm{e}^{-(a+\mathrm{i}b)^2 x + 2\mathrm{i}(a+\mathrm{i}b)^4 t},$$

$$f_3 = \mathrm{e}^{(c+\mathrm{i}d)^2 x - 2\mathrm{i}(c+\mathrm{i}d)^4 t}, \qquad f_4 = \mathrm{e}^{-(c+\mathrm{i}d)^2 x + 2\mathrm{i}(c+\mathrm{i}d)^4 t}。$$

根据式 (5.4.11)，得到 $g_1 = \bar{f}_2^*$，$g_2 = \varepsilon \bar{f}_1^*$，$g_3 = \bar{f}_4^*$，$g_4 = \varepsilon \bar{f}_3^*$。因此通过上面的方程 (5.4.21) 可以给出 2-阶精确解。对式 (5.4.21)，通过选取一些特殊的参数值，图 5.8 展示了它的演化行为。从图 5.8(a) 可以看出，有两个波峰位于 x–t 平面之上。而且从图 5.8(a)中，发现当 $x \to -\infty$ 时，有 $|q^{[2]}| \to +\infty$，当 $x \to +\infty$ 时，有 $|q^{[2]}| \to 0$。从图 5.8(b)、图 5.8(d)和图 5.8(f)，我们能看到漂亮的蝴蝶样等高线图。

5.5　小结

本章首先采用模块化程序设计思想，在符号计算系统 Maple 中编制了验证 Lax 对的自动程序包 Laxpairtest；而后利用该程序包 Laxpairtest 验证了 AB-NLS 系统的 Lax 对的正确性，通过该 Lax 对构造得到 AB-NLS 系统的 n-阶 Darboux 变换；从零种子解出发，利用 Darboux 变换分别获得了 AB-NLS 系统的 1-孤子解和 2-孤子解，通过选择特殊的参数值并结合约束条件具体讨论了一些特殊解，并绘制了这些特殊解的演化图。利用经典的 Darboux 变换方法，我们还讨论了一个最新提出的非局部导数非线性 Schrödinger (DNLS) 方程，获得了该方程具有行列式形式的 n-阶 Darboux 变换，并利用该 Darboux 变换获得了该方程的一些精确解。本章所讨论的 AB-NLS 系统其实只是楼森岳教授最近提出的众多 AB 系统中的一个，众所周知，非线性 Schrödinger (NLS) 方程仅仅有解 A，而这里讨论的 AB-NLS 系统的解是不同于 NLS 方程，并且它们具有完全不同的物理意义。AB-NLS 系统虽然从一个单地耦合系统约化得来的，但其实本质上它是一个两地非局部模型。本章所获得的 Darboux 变换及孤子解都是全新的，其中涉及的算法可为其他非局部非线性可积系统的研究提供重要的参考价值。

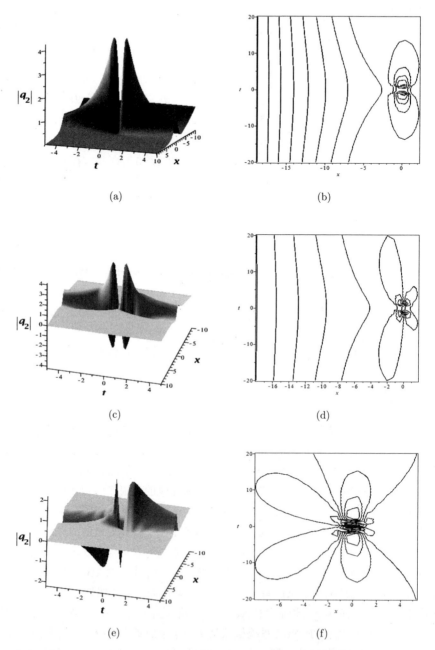

(a)　　　　　　　　　　　　　(b)

(c)　　　　　　　　　　　　　(d)

(e)　　　　　　　　　　　　　(f)

图 5.8　当 $\varepsilon = 1$, $a = 0.1$, $b = 0.2$, $c = 0.01$, $d = 0.35$ 时，2-阶精确解 (5.4.21) 的演化图：(a) $|q^{[2]}|$; (c) $\mathrm{Re}(q^{[2]})$; (e) $\mathrm{Im}(q^{[2]})$。(b)，(d) 和(f) 分别为对应于(a)，(b) 和(c)的等高线图。

第 6 章 偶次幂函数符号计算方法及其应用

近年来，国内外学者对于怪波的研究非常活跃，例如北海上探测到的"新年波" [151]，金融怪波 [152]，以及在实验室观测到的光学怪波、等离子怪波和水槽怪波等 [153-156]。研究怪波具有很强的应用性，对海洋及船只设计、对怪波进行预测，经济危机的预防等都有很重要的价值 [157]。怪波具有"来无影去无踪，突然性和大振幅"的特征 [158]，是短时间内存在的具有大振幅的局域波。这种波在数学上表示为一种有理解，如果能够通过一些数学方法求得怪波解，并对该解进行动力学分析，对于理解怪波的形成发生机制及特征，以及预测怪波具有重大的意义。然而，要求得非线性系统的怪波解往往比较困难，尤其是对于高维非线性系统而言，求解就变得更加困难些。受最近一些文献 [159-163] 的启发，本章将给出一种求解怪波直接有效的符号计算方法，并利用该方法获得一些高维非线性系统的怪波解及高阶怪波解。本章分为两部分，第一部分主要介绍一种新的符号计算方法；第二部分以三个重要的高维数学物理模型为例，介绍如何应用该符号计算方法获得高维非线性系统的怪波解及高阶怪波解。

6.1 偶次幂函数符号计算方法

本节介绍偶次幂函数符号计算方法。

假设一个 $3+1$ 维非线性系统：

$$N(u, u_t, u_x, u_y, u_z, u_{tt}, u_{xy}, u_{xz}, u_{yz}, \ldots) = 0, \tag{6.1.1}$$

其中 $u = u(x, y, z, t)$，N 是一个关于函数 $u(x, y, z, t)$ 及其各阶偏导数的多项式。

下面给出求解非线性系统 (6.1.1) 的偶次幂函数符号计算方法的具体步骤：

步骤 1：降维，即可设行波变换：

$$\xi = x + ay + bt, \tag{6.1.2}$$

其中 a 和 b 是两个实参数，设 $U(\xi, z) = u(x, y, z, t)$，将式 (6.1.2) 代入式 (6.1.1)，系统 (6.1.1) 可转化为 $1+1$ 维的非线性系统

$$\widetilde{N}(U, U_\xi, U_z, U_{\xi z}, U_{zz}, U_{\xi\xi}, \ldots) = 0。 \tag{6.1.3}$$

步骤 2：双线性变换，即引入一个适当变换：

$$U = T(f), \tag{6.1.4}$$

其中 $f = f(\xi, z)$，将式 (6.1.4) 代入式 (6.1.3)，非线性系统 (6.1.3) 转化为 Hirota 双线性形式

$$H(D_\xi, D_z; f) = 0, \tag{6.1.5}$$

其中 D 算子是著名的 Hirota 双线性算子 [3]。

步骤 3： 构造偶次幂函数，即假设在式 (6.1.5) 中的 f 有如下形式：

$$f = \widetilde{F}_{n+1}(\xi, z; \alpha, \beta) = F_{n+1}(\xi, z) + 2\alpha z P_n(\xi, z) + 2\beta \xi Q_n(\xi, z) + (\alpha^2 + \beta^2) F_{n-1}(\xi, z), \tag{6.1.6}$$

且

$$F_n(\xi, z) = \sum_{m=0}^{n(n+1)/2} \sum_{j=0}^{m} a_{j,m} z^{2j} \xi^{2(m-j)},$$

$$P_n(\xi, z) = \sum_{m=0}^{n(n+1)/2} \sum_{j=0}^{m} b_{j,m} z^{2j} \xi^{2(m-j)},$$

$$Q_n(\xi, z) = \sum_{m=0}^{n(n+1)/2} \sum_{j=0}^{m} c_{j,m} z^{2j} \xi^{2(m-j)},$$

$F_0 = 1$，$F_{-1} = P_0 = Q_0 = 0$，其中 $a_{j,m}$，$b_{j,m}$，$c_{j,m}$ $(j, m = 0, 1, \ldots, \frac{n(n+1)}{2})$，且 α，β 是实参数。这些系数 $a_{j,m}$，$b_{j,m}$，$c_{j,m}$ 均为待定系数，α，β 是可用来控制怪波中心的参数。

步骤 4： 将式 (6.1.6) 代入式 (6.1.5)，并且设 $z^l \xi^k$ 不同幂次的系数都为 0，继而得到一个代数方程组。利用符号计算系统 Maple 求解这个代数方程组，即可确定待定参数 $a_{j,m}$，$b_{j,m}$，$c_{j,m}$ $(j, m = 0, 1, \ldots, \frac{n(n+1)}{2})$ 的值。

步骤 5： 将求得的具体参数值 $a_{j,m}$，$b_{j,m}$，$c_{j,m}$ $(j, m = 0, 1, \ldots, \frac{n(n+1)}{2})$ 代入式 (6.1.4)，可得方程 (6.1.1) 的一些有理解，这些解可用于寻找怪波解。

6.2　3+1 维非线性波方程的高阶怪波及其演化

本节将应用上述偶次幂符号计算方法求解第 4 章给出的一个 3+1 维非线性波方程的怪波解。

3+1 维非线性波方程：

$$u_{yt} - u_{xxxy} - 3(u_x u_y)_x + 3u_{xx} + 3u_{zz} = 0, \tag{6.2.1}$$

其中 $u = u(x, y, z, t)$。

设行波变换 $\xi = x + dy + ht$，则方程 (6.2.1) 转化为：

$$dhu_{\xi\xi} - du_{\xi\xi\xi\xi} - 3d(u_\xi^2)_\xi + 3u_{\xi\xi} + 3u_{zz} = 0。 \tag{6.2.2}$$

通过下面的变换

$$u = u_0 + 2(\ln f)_\xi,\tag{6.2.3}$$

方程 (6.2.2) 等价于

$$(dhf_{\xi\xi} - f_{\xi\xi\xi\xi} + 3f_{\xi\xi} + 3f_{zz})f - dhf_\xi^2 + 4df_{\xi\xi\xi}f_\xi - 3df_{\xi\xi}^2 - 3f_\xi^2 - 3f_z^2 = 0。\tag{6.2.4}$$

下面就根据上节的方法及步骤，推导方程 (6.2.1) 具有控制中心的高阶怪波解。

情形 1：$n = 0$。

设

$$f = F_1(\xi, z) = a_{0,1}\xi^2 + a_{1,1}z^2 + a_{0,0}。\tag{6.2.5}$$

将式 (6.2.5) 代入式 (6.2.4)，并且令 $z^l\xi^k$ 的不同幂次项的系数为 0，得到一个超定方程组：

$$\begin{cases}
3\,a_{0,1}a_{1,1}\beta^2 + dh\,a_{0,1}a_{1,1}\beta^2 - 3\,a_{0,1}^2\alpha^2 + 3\,a_{1,1}a_{0,1}\alpha^2 + 3\,a_{0,1}a_{0,0} + \\
3\,a_{1,1}a_{0,0} - 6\,a_{0,1}^2d - 3\,a_{1,1}^2\beta^2 - dh\,a_{0,1}^2\alpha^2 + dh\,a_{0,1}a_{0,0} = 0, \\
3\,a_{1,1}^2 - dh\,a_{0,1}a_{1,1} - 3\,a_{0,1}a_{1,1} = 0, \\
dh\,a_{0,1}a_{1,1}\beta + 3\,a_{0,1}a_{1,1}\beta - 3\,a_{1,1}^2\beta = 0, \\
3\,a_{1,1}a_{0,1}\alpha - dh\,a_{0,1}^2\alpha - 3\,a_{0,1}^2\alpha = 0, \\
3\,a_{0,1}a_{1,1} - dh\,a_{0,1}^2 - 3\,a_{0,1}^2 = 0。
\end{cases}\tag{6.2.6}$$

借助符号计算系统 Maple 求解方程组 (6.2.6) 得：

$$a_{0,0} = \frac{3da_{0,1}}{hd + 3}, \qquad a_{0,1} = a_{0,1}, \qquad a_{1,1} = \frac{(hd + 3)a_{0,1}}{3}。\tag{6.2.7}$$

不失一般性，令 $a_{0,1} = 1$，进一步可验证下式：

$$f = \widetilde{F}_1(\xi, z; \alpha, \beta) = (\xi - \alpha)^2 + \frac{hd + 3}{3}(z - \beta)^2 + \frac{3d}{hd + 3}\tag{6.2.8}$$

也是方程 (6.2.4) 的解，其中 α 和 β 为两个实参数。当 $h > 0$ 且 $d > 0$ 时，式 (6.2.8) 中的 f 是方程 (6.2.4) 的一个正多项式解。将式 (6.2.8) 代入式 (6.2.3)，即得方程 (6.2.1) 的一阶怪波解为：

$$u = u_0 + \frac{4(\xi - \alpha)}{\widetilde{F}_1(\xi, z; \alpha, \beta)}。\tag{6.2.9}$$

利用 Maple 绘制得到怪波解 (6.2.9) 的时空演化图。观察图 6.1 和图 6.2，发现这个怪波包含一个波峰和一个波谷，两个参数 (α, β) 可控制这个怪波的中心。当 $h > 0$ 且 $d > 0$ 时，在图 6.1 中可得到在点 $(\frac{(hd+3)\alpha + \sqrt{3\,d+9\,hd}}{hd+3}, \beta)$ 处，这个怪波的振幅最大值为 $u_0 + \frac{2\sqrt{d(hd+3)}}{\sqrt{3d}}$，在点 $(\frac{(hd+3)\alpha - \sqrt{3\,d+9\,hd}}{hd+3}, \beta)$ 处，这个怪波的振幅最小值为 $u_0 - \frac{2\sqrt{d(hd+3)}}{\sqrt{3d}}$，且怪波集于原点 $(0,0)$ 处。从图 6.2 可观察到，这个怪波集在点 $(-5, -5)$ 处。

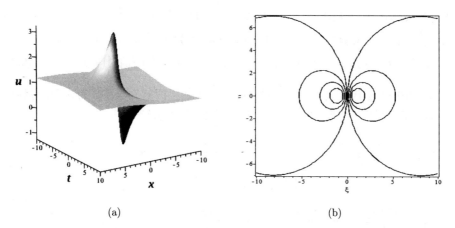

图 6.1 解 (6.2.9) 中参数取 $\alpha = \beta = 0$，$u_0 = 1$，$h = 1$，$d = 1$ 时的一阶怪波演化图 (a) 和等高线图 (b)。

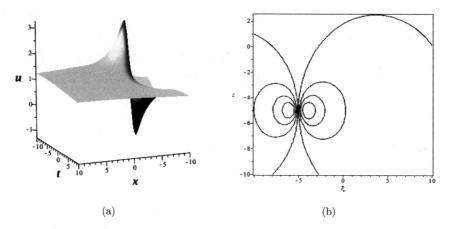

图 6.2 解 (6.2.9) 中参数取 $\alpha = \beta = -5$，$u_0 = 1$，$h = 1$，$d = 1$ 时的一阶怪波演化图 (a) 和等高线图 (b)。

情形 2：$n = 1$。

设

$$f = \widetilde{F}_2(\xi, z; \alpha, \beta) = F_2(\xi, z) + 2\alpha z P_1(\xi, z) + 2\beta \xi Q_1(\xi, z) + (\alpha^2 + \beta^2) F_0(\xi, z)$$
$$= \xi^6 + \left(a_{0,2} + a_{1,3} z^2\right) \xi^4 + \left(a_{0,1} + a_{1,2} z^2 + a_{2,3} z^4\right) \xi^2 + \left(a_{0,0} + a_{1,1} z^2 + a_{2,2} z^4 + \right.$$
$$\left. a_{3,3} z^6\right) + 2\,\alpha\, z \left(b_{0,0} + b_{1,1} z^2 + b_{0,1} \xi^2\right) + 2\,\beta\,\xi\,\left(c_{0,0} + c_{1,1} z^2 + c_{0,1} \xi^2\right) + \alpha^2 + \beta^2 。 \quad (6.2.10)$$

将式 (6.2.10) 代入式 (6.2.4)，同样可令 $z^l \xi^k$ 的不同幂次项系数为 0，将得到一个超长的超定方程组，借助 Maple 计算得该方程组的解为：

$$
\begin{aligned}
& a_{0,0} = -\frac{3hd + 9 - b_{0,1}^2}{3\Theta_1}\alpha^2 + (c_{0,1}^2 - 1)\beta^2 + \frac{1875d^3}{\Theta_1^3}, \quad a_{0,1} = -\frac{125d^2}{\Theta_1^2}, \\
& a_{0,2} = \frac{25d}{\Theta_1}, \quad a_{1,1} = \frac{475d^2}{3\Theta_1}, \quad a_{1,2} = 30d, \quad a_{1,3} = \Theta_1, \\
& a_{2,2} = \frac{17d\Theta_1}{9}, \quad a_{2,3} = \frac{\Theta_1^2}{3}, \quad a_{3,3} = \frac{\Theta_1^3}{27}, \quad b_{0,0} = \frac{5db_{0,1}}{3\Theta_1}, \\
& b_{1,1} = -\frac{b_{0,1}\Theta_1}{9}, \quad c_{0,0} = -\frac{dc_{0,1}}{\Theta_1}, \quad c_{1,1} = -c_{0,1}\Theta_1,
\end{aligned}
\quad (6.2.11)
$$

其中 $\Theta_1 = hd + 3 \neq 0$，且 $b_{0,1}$，$c_{0,1}$ 是任意常数。将式 (6.2.10) 和式 (6.2.11) 分别代入式 (6.2.3)，即得方程 (6.2.1) 的二阶怪波解为：

$$u = u_0 + \frac{4(\xi - \alpha)}{\widetilde{F}_2(\xi, z; \alpha, \beta)} 。 \quad (6.2.12)$$

确定解 (6.2.12) 中的参数值，我们得到该解的时空演化图。当两个参数值 α 和 β 都取 0 时，从图 6.3 观察到，该怪波包含一个波峰和一个波谷且集中在 $(0,0)$ 处。当两个参数值 α 和 β 都不取 0 时，图 6.4 呈现出一个有趣的演化图，这个图中的怪波由三个一阶怪波组成，如果将每个一阶怪波的中心连接起来就可形成一个三角形。

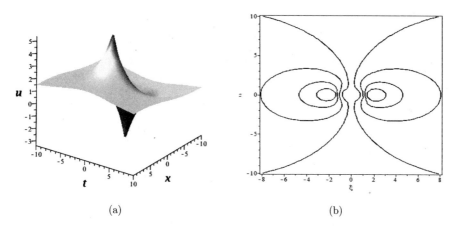

(a)　　　　　　　　(b)

图 6.3　解 (6.2.12) 中参数取 $\alpha = \beta = 0$，$u_0 = 1$，$h = 1$，$d = 1$，$b_{0,1} = 1$，$c_{0,1} = 1$ 时的二阶怪波演化图 (a) 和等高线图 (b)。

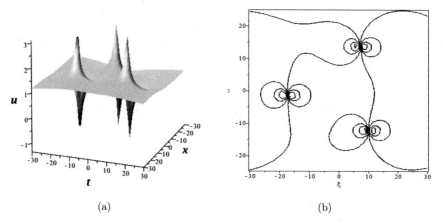

(a)　　　　　　　　(b)

图 6.4　解 (6.2.12) 中参数取 $\alpha = \beta = 5000$，$u_0 = 1$，$h = 1$，$h_2 = -1$，$d = 1$ 时的二阶怪波演化图 (a) 和等高线图 (b)。

情形 3： $n = 2$。

设

$$
\begin{aligned}
f &= \widetilde{F}_3(\xi, z; \alpha, \beta) \\
&= F_3(\xi, z) + 2\alpha z P_2(\xi, z) + 2\beta \xi Q_2(\xi, z) + (\alpha^2 + \beta^2) F_1(\xi, z) \\
&= \xi^{12} + \left(a_{0,5} + a_{1,6} z^2\right) \xi^{10} + \left(a_{0,4} + a_{1,5} z^2 + a_{2,6} z^4\right) \xi^8 + \\
&\quad (a_{0,3} + a_{1,4} z^2 + a_{2,5} z^4 + a_{3,6} z^6)\xi^6 + \left(a_{0,2} + a_{1,3} z^2 + a_{2,4} z^4 + a_{3,5} z^6 + \right. \\
&\quad \left. a_{4,6} z^8\right) \xi^4 + \left(a_{0,1} + a_{1,2} z^2 + a_{2,3} z^4 + a_{3,4} z^6 + a_{4,5} z^8 + a_{5,6} z^{10}\right)\xi^2 + \\
&\quad (a_{0,0} + a_{1,1} z^2 + a_{2,2} z^4 + a_{3,3} z^6 + a_{4,4} z^8 + a_{5,5} z^{10} + a_{6,6} z^{12}) + \\
&\quad 2\alpha z \left[\xi^6 + (b_{0,2} + b_{1,3} z^2)\xi^4 + (b_{0,1} + b_{1,2} z^2 + b_{2,3} z^4)\xi^2 + \right. \\
&\quad \left. (b_{0,0} + b_{1,1} z^2 + b_{2,2} z^4 + b_{3,3} z^6)\right] + 2\beta \xi \left[\xi^6 + (c_{0,2} + c_{1,3} z^2)\xi^4 + \right. \\
&\quad \left. (c_{0,1} + c_{1,2} z^2 + c_{2,3} z^4)\xi^2 + (c_{0,0} + c_{1,1} z^2 + c_{2,2} z^4 + c_{3,3} z^6)\right] + \\
&\quad (\alpha^2 + \beta^2) F_1(\xi, z),
\end{aligned}
\tag{6.2.13}
$$

其中

$$
F_1(\xi, z) = a_{0,1} \xi^2 + \frac{hd+3}{3} z^2 + \frac{3da_{0,1}}{hd+3}。
$$

将式 (6.2.13) 代入式 (6.2.4)，令 $z^l \xi^k$ 的不同幂次项的系数为 0，同样可得一个超长的超定方程组，利用 Maple 计算该方程组得到的解如下：

$$
\begin{aligned}
a_{0,0} &= \frac{9h\alpha^2 d^2(12h^2 d^2 + h^3 d^3 + 108)}{25\Theta_1^6 \Theta_2} - \frac{(13981323125d^3 - 4374h^2)\alpha^2 d^3}{225\Theta_1^6 \Theta_2} + \\
&\quad \frac{729\alpha^2 d}{25\Theta_1^6 \Theta_2} + \frac{729\beta^2 d}{\Theta_1^6 \Theta_2} + \frac{45h\beta^2 d^2}{\Theta_1^3 \Theta_2} + \frac{878826025d^6}{9\Theta_1^6 \Theta_2} + \\
&\quad \frac{(675h^5 - 13981323125)\beta^2 d^6}{225\Theta_1^6 \Theta_2},
\end{aligned}
$$

$$
a_{0,1} = \frac{9\Theta_1^4 \alpha^2 + 75\Theta_1^5 \beta^2 + 3994663750d^5}{75\Theta_1^5 \Theta_2}, \qquad a_{0,2} = -\frac{5187875d^4}{3\Theta_1^4},
$$

$$
a_{0,3} = \frac{75460d^3}{3\Theta_1^3}, \qquad a_{0,4} = \frac{735d^2}{\Theta_1^2}, \qquad a_{0,5} = \frac{98d}{\Theta_1},
\tag{6.2.14}
$$

$$
\begin{aligned}
a_{1,1} &= \frac{h^2\alpha^2 d^2(h^2 d^2 + 12hd + 54)}{25\Theta_1^4 \Theta_2} + \frac{4\alpha^2 d(881938750d^4 + 243h)}{225\Theta_1^4 \Theta_2} + \\
&\quad \frac{729\alpha^2}{225\Theta_1^4 \Theta_2} + \frac{81\beta^2}{\Theta_1^4 \Theta_2} + \frac{5hd\beta^2}{\Theta_1 \Theta_2} + \frac{300896750d^5}{9\Theta_1^4 \Theta_2} + \\
&\quad \frac{(75h^2 + 3527755000)d^2\beta^2}{225\Theta_1^4 \Theta_2},
\end{aligned}
$$

$$a_{1,2} = \frac{188650d^4}{\Theta_1^3}, \qquad a_{1,3} = \frac{73500d^3}{\Theta_1^2}, \qquad a_{1,4} = \frac{18620d^2}{3\Theta_1}, \qquad a_{1,5} = 230d,$$

$$a_{1,6} = 2\Theta_1, \qquad a_{2,2} = \frac{16391725d^4}{27\Theta_1^2}, \qquad a_{2,3} = -\frac{4900d^3}{3\Theta_1}, \qquad a_{2,4} = \frac{37450d^2}{9},$$

$$a_{2,5} = \frac{1540d\Theta_1}{9}, \qquad a_{2,6} = \frac{5\Theta_1^2}{3}, \qquad a_{3,3} = \frac{798980d^3}{81}, \qquad a_{3,4} = \frac{35420d^2\Theta_1}{27},$$

$$a_{3,5} = \frac{1460d\Theta_1^2}{27}, \qquad a_{3,6} = \frac{20\Theta_1^3}{27}, \qquad a_{4,4} = \frac{1445d^2\Theta_1^2}{27},$$

$$a_{4,5} = \frac{190d\Theta_1^3}{27}, \qquad a_{4,6} = \frac{5\Theta_1^4}{27}, \qquad a_{5,5} = \frac{58d\Theta_1^4}{243}, \qquad a_{5,6} = \frac{2\Theta_1^5}{81},$$

$$a_{6,6} = \frac{\Theta_1^6}{729}, \qquad b_{0,0} = \frac{3773d^3}{3\Theta_1^3}, \qquad b_{0,1} = -\frac{133d^2}{\Theta_1^2}, \qquad b_{0,2} = \frac{21d}{\Theta_1},$$

$$b_{1,1} = -\frac{49d^2}{3\Theta_1}, \qquad b_{1,2} = -\frac{38d}{3}, \qquad b_{1,3} = -\frac{\Theta_1}{3}, \qquad b_{2,2} = -\frac{7d\Theta_1}{45},$$

$$b_{2,3} = -\frac{\Theta_1^2}{5}, \qquad b_{3,3} = \frac{\Theta_1^3}{135}, \qquad c_{0,0} = \frac{12005d^3}{3\Theta_1^3}, \qquad c_{0,1} = -\frac{245d^2}{\Theta_1^2},$$

$$c_{0,2} = \frac{13d}{\Theta_1}, \qquad c_{1,1} = \frac{535d^2}{3\Theta_1}, \qquad c_{1,2} = -\frac{230d}{3}, \qquad c_{1,3} = -3\Theta_1,$$

$$c_{2,2} = 5d\Theta_1, \qquad c_{2,3} = -\frac{5\Theta_1^2}{9}, \qquad c_{3,3} = \frac{5\Theta_1^3}{27}.$$

其中 $\Theta_1 = hd + 3 \neq 0$ 和 $\Theta_2 = \alpha^2 + \beta^2 + 1 \neq 0$。将式 (6.2.13) 和式 (6.2.14) 分别代入式 (6.2.3)，可得方程 (6.2.1) 的三阶怪波解：

$$u = u_0 + \frac{4(\xi - \alpha)}{\widetilde{F}_3(\xi, z; \alpha, \beta)}. \tag{6.2.15}$$

当 $\alpha = \beta = 0$，从图 6.5 中，我们发现这个怪波形态类似于前两种情况且集中于点 $(0,0)$ 处。当 $\alpha = \beta = 500$ 时，该怪波由三个一阶怪波形成，如图 6.6 所示。此时图形与图 6.4 相似。

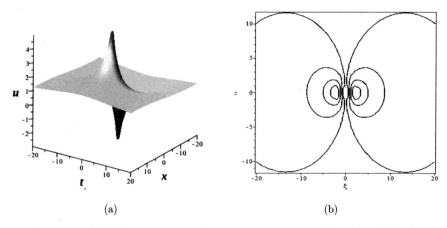

(a)   (b)

图 6.5　解 (6.2.15) 中参数取 $\alpha = \beta = 0$，$u_0 = 1$，$h = 1$，$d = 1$ 时的三阶怪波演化图 (a) 和等高线图 (b)。

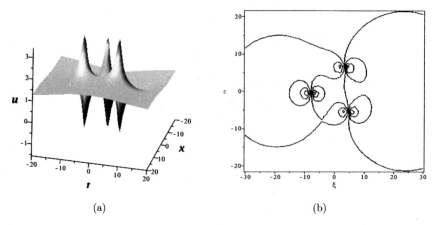

(a)   (b)

图 6.6　解 (6.2.15) 中参数取 $\alpha = \beta = 500$，$u_0 = 1$，$h = 1$，$d = 1$ 时的三阶怪波演化图 (a) 和等高线图 (b)。

情形 4: $n = 3$。

设

$$
\begin{aligned}
f &= \widetilde{F}_4(\xi, z; \alpha, \beta) = F_4(\xi, z) + 2\alpha z P_3(\xi, z) + 2\beta \xi Q_3(\xi, z) + (\alpha^2 + \beta^2) F_2(\xi, z) \\
&= \xi^{20} + \left(a_{0,9} + a_{1,10} z^2\right) \xi^{18} + \left(a_{0,8} + a_{1,9} z^2 + a_{2,10} z^4\right) \xi^{16} + \left(a_{0,7} + a_{1,8} z^2 + \right.\\
&\quad \left. a_{2,9} z^4 + a_{3,10} z^6\right) \xi^{14} + \left(a_{0,6} + a_{1,7} z^2 + a_{2,8} z^4 + a_{3,9} z^6 + a_{4,10} z^8\right) \xi^{12} + \\
&\quad \left(a_{0,5} + a_{1,6} z^2 + a_{2,7} z^4 + a_{3,8} z^6 + a_{4,9} z^8 + a_{5,10} z^{10}\right) \xi^{10} + \\
&\quad \left(a_{0,4} + a_{1,5} z^2 + a_{2,6} z^4 + a_{3,7} z^6 + a_{4,8} z^8 + a_{5,9} z^{10} + a_{6,10} z^{12}\right) \xi^8 + \\
&\quad \left(a_{0,3} + a_{1,4} z^2 + a_{2,5} z^4 + a_{3,6} z^6 + a_{4,7} z^8 + a_{5,8} z^{10} + a_{6,9} z^{12} + a_{7,10} z^{14}\right) \xi^6 + \\
&\quad \left(a_{0,2} + a_{1,3} z^2 + a_{2,4} z^4 + a_{3,5} z^6 + a_{4,6} z^8 + a_{5,7} z^{10} + a_{6,8} z^{12} + a_{7,9} z^{14} + a_{8,10} z^{16}\right) \xi^4 + \\
&\quad \left(a_{0,1} + a_{1,2} z^2 + a_{2,3} z^4 + a_{3,4} z^6 + a_{4,5} z^8 + a_{5,6} z^{10} + a_{6,7} z^{12} + a_{7,8} z^{14} + a_{8,9} z^{16} + \right.\\
&\quad \left. a_{9,10} z^{18}\right) \xi^2 + a_{0,0} + a_{1,1} z^2 + a_{2,2} z^4 + a_{3,3} z^6 + a_{4,4} z^8 + a_{5,5} z^{10} + a_{6,6} z^{12} + a_{7,7} z^{14} + \\
&\quad a_{8,8} z^{16} + a_{9,9} z^{18} + a_{10,10} z^{20} + 2\alpha z \left(\xi^{12} + \left(b_{0,5} + b_{1,6} z^2\right) \xi^{10} + \left(b_{0,4} + b_{1,5} z^2 + b_{2,6} z^4\right) \xi^8 + \right.\\
&\quad \left(b_{0,3} + b_{1,4} z^2 + b_{2,5} z^4 + b_{3,6} z^6\right) \xi^6 + \left(b_{0,2} + b_{1,3} z^2 + b_{2,4} z^4 + b_{3,5} z^6 + b_{4,6} z^8\right) \xi^4 + \\
&\quad \left(b_{0,1} + b_{1,2} z^2 + b_{2,3} z^4 + b_{3,4} z^6 + b_{4,5} z^8 + b_{5,6} z^{10}\right) \xi^2 + b_{0,0} + b_{1,1} z^2 + b_{2,2} z^4 + \\
&\quad \left. b_{3,3} z^6 + b_{4,4} z^8 + b_{5,5} z^{10} + b_{6,6} z^{12}\right) + 2\beta \xi \left(\xi^{12} + \left(c_{0,5} + c_{1,6} z^2\right) \xi^{10} + \right.\\
&\quad \left(c_{0,4} + c_{1,5} z^2 + c_{2,6} z^4\right) \xi^8 + \left(c_{0,3} + c_{1,4} z^2 + c_{2,5} z^4 + c_{3,6} z^6\right) \xi^6 + \\
&\quad \left(c_{0,2} + c_{1,3} z^2 + c_{2,4} z^4 + c_{3,5} z^6 + c_{4,6} z^8\right) \xi^4 + \left(c_{0,1} + c_{1,2} z^2 + c_{2,3} z^4 + c_{3,4} z^6 + \right.\\
&\quad \left. c_{4,5} z^8 + c_{5,6} z^{10}\right) \xi^2 + c_{0,0} + c_{1,1} z^2 + c_{2,2} z^4 + c_{3,3} z^6 + c_{4,4} z^8 + c_{5,5} z^{10} + c_{6,6} z^{12}\right) + \\
&\quad \left(\alpha^2 + \beta^2\right) \left(\xi^6 + \left(a_{0,2} + a_{1,3} z^2\right) \xi^4 + \left(a_{0,1} + a_{1,2} z^2 + a_{2,3} z^4\right) \xi^2 + \right.\\
&\quad \left. a_{0,0} + a_{1,1} z^2 + a_{2,2} z^4 + a_{3,3} z^6\right)。
\end{aligned}
$$

$$(6.2.16)$$

将式 (6.2.16) 代入式 (6.2.4),令 $z^l \xi^k$ 的不同幂次项的系数为 0,也得到一个超长的超定方程组,这种方程组求解将非常复杂,可利用 Maple 计算得该超定方程组的解为:

$$
a_{0,0} = \frac{1875 d^3 \left(3\Theta_1^6 \alpha^2 + 49\Theta_1^7 \beta^2 + 154641131577387 d^7\right)}{49\Theta_1^{10} \Theta_2},
$$

$$
a_{0,1} = -\frac{125 d^2 \left(3\Theta_1^6 \alpha^2 + 49\Theta_1^7 \beta^2 + 272896114548330 d^7\right)}{49\Theta_1^9 \Theta_2},
$$

$$
a_{0,2} = \frac{25 d \left(3\Theta_1^6 \alpha^2 + 49\Theta_1^7 \beta^2 + 373534274438325 d^7\right)}{49\Theta_1^8 \Theta_2},
$$

$$
a_{0,3} = -\frac{(49hd + 144)\Theta_1^6 \alpha^2 - 341392530843000 d^7}{49\Theta_1^7}, \qquad a_{0,4} = -\frac{178095030750 d^6}{\Theta_1^6},
$$

$$a_{0,5} = \frac{2094264900d^5}{\Theta_1^5}, \quad a_{0,6} = -\frac{18877950d^4}{\Theta_1^4}, \quad a_{0,7} = \frac{351000d^3}{\Theta_1^3}, \quad a_{0,8} = \frac{16605d^2}{\Theta_1^2},$$

$$a_{0,9} = \frac{270d}{\Theta_1}, \quad a_{1,1} = \frac{25d^2(57\Theta_1^6\alpha^2 + 931\Theta_1^7\beta^2 + 6810054623230950d^7)}{147\Theta_1^8\Theta_2},$$

$$a_{1,2} = \frac{30d(3\Theta_1^6\alpha^2 + 49\Theta_1^7\beta^2 + 473853639884625d^7)}{49\Theta_1^7\Theta_2},$$

$$a_{1,3} = \frac{3\Theta_1^6\alpha^2 + 49\Theta_1^7\beta^2 + 543679738875000d^7}{49\Theta_1^6\Theta_2}, \quad a_{1,4} = \frac{-173876157000d^6}{\Theta_1^5},$$

$$a_{1,5} = \frac{1623667500d^5}{\Theta_1^4}, \quad a_{1,6} = \frac{35844900d^4}{\Theta_1^3}, \quad a_{1,7} = \frac{3540600d^3}{\Theta_1^2}, \quad a_{1,8} = \frac{91800d^2}{\Theta_1},$$

$$a_{1,9} = 1010d, \quad a_{1,10} = \frac{10\Theta_1}{3}, \quad a_{2,2} = \frac{d(51\Theta_1^6\alpha^2 + 833\Theta_1^7\beta^2 + 17085505551148125d^7)}{441\Theta_1^6\Theta_2},$$

$$a_{2,3} = \frac{3\Theta_1^6\alpha^2 + 49\Theta_1^7\beta^2 + 1484670222945000d^7}{147\Theta_1^5\Theta_2}, \quad a_{2,4} = \frac{45094822500d^6}{\Theta_1^4},$$

$$a_{2,5} = \frac{70707000d^5}{\Theta_1^3}, \quad a_{2,6} = \frac{119106750d^4}{\Theta_1^2}, \quad a_{2,7} = \frac{6287400d^3}{\Theta_1},$$

$$a_{2,8} = 151900d^2, \quad a_{2,9} = \frac{4600d\Theta_1}{3}, \quad a_{2,10} = 5\Theta_1^2,$$

$$a_{3,3} = \frac{3\Theta_1^6\alpha^2 + 49\Theta_1^7\beta^2 + 2116777295997000d^7}{1323\Theta_1^4\Theta_2}, \quad a_{3,4} = \frac{73409791000d^6}{\Theta_1^3},$$

$$a_{3,5} = \frac{1675457000d^5}{\Theta_1^2}, \quad a_{3,6} = \frac{141659000d^4}{\Theta_1}, \quad a_{3,7} = 5010600d^3,$$

$$a_{3,8} = \frac{367640d^2\Theta_1}{3}, \quad a_{3,9} = \frac{11480d\Theta_1^2}{9}, \quad a_{3,10} = \frac{40\Theta_1^3}{9}, \quad a_{4,4} = \frac{44477105750d^6}{3\Theta_1^2},$$

$$a_{4,5} = \frac{1165839500d^5}{3\Theta_1}, \quad a_{4,6} = \frac{98796250d^4}{3}, \quad a_{4,7} = \frac{5601400d^3\Theta_1}{3},$$

$$a_{4,8} = \frac{501550d^2\Theta_1^2}{9}, \quad a_{4,9} = \frac{17500d\Theta_1^3}{27}, \quad a_{4,10} = \frac{70\Theta_1^4}{27}, \quad a_{5,5} = \frac{2423740900d^5}{27},$$

$$a_{5,6} = \frac{74612300d^4\Theta_1}{27}, \quad a_{5,7} = \frac{3504200d^3\Theta_1^2}{9}, \quad a_{5,8} = \frac{400120d^2\Theta_1^3}{27},$$

$$a_{5,9} = \frac{16940d\Theta_1^4}{81}, \quad a_{5,10} = \frac{28\Theta_1^5}{27}, \quad a_{6,6} = \frac{40078850d^4\Theta_1^2}{81}, \quad a_{6,7} = \frac{1320200d^3\Theta_1^3}{27},$$

$$a_{6,8} = \frac{179900d^2\Theta_1^4}{81}, \quad a_{6,9} = \frac{10360d\Theta_1^5}{243}, \quad a_{6,10} = \frac{70\Theta_1^6}{243}, \quad a_{7,7} = \frac{122200d^3\Theta_1^4}{81},$$

$$a_{7,8} = \frac{39400d^2\Theta_1^5}{243}, \quad a_{7,9} = \frac{3800d\Theta_1^6}{729}, \quad a_{7,10} = \frac{40\Theta_1^7}{729}, \quad a_{8,8} = \frac{95d^2\Theta_1^6}{27},$$

$$(6.2.17)$$

$$a_{8,9} = \frac{730d\Theta_1^7}{2187}, \quad a_{8,10} = \frac{5\Theta_1^8}{729}, \quad a_{9,9} = \frac{50d\Theta_1^8}{6561}, \quad a_{9,10} = \frac{10\Theta_1^9}{19683}, \quad a_{10,10} = \frac{\Theta_1^{10}}{59049},$$

$$b_{0,0} = \frac{42017625d^6}{\Theta_1^6}, \quad b_{0,1} = \frac{41985450d^5}{\Theta_1^5}, \quad b_{0,2} = -\frac{1371825d^4}{\Theta_1^4}, \quad b_{0,3} = \frac{20700d^3}{\Theta_1^3},$$

$$b_{0,4} = \frac{375d^2}{\Theta_1^2}, \quad b_{0,5} = \frac{90d}{\Theta_1}, \quad b_{1,1} = -\frac{7985250d^5}{\Theta_1^4}, \quad b_{1,2} = \frac{786450d^4}{\Theta_1^3},$$

$$b_{1,3} = -\frac{39300d^3}{\Theta_1^2}, \quad b_{1,4} = -\frac{2300d^2}{\Theta_1}, \quad b_{1,5} = -90d, \quad b_{1,6} = -\frac{2\Theta_1}{3},$$

$$b_{2,2} = -\frac{175825d^4}{\Theta_1^2}, \quad b_{2,3} = \frac{20900d^3}{\Theta_1}, \quad b_{2,4} = -\frac{5650d^2}{3}, \quad b_{2,5} = -\frac{292d\Theta_1}{3},$$

$$b_{2,6} = -\Theta_1^2, \quad b_{3,3} = -\frac{1900d^3}{21}, \quad b_{3,4} = \frac{26140d^2\Theta_1}{63}, \quad b_{3,5} = \frac{260d\Theta_1^2}{63}, \quad b_{3,6} = -\frac{4\Theta_1^3}{21},$$

$$b_{4,4} = \frac{25d^2\Theta_1^2}{63}, \quad b_{4,6} = \frac{25\Theta_1^4}{567}, \quad b_{5,5} = -\frac{10d\Theta_1^4}{1701}, \quad b_{5,6} = \frac{2\Theta_1^5}{189}, \quad b_{6,6} = -\frac{2\Theta_1^5}{567},$$

$$c_{0,0} = -\frac{44983575d^6}{\Theta_1^6}, \quad c_{0,1} = \frac{78255450d^5}{\Theta_1^5}, \quad c_{0,2} = -\frac{2228625d^4}{\Theta_1^4}, \quad c_{0,3} = \frac{42300d^3}{\Theta_1^3},$$

$$c_{0,4} = -\frac{825d^2}{\Theta_1^2}, \quad c_{0,5} = \frac{74d}{\Theta_1}, \quad c_{1,1} = -\frac{131700450d^5}{\Theta_1^4}, \quad c_{1,2} = \frac{5633250d^4}{\Theta_1^3},$$

$$c_{1,3} = -\frac{111300d^3}{\Theta_1^2}, \quad c_{1,4} = -\frac{8860d^2}{\Theta_1}, \quad c_{1,5} = -\frac{1870d}{3}, \quad c_{1,6} = -6\Theta_1,$$

$$c_{2,2} = -\frac{2108225d^4}{\Theta_1^2}, \quad c_{2,3} = \frac{144900d^3}{\Theta_1}, \quad c_{2,4} = -\frac{2450d^2}{3}, \quad c_{2,5} = -\frac{580d\Theta_1}{3},$$

$$c_{2,6} = -\frac{25\Theta_1^2}{9}, \quad c_{3,3} = -23100d^3, \quad c_{3,4} = \frac{49700d^2\Theta_1}{9}, \quad c_{3,5} = \frac{1820d\Theta_1^2}{9},$$

$$c_{3,6} = \frac{4\Theta_1^3}{3}, \quad c_{4,4} = -\frac{5075d^2\Theta_1^2}{27}, \quad c_{4,5} = \frac{70d\Theta_1^3}{3}, \quad c_{4,6} = \frac{7\Theta_1^4}{9}, \quad c_{5,5} = -\frac{98d\Theta_1^4}{81},$$

$$c_{5,6} = \frac{14\Theta_1^5}{243}, \quad c_{6,6} = -\frac{7\Theta_1^6}{729},$$

其中 $\Theta_1 = hd + 3 \neq 0$ 且 $\Theta_2 = \alpha^2 + \beta^2 + 1 \neq 0$。将式 (6.2.16) 和式 (6.2.17) 代入式 (6.2.3)，获得方程 (6.2.1) 的四阶怪波解为：

$$u = u_0 + \frac{4(\xi - \alpha)}{\widetilde{F}_4(\xi, z; \alpha, \beta)}。 \tag{6.2.18}$$

当 $\alpha = \beta = 0$ 时，从图 6.7 观察到这个怪波由三个一阶怪波组成且波峰波谷呈阶梯状分布在 $(0,0)$ 点周围。当 $\alpha = \beta = 50000$ 时，从图 6.8 发现该高阶怪波包含的一阶怪波的数量随之增加。

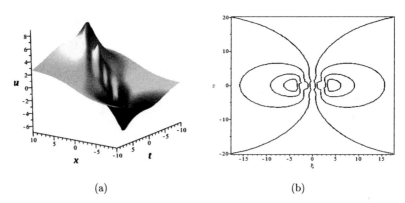

(a)　　　　　　　　　　　　(b)

图 6.7　解 (6.2.18) 中参数取 $\alpha = \beta = 0$，$u_0 = 1$，$h = 1$，$d = 1$ 时的四阶怪波演化图 (a) 和等高线图 (b)。

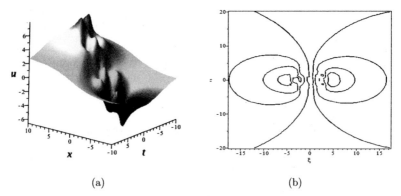

(a)　　　　　　　　　　　　(b)

图 6.8　解 (6.2.18) 中参数取 $\alpha = \beta = 50000$，$u_0 = 1$，$h = 1$，$d = 1$ 时的四阶怪波演化图 (a) 和等高线图 (b)。

纵观获得的这些高阶怪波解及其演化图，我们发现随着参数 α、β 和 n 的增大，高阶怪波包含的一阶怪波的数量也会随之增加，经分析我们还可得到怪波解的渐进行为：

$$\lim_{x \to \pm\infty} u = u_0, \quad \lim_{t \to \infty} u = u_0, \quad \lim_{y \to \pm\infty} u = u_0, \quad \lim_{z \to \pm\infty} u = u_0。$$

这里我们利用所给方法获得的结果都是全新的，希望能为非线性科学的相关动力学研究提供参考。需要说明的是，在文献 [161] 中，作者把具有本节形式的含两个任意参数的有理解称为广义有理解，并认为该广义有理解与怪波具有相似的结构。

6.3 广义 $3+1$ 维非线性波方程的高阶怪波及其演化

本节同样利用前面给出的偶次幂函数符号计算方法，研究第 4 章第 3 节给出的非线性模型——广义 $3+1$ 维非线性波方程：

$$(u_t + h_1 u u_x + h_2 u_{xxx} + h_3 u_x)_x + h_4 u_{yy} + h_5 u_{zz} = 0, \tag{6.3.1}$$

其中 $u = u(x, y, z, t)$，$h_i\ (i = 1, \ldots, 5)$ 为任意常数。

首先设行波变换 $\xi = x + ky + \omega t$，则方程 (6.3.1) 化为：

$$\omega u_{\xi\xi} + h_1 u_\xi^2 + h_1 u u_{\xi\xi} + h_2 u_{\xi\xi\xi\xi} + h_3 u_{\xi\xi} + k^2 h_4 u_{\xi\xi} + h_5 u_{zz} = 0。 \tag{6.3.2}$$

通过双线性变换：

$$u = u_0 + 12 h_2 h_1^{-1} (\ln f)_{\xi\xi}, \tag{6.3.3}$$

方程 (6.3.2) 等价于：

$$h_2(f_{\xi\xi\xi\xi}f - 4f_\xi f_{\xi\xi\xi} + 3f_{\xi\xi}^2) + (\omega + h_1 u_0 + h_3 + h_4 k^2)(f_{\xi\xi}f - f_\xi^2) + h_5(f_{zz}f - f_z^2) = 0。 \tag{6.3.4}$$

下面通过第 1 节的方法步骤，推导方程 (6.3.1) 的高阶怪波解。

情形 1：$n = 0$。

设

$$f = F_1(\xi, z) = a_{0,1}\xi^2 + a_{1,1}z^2 + a_{0,0}。 \tag{6.3.5}$$

将式 (6.3.5) 代入式 (6.3.4)，并且令 $z^l \xi^k$ 的不同次幂项的系数为 0，可得一个代数方程组：

$$\begin{cases} 6h_2 a_{0,1}^2 + h_1 w a_{0,1} a_{0,0} + h_3 a_{0,1} a_{0,0} + \omega a_{0,1} a_{0,0} + \\ h_4 k^2 a_{0,1} a_{0,0} + h_5 a_{1,1} a_{0,0} = 0, \\ h_5 a_{1,1}^2 - h_4 k^2 a_{0,1} a_{1,1} - h_1 w a_{0,1} a_{1,1} - h_3 a_{0,1} a_{1,1} - \omega a_{0,1} a_{1,1} = 0, \\ h_4 k^2 a_{0,1}^2 + h_3 a_{0,1}^2 - h_5 a_{1,1} a_{0,1} + \omega a_{0,1}^2 + h_1 w a_{0,1}^2 = 0。 \end{cases} \tag{6.3.6}$$

求解方程组 (6.3.6) 得到:

$$a_{0,0} = a_{0,0}, \quad a_{0,1} = \frac{a_{0,0}(\omega + h_1 u_0 + h_3 + h_4 k^2)}{-3h_2}, \quad a_{1,1} = \frac{a_{0,0}(\omega + h_1 u_0 + h_3 + h_4 k^2)^2}{-3h_2 h_5},$$

(6.3.7)

其中 $h_2 h_5 \neq 0$, $a_{0,0} \neq 0$, 这里不妨设 $a_{0,0} > 0$。于是可以验证

$$f = \widetilde{F}_1(\xi, z; \alpha, \beta) = a_{0,1}(\xi - \alpha)^2 + a_{1,1}(z - \beta)^2 + a_{0,0} \tag{6.3.8}$$

是方程 (6.3.4) 的解, 其中 $a_{0,1}$, $a_{1,1}$ 和 $a_{0,0}$ 满足式 (6.3.7), α 和 β 是两个实参数。当 $\omega + h_1 u_0 + h_3 + h_4 k^2 > 0$, $h_2 < 0$ 且 $h_5 > 0$ 时, 式 (6.3.8) 中的 f 是方程 (6.3.4) 的一个正多项式解。将式 (6.3.8) 代入式 (6.3.3), 即得方程 (6.3.1) 的一阶怪波解为:

$$u = u_0 + 12 h_2 h_1^{-1} \frac{\partial^2}{\partial \xi^2} \ln \widetilde{F}_1(\xi, z; \alpha, \beta). \tag{6.3.9}$$

利用 Maple 绘制得到怪波解 (6.3.9) 的时空演化图。观察图 6.9 和图 6.10, 发现这个怪波包含两个小的波峰和一个波谷, 两个参数 (α, β) 可控制这个怪波的中心。当 $\omega + h_1 u_0 + h_3 + h_4 k^2 > 0$, $h_2 < 0$ 且 $h_1 > 0$ 时, 从图 6.9 中注意到, 这个怪波在点 $(\alpha \pm 3\sqrt{\frac{-h_2}{\omega + h_1 u_0 + h_3 + h_4 k^2}}, \beta)$ 处有最大的振幅值为 $u = u_0 + \frac{\omega + h_1 u_0 + h_3 + h_4 k^2}{h_1}$, 在点 (α, β) 处有最小的振幅值为 $u = u_0 - \frac{8(\omega + h_1 u_0 + h_3 + h_4 k^2)}{h_1}$, 且怪波集中于原点 $(0, 0)$ 处。从图 6.10 观察到这个怪波集中在点 $(-5, -5)$ 处。

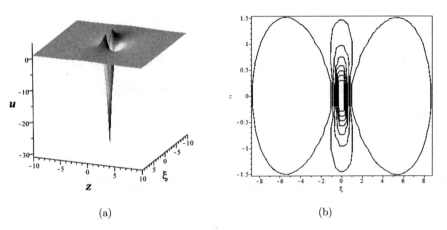

(a)　　　　　　　　　　　　(b)

图 6.9　解 (6.3.9) 中参数取 $\alpha = \beta = 0$, $u_0 = 1$, $h_1 = 1$, $h_2 = -1$, $h_3 = 1$, $h_4 = 1$, $h_5 = 1$, $k = 1$, $\omega = 1$, $b_{0,1} = 1$, $c_{0,1} = 1$ 时的一阶怪波演化图 (a) 和等高线图 (b)。

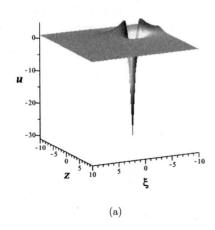
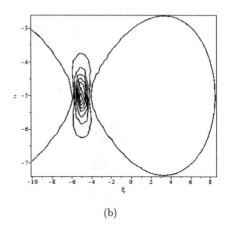

(a)   (b)

图 6.10   解 (6.3.9) 中参数取 $\alpha = \beta = 500$, $u_0 = 1$, $h_1 = 1$, $h_2 = -1$, $h_3 = 1$, $h_4 = 1$, $h_5 = 1$, $k = 1$, $\omega = 1$, $b_{0,1} = 1$, $c_{0,1} = 1$ 时的一阶怪波演化图 (a) 和等高线图 (b)。

情形 2: $n = 1$。

设

$$
\begin{aligned}
f = \widetilde{F}_2(\xi, z; \alpha, \beta) &= F_2(\xi, z) + 2\alpha z P_1(\xi, z) + 2\beta\xi Q_1(\xi, z) + (\alpha^2 + \beta^2)F_0(\xi, z) \\
&= \xi^6 + \left(a_{0,2} + a_{1,3}z^2\right)\xi^4 + \left(a_{0,1} + a_{1,2}z^2 + a_{2,3}z^4\right)\xi^2 + (a_{0,0} + a_{1,1}z^2 + a_{2,2}z^4 + \\
&\quad a_{3,3}z^6) + 2\,\alpha\,z\left(b_{0,0} + b_{1,1}z^2 + b_{0,1}\xi^2\right) + 2\,\beta\,\xi\left(c_{0,0} + c_{1,1}z^2 + c_{0,1}\xi^2\right) + \alpha^2 + \beta^2 。
\end{aligned}
\tag{6.3.10}
$$

将式 (6.3.10) 代入式 (6.3.4)，同时令 $z^l\xi^k$ 的不同次幂项的系数为 0，可得一个超长的超定方程组，利用 Maple 计算获得该方程组的解为：

$$
\begin{aligned}
&a_{0,0} = \left(\frac{h_5 b_{0,1}^2}{9\Delta} - 1\right)\alpha^2 + (c_{0,1}^2 - 1)\beta^2 - \frac{1875h_2^3}{\Delta^3}, \qquad a_{0,1} = -\frac{125h_2^2}{\Delta^2}, \\
&a_{0,2} = -\frac{25h_2}{\Delta}, \qquad a_{1,1} = \frac{475h_2^2}{h_5\Delta}, \qquad a_{1,2} = -\frac{90h_2}{h_5}, \qquad a_{1,3} = \frac{3\Delta}{h_5}, \\
&a_{2,2} = -\frac{17h_2\Delta}{h_5^2}, \qquad a_{2,3} = \frac{3\Delta^2}{h_5^2}, \qquad a_{3,3} = \frac{\Delta^3}{h_5^3}, \qquad b_{0,0} = -\frac{5h_2 b_{0,1}}{3\Delta}, \\
&b_{1,1} = -\frac{b_{0,1}\Delta}{3h_5}, \qquad c_{0,0} = \frac{h_2 c_{0,1}}{\Delta}, \qquad c_{1,1} = -\frac{3c_{0,1}\Delta}{h_5} 。
\end{aligned}
\tag{6.3.11}
$$

其中 $\Delta = \omega + h_1 u_0 + h_3 + h_4 k^2 \neq 0$, $h_1 h_5 \neq 0$, 且 $b_{0,1}$, $c_{0,1}$, h_2 是任意常数。将式 (6.3.10) 及式 (6.3.11) 分别代入式 (6.3.3)，即得方程 (6.3.1) 的二阶怪波解为：

$$
u = u_0 + 12h_2 h_1^{-1}\frac{\partial^2}{\partial\xi^2}\ln\widetilde{F}_2(\xi, z; \alpha, \beta) 。
\tag{6.3.12}
$$

确定解 (6.3.12) 中的参数值，我们得到该解的时空演化图。当两个参数 α 和 β 都取 0 时，从图 6.11 观察到该怪波包含三个波峰和两个波谷且其中心在点 $(0,0)$ 处。当 α 和 β 都不取 0 时，从图 6.12 发现这个怪波由三个一阶怪波组成，且联结三个一阶怪波的中心可形成一个三角形，故称这个怪波为"怪波三联体" [164] 或"三姐妹" [165]。

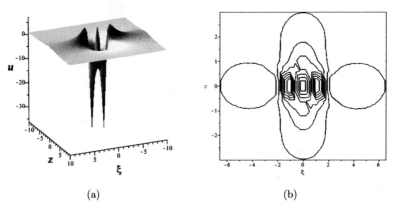

(a)   (b)

图 6.11 解 (6.3.12) 中参数取 $\alpha = \beta = 0$，$u_0 = 1$，$h_1 = 1$，$h_2 = -1$，$h_3 = 1$，$h_4 = 1$，$h_5 = 1$，$k = 1$，$\omega = 1$，$b_{0,1} = 1$，$c_{0,1} = 1$ 时的二阶怪波演化图 (a) 和等高线图 (b)。

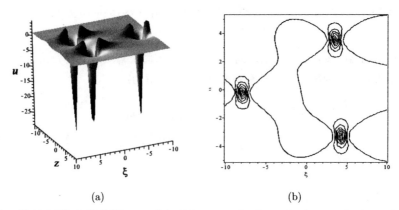

(a)   (b)

图 6.12 解 (6.3.12) 中参数取 $\alpha = \beta = 500$，$u_0 = 1$，$h_1 = 1$，$h_2 = -1$，$h_3 = 1$，$h_4 = 1$，$h_5 = 1$，$k = 1$，$\omega = 1$，$b_{0,1} = 1$，$c_{0,1} = 1$ 时的二阶怪波演化图 (a) 和等高线图 (b)。

情形 3：$n = 2$。

设

$$f = \widetilde{F}_3(\xi, z; \alpha, \beta) = F_3(\xi, z) + 2\alpha z P_2(\xi, z) + 2\beta \xi Q_2(\xi, z) + (\alpha^2 + \beta^2)F_1(\xi, z) \qquad (6.3.13)$$

$$= \xi^{12} + \left(a_{0,5} + a_{1,6}z^2\right)\xi^{10} + \left(a_{0,4} + a_{1,5}z^2 + a_{2,6}z^4\right)\xi^8 + \left(a_{0,3} + a_{1,4}z^2 + a_{2,5}z^4 + \right.$$
$$\left. a_{3,6}z^6\right)\xi^6 + \left(a_{0,2} + a_{1,3}z^2 + a_{2,4}z^4 + a_{3,5}z^6 + a_{4,6}z^8\right)\xi^4 + \left(a_{0,1} + a_{1,2}z^2 + a_{2,3}z^4 + \right.$$
$$\left. a_{3,4}z^6 + a_{4,5}z^8 + a_{5,6}z^{10}\right)\xi^2 + \left(a_{0,0} + a_{1,1}z^2 + a_{2,2}z^4 + a_{3,3}z^6 + a_{4,4}z^8 + a_{5,5}z^{10} + a_{6,6}z^{12}\right) +$$
$$2\,\alpha\,z\left[\xi^6 + (b_{0,2} + b_{1,3}z^2)\xi^4 + (b_{0,1} + b_{1,2}z^2 + b_{2,3}z^4)\xi^2 + (b_{0,0} + b_{1,1}z^2 + b_{2,2}z^4 + b_{3,3}z^6)\right] +$$
$$2\,\beta\,\xi\left[\xi^6 + (c_{0,2} + c_{1,3}z^2)\xi^4 + (c_{0,1} + c_{1,2}z^2 + c_{2,3}z^4)\xi^2 + (c_{0,0} + c_{1,1}z^2 + c_{2,2}z^4 + c_{3,3}z^6)\right] +$$
$$(\alpha^2 + \beta^2)F_1(\xi, z),$$

其中

$$F_1(\xi, z) = -\frac{a_{0,0}(\omega + h_1 u_0 + h_3 + h_4 k^2)}{3h_2}\xi^2 - \frac{a_{0,0}(\omega + h_1 u_0 + h_3 + h_4 k^2)^2}{3h_2 h_5}z^2 + a_{0,0}。$$

将式 (6.3.13) 代入式 (6.3.4)，令 $z^l \xi^k$ 的不同幂次项的系数为 0，获得一个超长的超定方程组，利用 Maple 经过冗长的计算得 [126]：

$$a_{0,0} = \frac{h_2(-27h_5\Delta^4\alpha^2 - 675\Delta^5\beta^2 + 21970650625h_2^5)}{225\Delta^6(\alpha^2 + \beta^2 + 1)},$$

$$a_{0,1} = \frac{(27h_5\Delta^4 - 13981323125h_2^5)\alpha^2 + (675\Delta^5 - 13981323125h_2^5)\beta^2 - 35951973750h_2^5}{675\Delta^5(\alpha^2 + \beta^2 + 1)},$$

$$a_{0,2} = -\frac{5187875h_2^4}{3\Delta^4}, \qquad a_{0,3} = -\frac{75460h_2^3}{3\Delta^3}, \qquad a_{0,4} = \frac{735h_2^2}{\Delta^2}, \qquad a_{0,5} = -\frac{98h_2}{\Delta},$$

$$a_{1,1} = \frac{(27h_5\Delta^4 - 45731118125h_2^5)\alpha^2 + (675\Delta^5 - 45731118125h_2^5)\beta^2 - 67701768750h_2^5}{675h_5\Delta^4(\alpha^2 + \beta^2 + 1)},$$

$$a_{1,2} = \frac{565950h_2^4}{h_5\Delta^3}, \qquad a_{1,3} = -\frac{220500h_2^3}{h_5\Delta^2}, \qquad a_{1,4} = \frac{18620h_2^2}{h_5\Delta}, \qquad a_{1,5} = -\frac{690h_2}{h_5},$$

$$a_{1,6} = \frac{6\Delta}{h_5}, \qquad a_{2,2} = \frac{16391725h_2^4}{3h_2^2\Delta^2}, \qquad a_{2,3} = \frac{14700h_2^3}{h_5^2\Delta}, \qquad a_{2,4} = \frac{37450h_2^2}{h_5^2},$$

$$a_{2,5} = -\frac{1540h_2\Delta}{h_5^2}, \qquad a_{2,6} = \frac{15\Delta^2}{h_5^2}, \qquad a_{3,3} = -\frac{798980h_2^3}{3h_5^3}, \qquad a_{3,4} = \frac{35420h_2^2\Delta}{h_5^3},$$

$$a_{3,5} = -\frac{1460h_2\Delta^2}{h_5^3}, \qquad a_{3,6} = \frac{20\Delta^3}{h_5^3}, \qquad a_{4,4} = \frac{4335h_2^2\Delta^2}{h_5^4}, \qquad a_{4,5} = -\frac{570h_2\Delta^3}{h_5^4},$$

$$a_{4,6} = \frac{15\Delta^4}{h_5^4}, \quad a_{5,5} = -\frac{58h_2\Delta^4}{h_5^5}, \quad a_{5,6} = \frac{6\Delta^5}{h_5^5}, \quad a_{6,6} = \frac{\Delta^6}{h_5^6}, \quad b_{0,0} = -\frac{3773h_2^3}{3\Delta^3},$$

$$b_{0,1} = -\frac{133h_2^2}{\Delta^2}, \quad b_{0,2} = -\frac{21h_2}{\Delta}, \quad b_{1,1} = -\frac{49h_2^2}{h_5\Delta}, \quad b_{1,2} = \frac{38h_2}{h_5}, \quad b_{1,3} = -\frac{\Delta}{h_5},$$

$$b_{2,2} = \frac{7h_2\Delta}{5h_5^2}, \quad b_{2,3} = -\frac{9\Delta^2}{5h_5^2}, \quad b_{3,3} = \frac{\Delta^3}{5h_5^3}, \quad c_{0,0} = -\frac{12005h_2^3}{3\Delta^3}, \quad c_{0,1} = -\frac{245h_2^2}{\Delta^2},$$

$$c_{0,2} = -\frac{13h_2}{\Delta}, \quad c_{1,1} = \frac{535h_2^2}{h_5\Delta}, \quad c_{1,2} = \frac{230h_2}{h_5}, \quad c_{1,3} = -\frac{9\Delta}{h_5}, \quad c_{2,2} = -\frac{45h_2\Delta}{h_5^2},$$

$$c_{2,3} = -\frac{5\Delta^2}{h_5^2}, \quad c_{3,3} = \frac{5\Delta^3}{h_5^3},$$

$$(6.3.14)$$

其中 $\Delta = \omega + h_1 u_0 + h_3 + h_4 k^2 \neq 0$，$h_1 h_5 \neq 0$，$h_2$ 是一个任意常数。将式 (6.3.13) 和式 (6.3.14) 分别代入式 (6.3.3)，即得方程 (6.3.1) 的三阶怪波解为：

$$u = u_0 + 12h_2 h_1^{-1} \frac{\partial^2}{\partial \xi^2} \ln \widetilde{F}_3(\xi, z; \alpha, \beta)。 \qquad (6.3.15)$$

当 $\alpha = \beta = 0$ 时，从图 6.13 观察到这个怪波包含三个一阶怪波且集中于 $(0,0)$ 点周围。当 $\alpha = \beta = 500$ 时的情形见图 6.14。当取 $\alpha = \beta = 9000$ 时，从图 6.15 可观察到六个一阶怪波中的五个位于五角形的一角，另一个则位于五角形的中央。

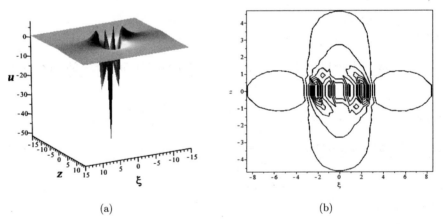

(a)   (b)

图 6.13　解 (6.3.15) 中参数取 $\alpha = \beta = 0$，$u_0 = 1$，$h_1 = 1$，$h_2 = -1$，$h_3 = 1$，$h_4 = 1$，$h_5 = 1$，$k = 1$，$\omega = 1$ 时的三阶怪波演化图 (a) 和等高线图 (b)。

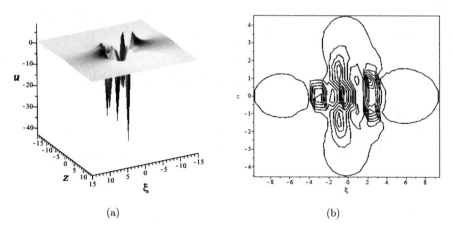

(a)   (b)

图 6.14 解 (6.3.15) 中参数取 $\alpha = \beta = 500$，$u_0 = 1$，$h_1 = 1$，$h_2 = -1$，$h_3 = 1$，$h_4 = 1$，$h_5 = 1$，$k = 1$，$\omega = 1$ 时的三阶怪波演化图 (a) 和等高线图 (b)。

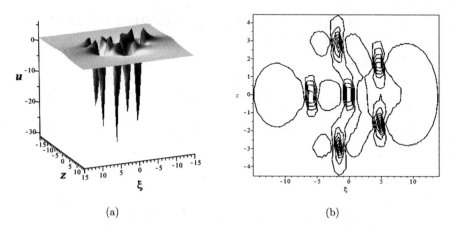

(a)   (b)

图 6.15 解 (6.3.15) 中参数取 $\alpha = \beta = 9000$，$u_0 = 1$，$h_1 = 1$，$h_2 = -1$，$h_3 = 1$，$h_4 = 1$，$h_5 = 1$，$k = 1$，$\omega = 1$ 时的三阶怪波演化图 (a) 和等高线图 (b)。

通过分析以上获得的高阶怪波解，得到它们的渐进行为：

$$\lim_{x \to \pm\infty} u = u_0, \qquad \lim_{t \to \infty} u = u_0, \qquad \lim_{y \to \pm\infty} u = u_0, \qquad \lim_{z \to \pm\infty} u = u_0。$$

实际上，通过对该非线性系统 (6.3.1) 中的参数 h_i ($i = 1, \ldots, 5$) 取适当的值，还可利用本章介绍的方法获得更多非线性波动方程的具有可控中心的高阶怪波解。

6.4　4＋1 维 Fokas 方程的 lump 解及其动力学分析

lump 解也是一种有理解，有时称其为团块波。自 lump 解首次被发现以来 [165,166]，很多学者已从多数非线性偏微分方程中获得了 lump 解 [17,24,167–170]。然而，由于非线性偏微分方程的复杂性，特别是对于一些高维的非线性系统而言，想要获得 lump 解也并非易事。目前，文献中获得 lump 解的主要方法仍是构造法。本节将对偶次幂函数符号计算方法中的偶次幂函数做新的假设，其余步骤不变，以 4＋1 维 Fokas 方程为例，介绍如何利用符号计算方法获得该方程的 lump 解，并对所获 lump 解进行动力学分析。

6.4.1　4＋1 维 Fokas 方程的 lump 解

已知 4＋1 维的 Fokas 方程：

$$u_{xt} - \frac{1}{4}u_{xxxy} + \frac{1}{4}u_{xyyy} + \frac{3}{2}(u^2)_{xy} - \frac{3}{2}u_{zw} = 0, \tag{6.4.1}$$

其中 $u = u(x, y, z, w, t)$。

下面将方程 (6.4.1) 转化为双线性方程，这里的转化过程及结果与第 4 章第 4 节相同，为了读者方便查看在此重复此过程。

首先引入行波变换

$$\xi = \alpha x + \beta y, \tag{6.4.2}$$

其中 α 和 β 是待定常数，这里假设 $\alpha\beta \neq 0$ 且 $\alpha^2 \neq \beta^2$。

将 $v(\xi, z, w, t) = u(x, y, z, w, t)$ 代入方程 (6.4.1)，即得如下非线性偏微分方程（NLPDE）：

$$v_{\xi t} - \frac{1}{4}\alpha^2\beta v_{\xi\xi\xi\xi} + \frac{1}{4}\beta^3 v_{\xi\xi\xi\xi} + \frac{3}{2}\beta v_{\xi\xi}^2 - \frac{3}{2\alpha}v_{zw} = 0。 \tag{6.4.3}$$

令

$$v = u_0 + (\beta^2 - \alpha^2)(\ln f)_{\xi\xi}, \qquad f = f(\xi, z, w, t), \tag{6.4.4}$$

其中 $u_0 \neq 0$。将方程 (6.4.4) 代入方程 (6.4.3)，并对所得方程关于 ξ 积分两次后，即得方程 (6.4.3) 的双线性形式：

$$\left(D_\xi D_t + \frac{1}{4}\beta(\beta^2 - \alpha^2)D_\xi^4 + 3\beta u_0 D_\xi^2 - \frac{3}{2\alpha}D_z D_w\right)f \cdot f = 0。 \tag{6.4.5}$$

这里我们将本章第 1 节给出的偶次幂函数法中第三步的函数替换为如下的二次函数：

$$f = g^2 + h^2 + gh + f_0, \tag{6.4.6}$$

其中

$$g = a_1\xi + b_1 z + c_1 w + d_1 t + e_1, \qquad h = a_2\xi + b_2 z + c_2 w + d_2 t + e_2,$$

a_i, b_i, c_i, d_i, e_i $(i = 1, 2)$ 和 f_0 是待定的实参数，这里给出的二次函数构造形式不同于先前文献 [17, 168, 169]。

将 f 代入到方程 (6.4.5) 中，由 Hirota 双线性算子定义，并借助符号计算系统 Maple 进行计算，我们得到了 32 组解。将这 32 组解中含有 $\alpha\beta = 0$ 和 $\alpha^2 = \beta^2$ 的那些解去掉后，最终获得一组解：

$$\begin{cases} a_1 = a_1, \quad b_1 = b_1, \quad c_1 = c_1, \quad d_1 = \dfrac{a_1 A + 3a_2 C}{2\alpha a_2 B}, \quad e_1 = e_1, \\[2mm] a_2 = a_2, \quad b_2 = b_2, \quad c_2 = c_2, \quad d_2 = d_2, \quad e_2 = e_2, \\[2mm] f_0 = \dfrac{A(6a_2\alpha^2 u_0 B + A)(6a_2\alpha^2 u_0 B - A)}{324 D}, \quad \alpha = \alpha, \quad \beta = -\dfrac{A}{6a_2\alpha u_0 B}, \end{cases} \tag{6.4.7}$$

其中

$$\begin{aligned} A &= 2\alpha d_2(a_1^2 + a_2^2 + a_1 a_2) + 3a_2(b_1 c_1 - b_2 c_2) - 3a_1(b_1 c_2 + b_2 c_1 + b_2 c_2), \\ B &= a_1^2 + a_2^2 + a_1 a_2, \\ C &= a_1(b_1 c_1 - b_2 c_2) + a_2(b_1 c_2 + b_2 c_1 + b_1 c_1), \\ D &= (a_1 b_2 - a_2 b_1)(a_1 c_2 - a_2 c_1) a_2^3 \alpha^2 u_0^3. \end{aligned} \tag{6.4.8}$$

为了确保 f 解析，式 (6.4.7) 应该满足：

$$a_1 a_2 \neq 0, \quad a_1 b_2 - a_2 b_1 \neq 0, \quad a_1 c_2 - a_2 c_1 \neq 0, \tag{6.4.9}$$

同时 $\alpha \neq 0$ 且 $u_0 \neq 0$，与前面假设保持一致。

那么具有变换 $v = u_0 + (\beta^2 - \alpha^2)(\ln f)_{\xi\xi}$ 的方程 (6.4.3) 的解为：

$$\begin{aligned} v = u_0 &+ \frac{\alpha^2 - \beta^2}{(g^2 + h^2 + gh + f_0)^2}\Big[(2g^2 - h^2 + 2gh - 2f_0)(\frac{\partial g}{\partial \xi})^2 + \\ &(2g^2 + 2h^2 + 8gh - 2f_0)\frac{\partial g}{\partial \xi}\frac{\partial h}{\partial \xi} + (2h^2 - g^2 + 2gh - 2f_0)(\frac{\partial h}{\partial \xi})^2 - \\ &(2g^3 + h^3 + 3gh^2 + 3g^2h + 2gf_0 + hf_0)\frac{\partial^2 g}{\partial \xi^2} - \\ &(2h^3 + g^3 + 3gh^2 + 3g^2h + 2hf_0 + gf_0)\frac{\partial^2 h}{\partial \xi^2}\Big], \end{aligned} \tag{6.4.10}$$

其中

$$g = a_1\xi + b_1 z + c_1 w + \frac{a_1 A + 3a_2 C}{2\alpha a_2 B}t + e_1,$$

$$h = a_2\xi + b_2 z + c_2 w + d_2 t + e_2, \qquad (6.4.11)$$

$$f_0 = \frac{A(6a_2\alpha^2 u_0 B + A)(6a_2\alpha^2 u_0 B - A)}{324D},$$

且 A，B，C，D 满足式 (6.4.8)。

为了呈现 lump 解 (6.4.10) 的时空演化图，我们选定一组参数值：

$$\alpha = 1, \quad u_0 = 1, \quad a_1 = 1, \quad a_2 = \frac{1}{9}, \quad b_1 = \frac{1}{4}, \quad b_2 = 1, \qquad (6.4.12)$$

$$c_1 = 1, \quad c_2 = \frac{1}{8}, \quad d_2 = 1, \quad e_1 = 0, \quad e_2 = 0。$$

易见解 (6.4.10) 有四个独立变量，为了方便演示它的时空结构图，可以设其中的两个变量为 0，于是获得六种情况，即

$$\xi = 0, \ w = 0; \qquad w = 0, \ t = 0; \qquad z = 0, \ t = 0;$$

$$\xi = 0, \ z = 0; \qquad w = 0, \ z = 0; \qquad \xi = 0, \ t = 0。$$

下面分别就以上六种情况进行讨论与分析。

情况 1: $\xi = 0$，$w = 0$。

将 $\xi = w = 0$ 及参数值 (6.4.12) 代入解 (6.4.10) 中，即可获得解 (6.4.10) 的时空结构图及等高线图。

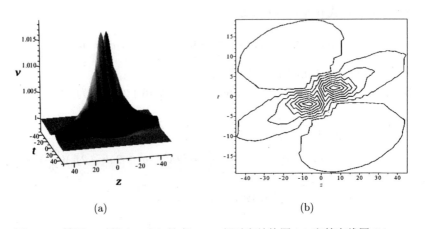

(a)   (b)

图 6.16 情况 1 时解 (6.4.10) 的亮 lump 解时空结构图 (a) 和等高线图 (b)。

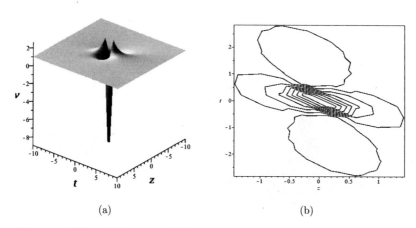

(a)   (b)

图 6.17 情况 1 时解 (6.4.10) 的暗 lump 解时空结构图 (a)和等高线图 (b)。

从图 6.16 (a) 观察到该 lump 波包含了两个高振幅波峰且其两侧各有一个小振幅波谷，这种波对应的解被称为亮 lump 解[171]。图 6.16 (b) 是对应于图 6.16 (a) 的等高线图。若取参数值 (6.4.12) 中 $a_2 = -1$，其余值不变，我们就得到了图 6.17 (a)。结果表明，该解为暗 lump 解，这是由于它由一个振幅较大的波谷和两个振幅较小的波峰组成。图 6.17 (b) 为对应于图 6.17 (a) 的等高线图。读者还可以通过选取其他参数值，观察解 (6.4.10) 的时空演化图，实际上时空结构也随之发生变化。

情况 2: $w = 0$，$t = 0$。

将 $w = t = 0$ 及参数值 (6.4.12) 代入解 (6.4.10) 中，即可获得解 (6.4.10) 的时空结构图及等高线图。

观察图 6.18 (a) 易知该解为亮 lump 解。如果取参数值 (6.4.12) 中的 $\alpha = -1$，$a_2 = 1$，其余值不变，即可得到图 6.19 (a)。此时该解的时空结构图与图 6.18 (a) 相反，即变为了暗 lump 解。

情况 3: $z = 0$，$t = 0, 1, 2$。

将 $z = 0$ 和 $t = 0, 1, 2$ 分别代入解 (6.4.10) 中，并取参数值 (6.4.12) 中的 $u_0 = \frac{1}{9}$，$a_2 = 1$，即可获得解 (6.4.10) 的时空结构图及等高线图。图 6.20 (a)，图 6.20 (c) 和图 6.20 (e) 分别对应 $t = 0, 1, 2$ 时的时空演化图。图 6.20 (b)，图 6.20 (d) 和图 6.20 (f) 分别对应于图 6.20 (a)，图 6.20 (c) 和图 6.20 (e) 的等高线图。图 6.20 描述了不同时刻所对应的亮 lump 解，易见随时间变化其结构保持不变。如果取参数值 (6.4.12) 中的 $\alpha = -1$，$u_0 = 1$，其余值不变，可得图 6.21。由图 6.21 我们明显观察到 lump 解包含一个深的波谷和两个小的波峰，且该深的波谷是位于平面波下方的，而且随着时间 t 的变化，暗 lump 解只是位置变化而结构保持不变。

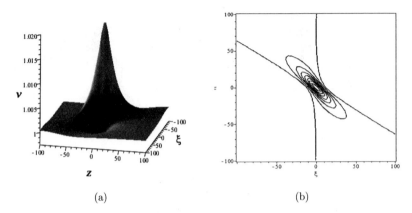

(a)   (b)

图 6.18　情况 **2** 时解 (6.4.10) 的亮 lump 解时空结构图 (a)和等高线图 (b)。

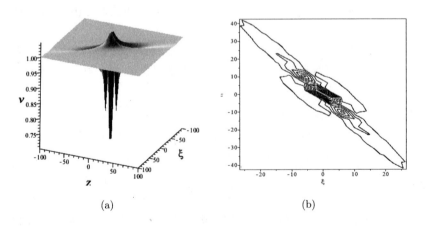

(a)   (b)

图 6.19　情况 **2** 时解 (6.4.10) 的暗 lump 解时空结构图 (a)和等高线图 (b)。

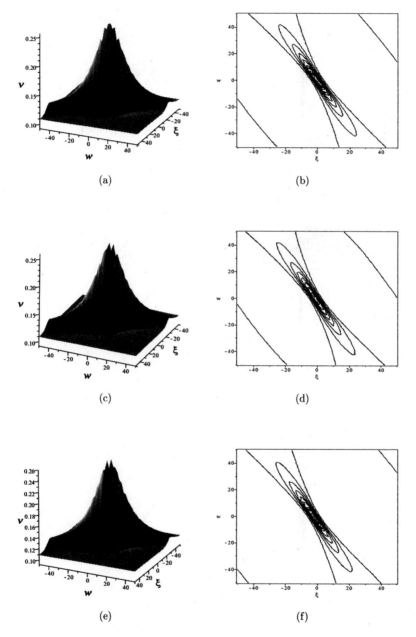

(a)

(b)

(c)

(d)

(e)

(f)

图 6.20 **情况 3** 时解 (6.4.10) 的亮 lump 解时空结构图 (a), (c) 和 (e)；(b), (d) 和 (f) 是与 (a), (c) 和 (e) 对应的等高线图。

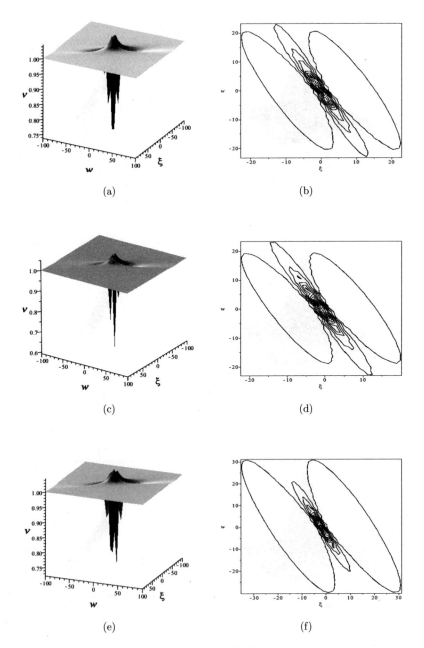

图 6.21　**情况 3** 时解 (6.4.10) 的暗 lump 解时空结构图 (a)，(c) 和 (e)；(b)，(d) 和 (f) 是与 (a)，(c) 和 (e) 对应的等高线图。

情况 4: $\xi = 0$，$z = 0$。

将 $\xi = z = 0$ 及参数值 (6.4.12) 代入解 (6.4.10) 中，即可获得解 (6.4.10) 的时空结构图及等高线图.

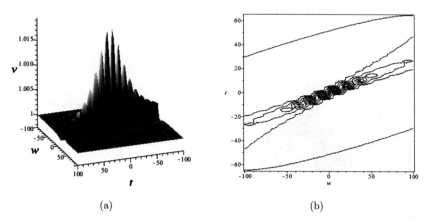

(a)   (b)

图 6.22 情况 4 时解 (6.4.10) 的亮 lump 解时空结构图 (a)和等高线图 (b)。

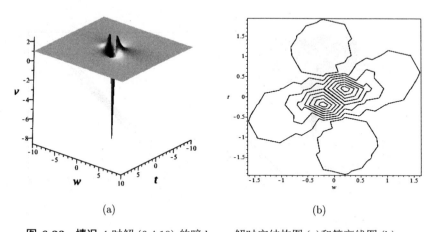

(a)   (b)

图 6.23 情况 4 时解 (6.4.10) 的暗 lump 解时空结构图 (a)和等高线图 (b)。

由图 6.22 (a) 易见这个解包含两个小振幅的波谷且被一些波峰分开。若取参数值 (6.4.12) 中的 $a_2 = -1$，其余值不变，可得图 6.23。

情况 5: $w = 0$，$z = 0$。

将 $w = z = 0$ 及参数值 (6.4.12) 代入解 (6.4.10) 中，得到图 6.24，我们观察到这个波包含两个小振幅的波谷且被一些波峰分开，也称对应解为亮 lump 解；如果取上面参数值 (6.4.12) 中的 $a_2 = -1$，其余值不变，我们得到图 6.25。图 6.25 中的两个小的波峰之间如同沟壑被位于平面波下方的一些波谷所分离，称该图对应解为暗 lump 解。

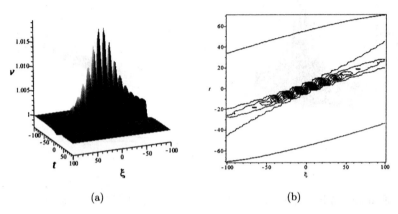

(a)   (b)

图 6.24 情况 **5** 时解 (6.4.10) 的亮 lump 解时空结构图 (a)和等高线图 (b)。

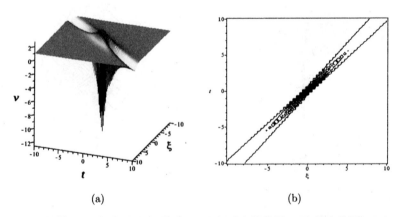

(a)   (b)

图 6.25 情况 **5** 时解 (6.4.10) 的暗 lump 解时空结构图 (a)和等高线图 (b)。

情况 6: $\xi = 0$，$t = 0, 2, 5$。

为了比较不同时刻的演化，我们取 $t = 0, 2, 5$，将 $\xi = 0$ 和 $t = 0, 2, 5$ 及参数值 (6.4.12) 分别代入解 (6.4.10)，即得解 (6.4.10) 的时空结构图及等高线图。

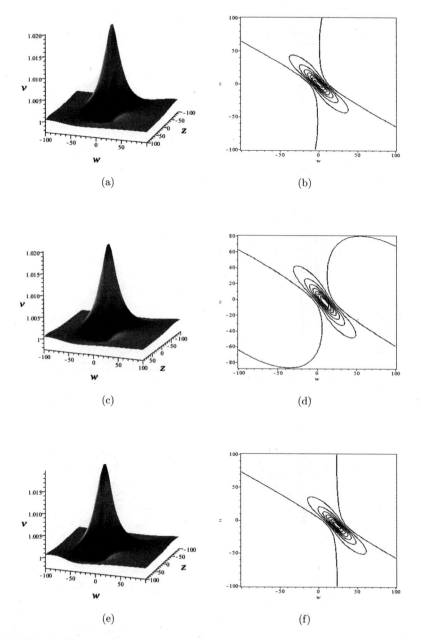

图 **6.26** 情况 **6** 时解 (6.4.10) 的亮 lump 解时空结构图 (a)，(c) 和 (e)；(b)，(d) 和 (f) 是与 (a)，(c) 和 (e) 对应的等高线图。

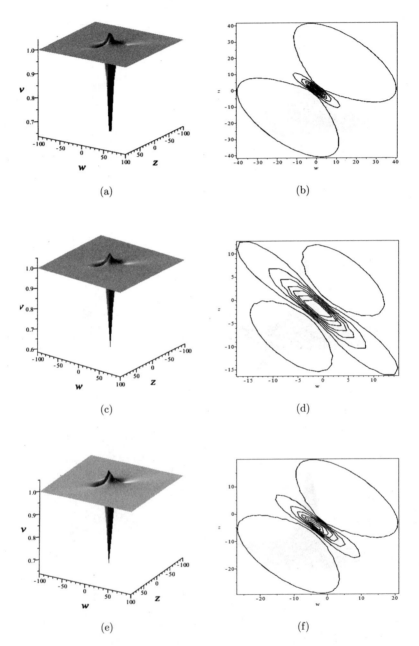

图 6.27 情况 6 时解 (6.4.10) 的暗 lump 解时空结构图 (a)，(c) 和 (e)；(b)，(d) 和 (f) 是与 (a)，(c) 和 (e) 对应的等高线图。

图 6.26 (a)，图 6.26 (c) 和图 6.26 (e)为分别对应 $t = 0, 2, 5$ 时的时空演化图。图 6.26 (b)，图 6.26 (d) 和图 6.26 (f) 是对应于图 6.26 (a)，图 6.26 (c) 和图 6.26 (e) 的等高线图。观察这些图我们发现随着时间的变化，亮 lump 波只是位置发生了变化而结构保持不变。若取参数值 (6.4.12) 中的 $\alpha = -1$，$a_2 = 1$，其余值不变，我们得到图 6.27，它们为暗 lump 波，同样随着时间 t 的变化，暗 lump 波也只是位置变化而其结构保持不变。

6.4.2　4+1 维 Fokas 方程 lump 解动力学分析

本节将利用多元函数的极值定理，讨论上节获得的 lump 解的动力学性质。下面就上节中的六种情况分别进行分析 [134]。

情况 1: $\xi = 0$，$w = 0$。

将 $\xi = w = 0$ 代入到解 (6.4.10) 中，得到 $U(z, t) = v(0, z, 0, t)$。利用符号计算系统 Maple 经过冗长和繁杂的计算，求得函数 $U(z, t) = v(0, z, 0, t)$ 的极值点为：

$$P_1 = (z, t) = \left(-\frac{3\,Ca_2\,e_2 + Aa_1\,e_2 - 2\,Ba_2\,d_2\,e_1\,\alpha}{-2\,Ba_2\,b_1\,d_2\,\alpha + Aa_1\,b_2 + 3\,a_2\,Cb_2}, \frac{2\,Ba_2\,\alpha\,(-b_2\,e_1 + b_1\,e_2)}{-2\,Ba_2\,b_1\,d_2\,\alpha + Aa_1\,b_2 + 3\,a_2\,Cb_2} \right)。$$

进而求得在该点 P_1 处的二阶导数及极值判别式如下：

$$\begin{cases} S_1 = \dfrac{\partial^2}{\partial z^2} U(z,t)|_{P_1} = \dfrac{629856\,D^2 s_1}{A^2\,(A^2 - 36\,\alpha^4 a_2^2 B^2 u_0^2)^2}, \\[2mm] \Delta_1 = \begin{vmatrix} \frac{\partial^2}{\partial z \partial t} U(z,t) & \frac{\partial^2}{\partial z^2} U(z,t) \\[2mm] \frac{\partial^2}{\partial t^2} U(z,t) & \frac{\partial^2}{\partial z \partial t} U(z,t) \end{vmatrix}_{P_1} \\[4mm] = -99179645184 \dfrac{D^4\,(\alpha^2 - \beta^2)^2\,(-2\,Ba_2 b_1 d_2 \alpha + Aa_1 b_2 + 3 a_2 C b_2)^2}{\alpha^2 a_2^2 A^4\,(A^2 - 36\,\alpha^4 a_2^2 B^2 u_0^2)^4}, \end{cases}$$

其中

$$s_1 = (\alpha^2 - \beta^2)[2(a_1 b_1 + a_2 b_2)^2 + 2a_1 a_2(b_1^2 + b_2^2) + 2b_1 b_2(a_1^2 + a_2^2) + (a_2^2 b_1^2 + a_1^2 b_2^2)]。$$

显然 $\Delta_1 \leqslant 0$，且 S_1 的符号由 s_1 的符号唯一确定。由假设知 $\alpha^2 \neq \beta^2$，从式 (6.4.7) 中知 $D \neq 0$，又由点 P_1 的坐标可知 $-2\,Ba_2 b_1 d_2 \alpha + Aa_1 b_2 + 3 a_2 C b_2 \neq 0$，因此 $\Delta_1 < 0$，此时 P_1 为极值点。如果 $s_1 < 0$，则点 P_1 是函数 $U(z, t)$ 的局部极大值点。在这种情况下，$U(z, t)$ 具有两个小振幅的波谷和两个高的波峰 [见图 6.16 (a)]。如果 $s_1 > 0$，则点 P_1 是函数 $U(z, t)$ 的局部极小值点。在这种情况下，$U(z, t)$ 具有两个小振幅的波峰和一个大振幅的波谷 [见图 6.17 (a)]。

通过计算可得此情况下的极值为：

$$U(z,t)|_{P_1} = \frac{648DB\,(\alpha^2 - \beta^2) + Au_0\,(A^2 - 36\,\alpha^4 a_2^2 B^2 u_0^2)}{A\,(A^2 - 36\,\alpha^4 a_2^2 B^2 u_0^2)}。 \tag{6.4.13}$$

情况 2: $w = 0$，$t = 0$。

将 $w = t = 0$ 代入解 (6.4.10) 中，得 $U(\xi, z) = v(\xi, z, 0, 0)$。同样的步骤，得 $U(\xi, z) = v(\xi, z, 0, 0)$ 的极值点为：

$$P_2 = (\xi, z) = \left(\frac{b_1 e_2 - b_2 e_1}{a_1 b_2 - a_2 b_1}, \frac{a_2 e_1 - a_1 e_2}{a_1 b_2 - a_2 b_1} \right).$$

由此求得该点 P_2 处的二阶导数及极值判别式为：

$$\begin{cases} S_2 = \dfrac{\partial^2}{\partial \xi^2} U(\xi, z)|_{P_2} = \dfrac{1259712\, D^2 B^2 \left(\alpha^2 - \beta^2\right)}{A^2 \left(A^2 - 36\, \alpha^4 a_2^2 B^2 u_0^2\right)^2}, \\[3mm] \Delta_2 = \begin{vmatrix} \frac{\partial^2}{\partial \xi \partial z} U\left(\xi, z\right) & \frac{\partial^2}{\partial \xi^2} U\left(\xi, z\right) \\[2mm] \frac{\partial^2}{\partial z^2} U\left(\xi, z\right) & \frac{\partial^2}{\partial \xi \partial z} U\left(\xi, z\right) \end{vmatrix}_{P_2} \\[4mm] \quad = -396718580736\, \dfrac{D^4 B^2 \left(\alpha^2 - \beta^2\right)^2 \left(a_2 b_1 - a_1 b_2\right)^2}{A^4 \left(A^2 - 36\, \alpha^4 a_2^2 B^2 u_0^2\right)^4}. \end{cases}$$

显然 $\Delta_2 \leqslant 0$，且 S_2 的符号由 $\alpha^2 - \beta^2$ 的符号唯一确定。由假设知 $\alpha^2 \neq \beta^2$，从式 (6.4.7) 和式 (6.4.9) 中知 $D \neq 0$，$B \neq 0$，$a_2 b_1 - a_1 b_2 \neq 0$，因此 $\Delta_2 < 0$，此时点 P_2 是极值点。若 $\alpha^2 - \beta^2 < 0$，则点 P_2 是函数 $U(\xi, z)$ 的局部极大值点。在该情况下，$U(\xi, z)$ 具有两个小振幅的波谷和一个波峰 [见图 6.18 (a)]。若 $\alpha^2 - \beta^2 > 0$，则点 P_2 是函数 $U(\xi, z)$ 的局部极小值点。在此情况下，$U(\xi, z)$ 具有两个小的波峰和一些波谷且具有一个高振幅的波谷 [见图 6.19 (a)]。经计算，我们得到的极值 $U(\xi, z)|_{P_2}$ 具有与式 (6.4.13) 相同的形式。

情况 3: $z = 0$，$t = 0$。

将 $z = t = 0$ 代入解 (6.4.10) 中，得 $U(\xi, w) = v(\xi, 0, w, 0)$。类似的步骤，求得函数 $U(\xi, w) = v(\xi, 0, w, 0)$ 的极值点为：

$$P_3 = (\xi, w) = \left(\frac{-c_2 e_1 + c_1 e_2}{a_1 c_2 - a_2 c_1}, \frac{a_2 e_1 - a_1 e_2}{a_1 c_2 - a_2 c_1} \right).$$

由此求得该点 P_3 处的二阶导数及极值判别式为：

$$\begin{cases} S_3 = \dfrac{\partial^2}{\partial \xi^2} U(\xi, w)|_{P_3} = \dfrac{1259712\, D^2 B^2 \left(\alpha^2 - \beta^2\right)}{A^2 \left(A^2 - 36\, \alpha^4 a_2^2 B^2 u_0^2\right)^2}, \\[3mm] \Delta_3 = \begin{vmatrix} \frac{\partial^2}{\partial \xi \partial w} U\left(\xi, w\right) & \frac{\partial^2}{\partial \xi^2} U\left(\xi, w\right) \\[2mm] \frac{\partial^2}{\partial w^2} U\left(\xi, w\right) & \frac{\partial^2}{\partial \xi \partial w} U\left(\xi, w\right) \end{vmatrix}_{P_3} \\[4mm] \quad = -396718580736\, \dfrac{D^4 B^2 \left(\alpha^2 - \beta^2\right)^2 \left(a_1 c_2 - a_2 c_1\right)^2}{A^4 \left(A^2 - 36\, \alpha^4 a_2^2 B^2 u_0^2\right)^4}. \end{cases}$$

显然 $\Delta_3 \leqslant 0$，且 S_3 的符号由 $\alpha^2 - \beta^2$ 的符号唯一确定。由假设知 $\alpha^2 \neq \beta^2$，从式 (6.4.7) 和式 (6.4.9) 中知 $D \neq 0$，$B \neq 0$，$a_1 c_2 - a_2 c_1 \neq 0$，因此 $\Delta_3 < 0$，此时 P_3 为极

值点。若 $\alpha^2 - \beta^2 < 0$，则点 P_3 是函数 $U(\xi, w)$ 的局部极大值点。在此情况下，$U(\xi, w)$ 具有两个小振幅的波谷和一个高的波峰 [见图 6.20 (a)]。若 $\alpha^2 - \beta^2 > 0$，则点 P_3 是函数 $U(\xi, w)$ 的局部极小值点。在此情况下，$U(\xi, w)$ 具有两个小振幅的波峰和一些大振幅的波谷且其中含有一个最大振幅的波谷 [见图 6.21 (a)]。经过计算，我们得到的极值 $U(\xi, w)|_{P_3}$ 也具有与式 (6.4.13) 相同的形式。

情况 4: $\xi = 0$，$z = 0$。

将 $\xi = z = 0$ 代入解 (6.4.10) 中，得 $U(w, t) = v(0, 0, w, t)$。经计算得到函数 $U(w, t) = v(0, 0, w, t)$ 的极值点为：

$$P_4 = (w, t) = \left(-\frac{3\,Ca_2e_2 + Aa_1e_2 - 2\,Ba_2d_2e_1\alpha}{Aa_1c_2 + 3\,a_2Cc_2 - 2\,Ba_2c_1d_2\alpha}, \frac{2\,Ba_2\alpha\,(-e_1c_2 + c_1e_2)}{Aa_1c_2 + 3\,a_2Cc_2 - 2\,Ba_2c_1d_2\alpha} \right)。$$

由此求得该点 P_4 处的二阶导数及极值判别式为：

$$
\begin{cases}
S_4 = \dfrac{\partial^2}{\partial w^2}U(w, t)|_{P_4} = \dfrac{629856\,D^2 s_2}{A^2\,(A^2 - 36\,\alpha^4 a_2^2 B^2 u_0^2)^2}, \\[2mm]
\Delta_4 = \begin{vmatrix} \frac{\partial^2}{\partial w \partial t}U(w, t) & \frac{\partial^2}{\partial w^2}U(w, t) \\ \frac{\partial^2}{\partial t^2}U(w, t) & \frac{\partial^2}{\partial w \partial t}U(w, t) \end{vmatrix}_{P_4} \\[4mm]
\quad = -99179645184\,\dfrac{D^4\,(\alpha^2 - \beta^2)^2\,(-2\,Ba_2c_1d_2\alpha + Aa_1c_2 + 3a_2Cc_2)^2}{\alpha^2 a_2^2 A^4\,(A^2 - 36\,\alpha^4 a_2^2 B^2 u_0^2)^4},
\end{cases}
$$

其中

$$s_2 = (\alpha^2 - \beta^2)[2(a_1c_1 + a_2c_2)^2 + 2a_1a_2(c_1^2 + c_2^2) + 2c_1c_2(a_1^2 + a_2^2) + (a_2^2c_1^2 + a_1^2c_2^2)]。$$

显然 $\Delta_4 \leqslant 0$，且 S_4 的符号由 s_2 的符号唯一确定。由假设知 $\alpha^2 \neq \beta^2$，从式 (6.4.7) 中知 $D \neq 0$，又由点 P_4 的坐标可知 $-2\,Ba_2c_1d_2\alpha + Aa_1c_2 + 3\,a_2Cc_2 \neq 0$，因此 $\Delta_4 < 0$，此时 P_4 为极值点。若 $s_2 < 0$，则点 P_4 是函数 $U(w, t)$ 的局部极大值点。在该情况下，$U(w, t)$ 具有两个小振幅的波谷和一些高的波峰且其中含有一个最高的波峰 [见图 6.22 (a)]。若 $s_2 > 0$，则点 P_4 是函数 $U(w, t)$ 的局部极小值点。在该情况下，$U(w, t)$ 具有两个小振幅的波峰和一个大振幅的波谷 [见图 6.23 (a)]。经计算得到的极值 $U(w, t)|_{P_4}$ 具有与式 (6.4.13) 相同的形式。

情况 5: $w = 0$，$z = 0$。

将 $w = z = 0$ 代入到解 (6.4.10)，得 $U(\xi, t) = v(\xi, 0, 0, t)$。类似前面的步骤，可求得函数 $U(\xi, t) = v(\xi, 0, 0, t)$ 的极值点为：

$$P_5 = (\xi, t) = \left(-\frac{3\,Ca_2e_2 + Aa_1e_2 - 2\,Ba_2d_2e_1\alpha}{a_2\,(Aa_1 + 3\,Ca_2 - 2\,Ba_1d_2\alpha)}, \frac{2\,(a_1e_2 - a_2e_1)\,B\alpha}{Aa_1 + 3\,Ca_2 - 2\,Ba_1d_2\alpha} \right)。$$

由此求得该点 P_5 处的二阶导数及极值判别式为：

$$\begin{cases} S_5 = \dfrac{\partial^2}{\partial \xi^2} U(\xi,t)|_{P_5} = \dfrac{1259712\, D^2 B^2\, (\alpha^2 - \beta^2)}{A^2\, (A^2 - 36\, \alpha^4 a_2^2 B^2 u_0^2)^2}, \\[3mm] \Delta_5 = \left| \begin{array}{cc} \frac{\partial^2}{\partial \xi \partial t} U(\xi,t) & \frac{\partial^2}{\partial \xi^2} U(\xi,t) \\[2mm] \frac{\partial^2}{\partial \xi^2} U(\xi,t) & \frac{\partial^2}{\partial \xi \partial t} U(\xi,t) \end{array} \right|_{P_5} \\[5mm] = -99179645184\, \dfrac{D^4 (\alpha^2 - \beta^2)^2\, (-2\, Ba_1 d_2 \alpha + Aa_1 + 3a_2 C)^2}{\alpha^2 A^4\, (A^2 - 36\, \alpha^4 a_2^2 B^2 u_0^2)^4}。 \end{cases}$$

显然 $\Delta_5 \leqslant 0$，且 S_5 的符号由 $\alpha^2 - \beta^2$ 的符号唯一确定。由假设知 $\alpha^2 \neq \beta^2$，从式 (6.4.7) 中知 $D \neq 0$，$B \neq 0$，又由点 P_5 的坐标可知 $-2\, Ba_1 d_2 \alpha + Aa_1 + 3a_2 C \neq 0$，因此 $\Delta_5 < 0$，此时 P_5 为极值点。如果 $\alpha^2 - \beta^2 < 0$，则点 P_5 是函数 $U(\xi,t)$ 的局部极大值点。在该情况下，$U(\xi,t)$ 具有两个小振幅的波谷和一些高的波峰且其中含有一个最高的波峰 [见图 6.24 (a)]。如果 $\alpha^2 - \beta^2 > 0$，则点 P_5 是函数 $U(\xi,t)$ 的局部极小值点。在此情况下，$U(\xi,t)$ 具有两个小振幅的波峰和一些大振幅的波谷其中含有一个最高振幅的波谷 [见图 6.25 (a)]。经过计算，我们得出极值 $U(\xi,t)|_{P_5}$ 具有与式 (6.4.13) 相同的形式。

情况 6: $\xi = 0$，$t = 0$。

将 $\xi = t = 0$ 代入解 (6.4.10)，可得 $U(z,w) = v(0,z,w,0)$。经过计算得到函数 $U(z,w) = v(0,z,w,0)$ 的极值点为：

$$P_6 = (z,w) = \left(\frac{c_1 e_2 - c_2 e_1}{c_2 b_1 - b_2 c_1}, \frac{b_2 e_1 - b_1 e_2}{c_2 b_1 - b_2 c_1} \right)。$$

由此求得点 P_6 处的二阶导数及极值判别式为：

$$\begin{cases} S_6 = \dfrac{\partial^2}{\partial z^2} U(z,w)|_{P_6} = \dfrac{629856\, D^2 s_1}{A^2\, (A^2 - 36\, \alpha^4 a_2^2 B^2 u_0^2)^2}, \\[3mm] \Delta_6 = \left| \begin{array}{cc} \frac{\partial^2}{\partial z \partial w} U(z,w) & \frac{\partial^2}{\partial z^2} U(z,w) \\[2mm] \frac{\partial^2}{\partial w^2} U(z,w) & \frac{\partial^2}{\partial z \partial w} U(z,w) \end{array} \right|_{P_6} \\[5mm] = -396718580736\, \dfrac{D^4 B^2 (\alpha^2 - \beta^2)^2\, (c_2 b_1 - b_2 c_1)^2}{A^4\, (A^2 - 36\, \alpha^4 a_2^2 B^2 u_0^2)^4}, \end{cases}$$

其中 s_1 与本节情况 1 中的相同。

显然 $\Delta_6 \leqslant 0$，且 S_3 的符号由 s_1 的符号唯一确定。由假设知 $\alpha^2 \neq \beta^2$，从式 (6.4.7) 和式 (6.4.9) 中知 $D \neq 0$，$B \neq 0$，又由点 P_6 的坐标可知 $c_2 b_1 - b_2 c_1 \neq 0$，因此 $\Delta_6 < 0$，此时 P_6 为极值点。如果 $s_1 < 0$，则点 P_6 是函数 $U(z,w)$ 的局部极大值点。在该情况下，$U(z,w)$ 具有两个小振幅的波谷和一个大振幅的波峰 [见图 6.26 (a)]。如果 $s_1 > 0$，则点 P_6 是函数 $U(z,w)$ 的局部极小值点。在该情况下，$U(z,w)$ 具有两个小振幅的波

峰和一个大振幅的波谷 [见图 6.27 (a)]。经过计算,同样得出极值 $U(z,w)|_{P_6}$ 具有与式 (6.4.13) 相同的形式。

6.5　小结

　　本章主要利用我们提出的偶数次幂符号计算方法研究了三个高维的非线性系统,通过利用该方法分别获得 $3+1$ 维非线性波方程以及广义 $3+1$ 维非线性波方程的带有控制中心的高阶怪波解;通过选择适当的参数值,利用 Maple 绘制出了这些怪波的时空结构演化图。对照两个方程的演化图,它们形态各异,但异中有同,其中的参数 α 和 β 能控制这些怪波的中心。随着 n 的增大,当 α 和 β 取值越来越大时,图中所包含的一阶怪波的数量也随之越来越多,通过这些怪波解的形式及其演化图,分析了这些高阶怪波的渐进行为。进而,我们对偶次幂函数符号计算方法中的偶次幂函数进行了修正,并利用修正后的函数构造获得 $4+1$ 维 Fokas 方程的 lump 解,由于数学上该解仍为有理解,所以该解也可称为怪波解,同时还利用多元函数极值理论讨论了 lump解的动力学行为。总之,本章所给出的符号计算方法为求解高维非线性系统的怪波及高阶怪波解提供了一个有效的方法和思路,通过使用本章介绍的方法还可研究更多的高维非线性系统并获得更多有趣的怪波。

第 7 章 Pfaffians 及其应用

虽然行列式的性质是众所周知的,但大多数人对 Pfaffians [172]知之甚少。实际上,Pfaffians 与行列式联系紧密,它是行列式的一种推广,利用 Pfaffians 技巧可有效地获得非线性系统的多孤子解。已有很多文献利用 Pfaffians 技巧给出了非线性系统的多孤子解 [173-175],并且我们发现 Pfaffians 比行列式更具一般性,如 BKP 类的孤立子方程的精确解不能用行列式表示,却可以由行列式的推广形式 Pfaffians 表示。Pfaffians 还具有更多的性质,行列式恒等式如 Plücker 关系,另外雅可比恒等式也可被推广为 Pfaffians 恒等式。本章首先介绍 Pfaffians 的定义及性质,然后利用具体的例子介绍如何利用 Pfaffians 技巧获得非线性系统的多孤子解。

7.1 Pfaffians 的定义及性质

一般地,通过反对称行列式来定义 Pfaffians。设 A 是一个 N 阶反对称行列式,即 $A = \det(a_{i,j})$, $a_{i,j} = -a_{j,i}$, $1 \leq i, j \leq N$。显然,当 N 为奇数时,$A = 0$;当 N 为偶数时,A 等于一个完全平方数。例如:

当 $N = 1$ 时,$A = (a_{1,2})^2 = pf(1,2)^2$,则 1-阶 Pfaffian 式为 $pf(1,2) = a_{1,2}$;

当 $N = 2$ 时,$A = (a_{1,2}a_{3,4} - a_{1,3}a_{2,4} + a_{1,4}a_{2,3})^2 = pf(1,2,3,4)^2$,则 2-阶 Pfaffian 式为 $pf(1,2,3,4) = a_{1,2}a_{3,4} - a_{1,3}a_{2,4} + a_{1,4}a_{2,3}$。

下面给出 N 阶 Pfaffian 的定义 [3]:

$$
\begin{aligned}
pf(1,2,\cdots,2N) &= pf(1,2)pf(3,4,\cdots,2N) - pf(1,3)pf(2,4,5,\cdots,2N) + \\
&\quad pf(1,4)pf(2,3,5,\cdots,2N) - \cdots + pf(1,2N)pf(2,3,\cdots,2N-1) \\
&= \sum_{j=2}^{2N}(-1)^j pf(1,j)pf(2,3,\cdots,\widehat{j},\cdots,2N),
\end{aligned} \tag{7.1.1}
$$

其中 $\widehat{j}$ 表示将字符 j 去掉。将上面定义中的展示完全展开,可获得 1-阶 Pfaffian 乘积的形式 [172]:

$$
pf(1,2,\cdots,2N) = \sum_{p}(-1)^p pf(i_1,i_2)pf(i_3,i_4)pf(i_5,i_6)\cdots pf(i_{2N-1},i_{2N})。
$$

这些 1-阶 Pfaffian 即 $pf(i,j)$ 称为 Pfaffian 元素,$\sum$ 表示从 $\{1,2,\cdots,2N\}$ 中选择任意两个数的所有可能组合的和,当 $i_1, i_2, \cdots, i_{2N}$ 为偶排列时,$(-1)^p$ 取值 $+1$,奇排列

时，$(-1)^p$ 取值 -1，且满足下面条件：

$$i_1 < i_2, \ i_3 < i_4, \ i_5 < i_6, \ \cdots, \ i_{2N-1} < i_{2N},$$

$$i_1 < i_3 < i_5 < \cdots < i_{2N-1}。$$

下面给出常用的 Pfaffian 恒等式：

$$pf(a_1, a_2, a_3, a_4, 1, 2, \cdots, 2N)ph(1, 2, \cdots, 2N)$$
$$= \sum_{j=2}^{4} (-1)^j ph(a_1, a_j, 1, 2, \cdots, 2N)ph(a_2, \cdots, \widehat{a_j}, \cdots, a_4, 1, \cdots, 2N), \quad (7.1.2)$$

$$pf(a_1, a_2, a_3, 1, 2, \cdots, 2N-1)ph(1, 2, \cdots, 2N)$$
$$= ph(a_1, 1, 2, \cdots, 2N-1)ph(a_2, a_3, 1, 2, \cdots, 2N) -$$
$$ph(a_2, 1, 2, \cdots, 2N-1)ph(a_1, a_3, 1, 2, \cdots, 2N) +$$
$$ph(a_3, 1, 2, \cdots, 2N-1)ph(a_1, a_2, 1, 2, \cdots, 2N)。 \quad (7.1.3)$$

其实行列式中的 Plücker、拉普拉斯展开公式以及雅克比恒等式都是上述 Pfaffian 恒等式 (7.1.2) 与式 (7.1.3) 的特殊情况。

7.2　KP 方程的 Pfaffian 解

本节将以 KP 方程为例介绍 Pfaffian 技巧的应用。下面直接给出 KP 方程的双线性形式：

$$(D_1^4 - D_1 D_3 + 3D_2^2)F \cdot F = 0, \quad (7.2.1)$$

其中 F 是关于 x, y, t 的函数，并且令 $x = x_1$，$y = x_2$，$t = x_3$，所以双线性导数 $D_x = D_1$，$D_y = D_2$，$D_t = D_3$。做这样的写法完全是为了后面表示方便。文献 [3] 中已给出方程 (7.2.1) 的多孤子解及 Wronskian 行列式解。一般具有行列式解的孤子方程都可将解用 Pfaffian 形式表示。

方程 (7.2.1) 的 Wronskian 行列式形式的 N-孤子解为 [3]：

$$F = \begin{vmatrix} f_1^{(0)} & f_1^{(1)} & \cdots & f_1^{(N-1)} \\ f_2^{(0)} & f_2^{(1)} & \cdots & f_2^{(N-1)} \\ \vdots & \vdots & \ddots & \vdots \\ f_N^{(0)} & f_N^{(1)} & \cdots & f_N^{(N-1)} \end{vmatrix}, \quad (7.2.2)$$

其中 $f_i^{(m)} = f_i^{(m)}(x, y, t)$ 定义为：

$$f_i^{(m)} = \frac{\partial^m f_i}{\partial x^m},$$

并且每个 $f_i\,(i = 1, 2, \cdots)$ 满足：

$$\frac{\partial f_i}{\partial x_m} = \frac{\partial^m f_i}{\partial x^m}。$$

要证明式 (7.2.2) 是方程 (7.2.1) 的 N-孤子解，只需利用行列式的性质验证它满足如下双线性方程即可 [3]：

$$(D_1^4 - D_1 D_3 + 3D_2^2)F \cdot F$$
$$= 2[F_{xxxx}F - 4F_{xxx}F_x + 3F_{xx}^2 - 4(F_{x3x}F - F_{x3}F_x) + 3(F_{x_2x_2}F - F_{x_2}^2)]$$
$$= 2[(F_{xxxx} - 4F_{x3x} + 3F_{x_2x_2})F - 4(F_{xxx} - F_{x3})F_x + 3(F_{xx} - F_{x_2})(F_{xx} + F_{x_2})]$$
$$= 0。 \tag{7.2.3}$$

下面将以定理的形式给出方程 (7.2.1) 的 Pfaffian 解。

定理7.2.1 若 (7.2.2) 能表示为下面的 Pfaffian 式

$$F = pf(d_0, d_1, d_2, \cdots, d_{N-1}, 1, 2, \cdots, N-1, N), \tag{7.2.4}$$

其中 Pfaffian 元素定义为：

$$pf(d_n, i) = f_i^{(n)} = \frac{\partial^n f_i}{\partial x^n},$$
$$pf(d_m, d_n) = 0, \quad (i = 1, 2, \cdots, N; m, n = 0, 1, \cdots),$$

则式 (7.2.4) 是方程 (7.2.1) 的 Pfaffian 式的 N-孤子解。

证明　只需要验证式 (7.2.4) 满足方程 (7.2.3) 即可。根据上节 Pfaffian 的定义及定理的条件，计算可得如下表示：

$$F = pf(d_0, d_1, d_2, \cdots, d_{N-1}, 1, 2, \cdots, N-1, N),$$
$$F_x = pf(d_0, d_1, d_2, \cdots, d_{N-2}, d_N, 1, 2, \cdots, N-1, N),$$
$$F_{xx} - F_{x_2} = 2pf(d_0, d_1, d_2, \cdots, d_{N-3}, d_{N-1}, d_N, 1, 2, \cdots, N-1, N),$$
$$F_{xx} + F_{x_2} = 2pf(d_0, d_1, d_2, \cdots, d_{N-2}, d_{N+1}, 1, 2, \cdots, N-1, N),$$
$$F_{xxx} - F_{x3} = 3pf(d_0, d_1, d_2, \cdots, d_{N-3}, d_{N-1}, d_{N+1}, 1, 2, \cdots, N-1, N),$$
$$F_{xxxx} - 4F_{x3x} + 3F_{x_2x_2} = 12pf(d_0, d_1, d_2, \cdots, d_{N-3}, d_N, d_{N+1}, 1, 2, \cdots, N-1, N)。$$

将以上式子代入方程 (7.2.3) 可得：

$$2[(F_{xxxx} - 4F_{x3x} + 3F_{x_2x_2})F - 4(F_{xxx} - F_{x3})F_x + 3(F_{xx} - F_{x_2})(F_{xx} + F_{x_2})]$$
$$= 2\,[12pf(d_0, d_1, d_2, \cdots, d_{N-3}, d_N, d_{N+1}, 1, 2, \cdots, N)pf(d_0, d_1, d_2, \cdots, d_{N-1}, 1, 2, \cdots, N) -$$
$$12pf(d_0, d_1, d_2, \cdots, d_{N-3}, d_{N-1}, d_{N+1}, 1, 2, \cdots, N)pf(d_0, d_1, d_2, \cdots, d_{N-2}, d_N, 1, 2, \cdots, N) -$$
$$12pf(d_0, d_1, d_2, \cdots, d_{N-3}, d_{N-1}, d_N, 1, 2, \cdots, N)pf(d_0, d_1, d_2, \cdots, d_{N-2}, d_{N+1}, 1, 2, \cdots, N)]$$
$$= 24pf(d_0, d_1, d_2, \cdots, d_{N-1}, d_N, d_{N+1}, 1, 2, \cdots, N)pf(1, 2, \cdots, N)。 \tag{7.2.5}$$

由定理条件 $ph(d_m, d_n) = 0$，又当 d_m 的个数大于 j 的个数时，必有

$$pf(d_0, d_1, d_2, \cdots, d_{N-1}, d_N, d_{N+1}, 1, 2, \cdots, N) = 0。$$

于是，上面式 (7.2.5) 结果为 0，即证式 (7.2.4) 满足方程 (7.2.3)，定理得证。 □

7.3 2+1 维非线性系统 Pfaffian 式的多孤子解

本节讨论第 3 章第 2 节给出的 2+1 维非线性系统 Pfaffian 式的多孤子解。该方程为：

$$\varphi_y + \varphi_{xxx} + 3\varphi_x\psi_{xx} + \varphi_x^3 = 0, \tag{7.3.1a}$$

$$\psi_{yt} + \psi_{xxxt} + 3\varphi_x\varphi_{xxt} + 3\psi_{xx}\psi_{xt} + 3\varphi_x^2\psi_{xt} = 0。 \tag{7.3.1b}$$

由第 3 章已知，通过下面的相关变量变换：

$$\varphi = \ln\frac{f}{g}, \qquad \psi = \ln fg。 \tag{7.3.2}$$

我们得到 2+1 维非线性系统方程 (7.3.1a) 与方程 (7.3.1b) 的双线性形式为：

$$(D_y + D_x^3)f \cdot g = 0, \tag{7.3.3a}$$

$$D_t(D_y + D_x^3)f \cdot g = 0。 \tag{7.3.3b}$$

下面以定理的形式给出方程 (7.3.1) 的 Pfaffian 式的多孤子解 [111]。

定理7.3.1 若

$$f = pf(d_0, d_1, d_2, \cdots, d_{N-1}, N, N-1, \cdots, 2, 1),$$

$$g = pf(d_{-1}, d_0, d_1, \cdots, d_{N-2}, N, N-1, \cdots, 2, 1),$$

其中 Pfaffian 元定义为：

$$pf(d_m, i) = \phi_i^{(m)},$$

$$pf(d_{-m}, j) = \phi_i^{(-m)},$$

$$pf(d_m, n) = pf(d_{-m}, n) = 0,$$

且 $\phi_i^{(m)} = \phi_i^{(m)}(x, y, t)$ 定义如下

$$\phi_i^{(m)} = \frac{\partial^m \phi_i}{\partial x^m},$$

这里每个 $\phi_i = \phi_i(x, y, t)$ $(i = 1, 2, \cdots, N; m, n = 0, 1, \cdots)$ 满足

$$\phi_{i,xx} = k_i^2\phi_i, \ \phi_{i,y} = -4\phi_{i,xxx}, \quad \phi_{i,t} = \int_{-\infty}^{x} \phi_i(\xi)\,d\xi,$$

则 f, g 是方程 (7.3.1) 的 Pfaffian 式的多孤子解。

证明 要证定理中所表示的 f 和 g 是方程 (7.3.3) 的解，只需要验证其满足与方程 (7.3.3) 等价的如下方程即可。

$$(f_y + f_{xxx})g + 3(f_x g_{xx} - f_{xx}g_x) - f(g_y + g_{xxx}) = 0, \tag{7.3.4a}$$

$$f(g_{xxxt} + g_{yt}) - g_t(f_{xxx} + f_y) - f_t(g_{xxx} + g_y) + g(f_{xxxt} + f_{yt}) +$$

$$3(g_{xt}f_{xx} - g_x f_{xxt} + g_{xx}f_{xt} - g_{xxt}f_x) = 0。 \tag{7.3.4b}$$

因此，需要计算 f 和 g 的相关导数如下：

$$f_x = pf(d_0, d_1, \cdots, d_{N-2}, d_N, N, \cdots, 2, 1),$$

$$f_{xx} = pf(d_0, d_1, \cdots, d_{N-3}, d_{N-1}, d_N, N, \cdots, 2, 1) + pf(d_0, d_1, \cdots, d_{N-2}, d_{N+1}, N, \cdots, 2, 1),$$

$$f_{xxx} = pf(d_0, d_1, \cdots, d_{N-4}, d_{N-2}, d_{N-1}, d_N, N, \cdots, 2, 1) +$$
$$pf(d_0, d_1, \cdots, d_{N-2}, d_{N+2}, N, \cdots, 2, 1) + 2pf(d_0, d_1, \cdots, d_{N-3}, d_{N-1}, d_{N+1}, N, \cdots, 2, 1),$$

$$f_y = 4\left[-pf(d_0, d_1, \cdots, d_{N-4}, d_{N-2}, d_{N-1}, d_N, N, \cdots, 2, 1)-\right.$$
$$\left. pf(d_0, d_1, \cdots, d_{N-2}, d_{N+2}, N, \cdots, 2, 1) + pf(d_0, d_1, \cdots, d_{N-3}, d_{N-1}, d_{N+1}, N, \cdots, 2, 1)\right.,$$

$$f_t = pf(d_{-1}, d_1, \cdots, d_{N-1}, N, \cdots, 2, 1),$$

$$f_{xt} = pf(d_0, d_1, \cdots, d_{N-1}, N, \cdots, 2, 1) + pf(d_{-1}, d_1, \cdots, d_{N-2}, d_N, N, \cdots, 2, 1),$$

$$f_{xxt} = 2pf(d_0, d_1, \cdots, d_{N-2}, d_N, N, \cdots, 2, 1) + pf(d_{-1}, d_1, \cdots, d_{N-3}, d_{N-1}, d_N, N, \cdots, 2, 1) +$$
$$pf(d_{-1}, d_1, \cdots, d_{N-2}, d_{N+1}, N, \cdots, 2, 1),$$

$$f_{xxxt} = 3pf(d_0, d_1, \cdots, d_{N-3}, d_{N-1}, d_N, N, \cdots, 2, 1) +$$
$$2(d_{-1}, d_1, \cdots, d_{N-3}, d_{N-1}, d_{N+1}, N, \cdots, 2, 1) +$$
$$3pf(d_0, d_1, \cdots, d_{N-2}, d_{N+1}, N, \cdots, 2, 1) + pf(d_{-1}, d_1, \cdots, d_{N-2}, d_{N+2}, N, \cdots, 2, 1) +$$
$$pf(d_{-1}, d_1, \cdots, d_{N-4}, d_{N-2}, d_{N-1}, d_N, N, \cdots, 2, 1),$$

$$f_{yt} = 4\left[-pf(d_{-1}, d_1, \cdots, d_{N-4}, d_{N-2}, d_{N-1}, d_N, N, \cdots, 2, 1)-\right.$$
$$\left. pf(d_{-1}, d_1, \cdots, d_{N-2}, d_{N+2}, N, \cdots, 1) + pf(d_{-1}, d_1, \cdots, d_{N-3}, d_{N-1}, d_{N+1}, N, \cdots, 2, 1)\right]_{\ast}$$

和

$$g_x = pf(d_{-1}, d_0, d_1, \cdots, d_{N-3}, d_{N-1}, N, \cdots, 2, 1),$$

$$g_{xx} = pf(d_{-1}, d_0, \cdots, d_{N-4}, d_{N-2}, d_{N-1}, N, \cdots, 2, 1) + pf(d_{-1}, d_0, \cdots, d_{N-3}, d_N, N, \cdots, 2, 1)_{\ast}$$

$$g_{xxx} = pf(d_{-1}, d_0, \cdots, d_{N-3}, d_{N+1}, N, \cdots, 2, 1) +$$
$$2pf(d_{-1}, d_0, \cdots, d_{N-4}, d_{N-2}, d_N, N, \cdots, 2, 1) +$$
$$pf(d_{-1}, d_0, \cdots, d_{N-5}, d_{N-3}, d_{N-2}, d_{N-1}, N, \cdots, 2, 1),$$

$$g_y = 4\left[-pf(d_{-1}, d_0, \cdots, d_{N-4}, d_{N-3}, d_{N+1}, N, \cdots, 2, 1)+\right.$$
$$pf(d_{-1}, d_0, \cdots, d_{N-4}, d_{N-2}, d_N, N, \cdots, 1)-$$
$$\left. pf(d_{-1}, d_0, \cdots, d_{N-5}, d_{N-3}, d_{N-2}, d_{N-1}, N, \cdots, 2, 1)\right],$$
$$g_t = pf(d_{-2}, d_0, \cdots, d_{N-2}, N, \cdots, 2, 1),$$
$$g_{xt} = pf(d_{-1}, d_0, \cdots, d_{N-2}, N, \cdots, 1) + pf(d_{-2}, d_0, \cdots, d_{N-3}, d_{N-1}, N, \cdots, 1),$$
$$g_{xxt} = 2pf(d_{-1}, d_0, \cdots, d_{N-3}, d_{N-1}, N, \cdots, 1)+$$
$$pf(d_{-2}, d_0, \cdots, d_{N-4}, d_{N-2}, d_{N-1}, N, \cdots, 1) + pf(d_{-2}, d_0, \cdots, d_{N-3}, d_N, N, \cdots, 1),$$
$$g_{xxxt} = 3pf(d_{-1}, d_0, \cdots, d_{N-4}, d_{N-2}, d_{N-1}, N, \cdots, 1)+$$
$$2pf(d_{-2}, d_0, \cdots, d_{N-4}, d_{N-2}, d_N, N, \cdots, 1)+$$
$$3pf(d_{-1}, d_0, \cdots, d_{N-3}, d_N, N, \cdots, 1) + pf(d_{-2}, d_0, \cdots, d_{N-3}, d_{N+1}, N, \cdots, 1)+$$
$$pf(d_{-2}, d_0, \cdots, d_{N-5}, d_{N-3}, d_{N-2}, d_{N-1}, N, \cdots, 1),$$
$$g_{yt} = 4\left[-pf(d_{-2}, d_0, \cdots, d_{N-4}, d_{N-3}, d_{N+1}, N, \cdots, 1)+\right.$$
$$pf(d_{-2}, d_0, \cdots, d_{N-4}, d_{N-2}, d_N, N, \cdots, 1)-$$
$$\left. pf(d_{-2}, d_0, \cdots, d_{N-5}, d_{N-3}, d_{N-2}, d_{N-1}, N, \cdots, 1)\right].$$

将 f 和 g 及如上相关导数代入方程 (7.3.4a) 的左边, 这里忽略复杂的计算过程且使用文献 [176] 中的一些恒等式可得:

LHS of (7.3.4a)

$$= -6\left[pf(d_{-1}, d_0, \cdots, d_{N-2}, N, \cdots, 1)pf(d_0, d_1, \cdots, d_{N-4}, d_{N-2}, d_{N-1}, d_N, N, \cdots, 1)+\right.$$
$$pf(d_{-1}, d_0, \cdots, d_{N-4}, d_{N-2}, d_N, N, \cdots, 1)pf(d_0, d_1, \cdots, d_{N-1}, N, \cdots, 1)-$$
$$\left. pf(d_{-1}, d_0, \cdots, d_{N-4}, d_{N-2}, d_{N-1}, N, \cdots, 1)pf(d_0, d_1, \cdots, d_{N-2}, d_N, N, \cdots, 1)\right]+$$
$$6\left[pf(d_{-1}, d_0, \cdots, d_{N-2}, N, \cdots, 1)pf(d_0, d_1, \cdots, d_{N-3}, d_{N-1}, d_{N+1}, N, \cdots, 1)+\right.$$
$$pf(d_{-1}, d_0, \cdots, d_{N-3}, d_{N+1}, N, \cdots, 1)pf(d_0, d_1, \cdots, d_{N-1}, N, \cdots, 1)-$$
$$\left. pf(d_{-1}, d_0, \cdots, d_{N-3}, d_{N-1}, N, \cdots, 1)pf(d_0, d_1, \cdots, d_{N-2}, d_{N+1}, N, \cdots, 1)\right]. \quad (7.3.5)$$

根据文献 [3] 中的 Pfaffian 恒等式, 上面的式子可表示为:

$$-6pf(d_{-1}, d_0, \cdots, d_N, N, \cdots, 1) + 6pf(d_{-1}, d_0, \cdots, d_{N-1}, d_{N+1}, N, \cdots, 1). \quad (7.3.6)$$

上述的两个 Pfaffian 表达式都为 0, 因为符号 d_m 的个数大于 j 的个数, 且有 $pf(d_m, d_n) = 0$。因此, 这个 Pfaffian 恒等式约化为 Plücker 关系, 所以方程 (7.3.4a) 成立。

同样地，将 f 和 g 及如上相关导数代入方程 (7.3.4b) 的左边，可得：

LHS of (7.3.4b)

$$
\begin{aligned}
= \ & 12\left[pf(d_0, d_1, \cdots, d_{N-1}, N, \cdots, 1)pf(d_{-1}, d_0, \cdots, d_{N-3}, d_N, N, \cdots, 1) + \right. \\
& pf(d_0, d_1, \cdots, d_{N-3}, d_{N-1}, d_N, N, \cdots, 1)pf(d_{-1}, d_0, \cdots, d_{N-2}, N, \cdots, 1) - \\
& \left. pf(d_0, d_1, \cdots, d_{N-2}, d_N, N, \cdots, 1)pf(d_{-1}, d_0, \cdots, d_{N-3}, d_{N-1}, N, \cdots, 1)\right] + \\
& 6\left[pf(d_0, d_1, \cdots, d_{N-2}, d_{N+1}, N, \cdots, 1)pf(d_{-2}, d_0, \cdots, d_{N-3}, d_{N-1}, N, \cdots, 1) - \right. \\
& pf(d_0, d_1, \cdots, d_{N-1}, N, \cdots, 1)pf(d_{-2}, d_0, \cdots, d_{N-3}, d_{N+1}, N, \cdots, 1) - \\
& \left. pf(d_0, d_1, \cdots, d_{N-3}, d_{N-1}, d_{N+1}, N, \cdots, 1)pf(d_{-2}, d_0, \cdots, d_{N-2}, N, \cdots, 1)\right] + \\
& 6\left[pf(d_0, d_1, \cdots, d_{N-1}, N, \cdots, 1)pf(d_{-2}, d_0, \cdots, d_{N-4}, d_{N-2}, d_N, N, \cdots, 1) + \right. \\
& pf(d_0, d_1, \cdots, d_{N-4}, d_{N-2}, d_{N-1}, d_N, N, \cdots, 1)pf(d_{-2}, d_0, \cdots, d_{N-2}, N, \cdots, 1) - \\
& \left. pf(d_0, d_1, \cdots, d_{N-2}, d_N, N, \cdots, 1)pf(d_{-2}, d_0, \cdots, d_{N-4}, d_{N-2}, d_{N-1}, N, \cdots, 1)\right] \\
& 6\left[pf(d_{-1}, d_1, \cdots, d_{N-1}, N, \cdots, 1)pf(d_{-1}, d_0, \cdots, d_{N-3}, d_{N+1}, N, \cdots, 1) + \right. \\
& pf(d_{-1}, d_0, \cdots, d_{N-2}, N, \cdots, 1)pf(d_{-1}, d_1, \cdots, d_{N-3}, d_{N-1}, d_{N+1}, N, \cdots, 1) - \\
& \left. pf(d_{-1}, d_0, \cdots, d_{N-3}, d_{N-1}, N, \cdots, 1)pf(d_{-1}, d_1, \cdots, d_{N-2}, d_{N+1}, N, \cdots, 1)\right] + \\
& 6\left[pf(d_{-1}, d_1, \cdots, d_{N-2}, d_N, N, \cdots, 1)pf(d_{-1}, d_0, \cdots, d_{N-4}, d_{N-2}, d_{N-1}, N, \cdots, 1) - \right. \\
& pf(d_{-1}, d_0, \cdots, d_{N-2}, N, \cdots, 1)pf(d_{-1}, d_1, \cdots, d_{N-4}, d_{N-2}, d_{N-1}, d_N, N, \cdots, 1) - \\
& \left. pf(d_{-1}, d_1, \cdots, d_{N-1}, N, \cdots, 1)pf(d_{-1}, d_0, \cdots, d_{N-4}, d_{N-2}, d_N, N, \cdots, 1)\right]。 \quad (7.3.7)
\end{aligned}
$$

类似地，根据 Pfaffian 恒等式，上面的式子可表示为：

$$
\begin{aligned}
& 12pf(d_{-1}, d_0, \cdots, d_N, N, \cdots, 1) - 6pf(d_{-2}, d_0, \cdots, d_{N-1}, d_{N+1}, N, \cdots, 1) + \\
& 6pf(d_{-2}, d_0, \cdots, d_N, N, \cdots, 1) + 6pf(d_{-1}, d_0, \cdots, d_{N-1}, d_{N+1}, N, \cdots, 1) - \\
& 6pf(d_{-1}, d_0, \cdots, d_N, N, \cdots, 1), \quad\quad\quad\quad\quad\quad\quad\quad\quad\quad\quad\quad\quad (7.3.8)
\end{aligned}
$$

理由与式 (7.3.6) 类似，上述的 Pfaffian 表达式都为 0。由此也证明了方程 (7.3.4b)。这样就完成了上述定理的证明。□

为了获得具体的解，我们不妨设

$$
\phi_j = \mathrm{e}^{p_j x - 4p_j^3 y + p_j^{-1} t + \alpha_j} + (-1)^{j+1}\mathrm{e}^{-p_j x + 4p_j^3 y - p_j^{-1} t + \beta_j},
$$

其中 α_j, β_j 是任意常数。

7.4 小结

本章主要介绍了如何利用 Pfaffians 技巧有效地获得非线性系统的多孤子解。一般首先构造出非线性系统的 Pfaffians 解，然后利用 Pfaffians 定义及 Pfaffians 恒等式对所设解进行验证。利用该思路我们给出 KP 方程及一个 $2+1$ 维非线性系统的 Pfaffians 解，Pfaffians 技巧对于获得非线性系统的多孤子解是一个非常有效的方法。

第 8 章　Painlevé 截断展开法及其应用

众所周知,一个非线性系统是否可积到目前为止仍没有一个完全确定和统一的定义。一般地,如果说一个非线性系统是可积的通常会指明它是在何种意义下是可积的,如 Liouvile 可积、对称可积、反散射可积、Painlevé 可积和 Lax 可积等 [74]。通常若一个非线性系统的解关于任意奇性流行的奇性都是极点型的,则称该系统具有 Painlevé 性质,若一个非线性系统具有 Painlevé 性质,则称该系统是 Painlevé 可积的。本章主要介绍 Painlevé 分析法中的 WTC 检验方法,利用该方法讨论一个 3 + 1 维广义 KP 方程,而后利用该方法的一种简化方法 Kruskal 的"约化假设"方法讨论了带源 KdV 方程,通过这两个实例演示如何利用 Painlevé 截断展开法检验非线性系统是否具有 Painlevé 性质,同时通过截断方法还可以获得非线性系统的解。

8.1　WTC 检验方法

19 世纪末,科学家们开始按照解的奇性对方程进行分类研究。Painlevé 等在研究常微分方程时引入了 Painlevé 性质的概念。1981年前后, Ablowitz, Ramani 和 Segur 在研究用反散射方法求解非线性偏微分方程的相似约化时,提出 ARS 猜测(又称 Painlevé 猜测)即:可用反散射方法求解的非线性偏微分方程,经过相似约化得到的常微分方程都具有 Painlevé 性质 [83]。这个猜测提供了一个用于检验非线性方程可积性的检验方法。然而,利用 ARS 检验方法前提是必须要找到非线性方程所有的相似约化,这个局限性迫使人们寻找判断非线性偏微分方程可积性的其他直接有效的方法。

1983 年,Weiss,Tabor 和 Carnevale 通过推广常微分方程的 Painlevé 性质,给出了判断偏微分方程 Painlevé 性质的直接方法,称其为 WTC 方法 [177]。除此之外,还有 Conte 的不变展开法和 Kruskal 简化法等。其中 WTC 方法是 Painlevé 分析法中最有效的方法之一,利用该方法研究非线性偏微分方程,如果方程通过 Painlevé 检验,不仅可以得到该方程的 Painlevé 性质,Lax 对和 Bäcklund 变换等性质,还可以得到可积与不可积模型的严格解。下面给出 WTC 检验法的一般步骤。

给定一个非线性偏微分方程

$$P(u, u_t, u_x, u_{xx}, \cdots) = 0, \tag{8.1.1}$$

其解 u 具有 Laurent 展开形式:

$$u = \phi^\alpha \sum_{j=0}^\infty u_j \phi^j, \tag{8.1.2}$$

其中 $\phi = \phi(x_1, x_2, x_3, \cdots, x_n, t)$ 是一个任意奇异流形，通过如下三步 [177,178]：

步骤1：将式 (8.1.2) 代入式 (8.1.1) 中，通过领头项分析确定所有可能的主平衡；

步骤2：如果式 (8.1.2) 中的 α 是整数，由递推关系式确定共振点即出现任意常数所对应的那些点；

步骤3：验证共振点处的共振条件是否满足即验证相容性。

通过以上三步，如果共振条件得到验证，则说明该方程通过了 Painlevé 测试。

8.2　3+1 维广义 KP 方程的 Painlevé 性质

一个 3+1 维广义 KP 方程 [179] 如下：

$$u_{xxxy} + 3(u_x u_y)_x + u_{tx} + u_{ty} - u_{zz} = 0。 \tag{8.2.1}$$

下面利用上节给出的 WTC 方法讨论方程 (8.2.1)。

首先，设

$$u = \sum_{j=0}^{\infty} a_j \phi^{j+\alpha}。 \tag{8.2.2}$$

给出上面展示的领头项及相关各阶偏导数如下：

$$u \approx u_0 \phi^{\alpha}, \ u_x \approx u_0 \alpha \phi^{\alpha-1} \phi_x, \ u_y \approx u_0 \alpha \phi^{\alpha-1} \phi_y, \ u_{xx} \approx u_0 \alpha(\alpha-1)\phi^{\alpha-2}\phi_x^2,$$

$$u_{yx} \approx u_0 \alpha(\alpha-1)\phi^{\alpha-2}\phi_x\phi_y, \ u_{xxxy} \approx u_0 \alpha(\alpha-1)(\alpha-2)(\alpha-3)\phi^{\alpha-4}\phi_y\phi_x^3。 \tag{8.2.3}$$

将方程 (8.2.3) 代入方程 (8.2.1)，由领头项分析可得：

$$u_0 \alpha(\alpha-1)(\alpha-2)(\alpha-3)\phi^{\alpha-4}\phi_y\phi_x^3 + 6u_0^2\alpha^2(\alpha-1)\phi^{2\alpha-3}\phi_x^2\phi_y = 0。 \tag{8.2.4}$$

经计算并化简方程 (8.2.4) 得到主平衡：

$$u \approx 2\phi_x\phi^{-1}, \tag{8.2.5}$$

其中 $\alpha = -1$，$u_0 = 2\phi_x$。

接着确定共振点，由上面结果可将展开式 (8.2.2) 写成：

$$u = u_0 \phi^{-1} + u_1 + u_2 \phi + \cdots + u_j \phi^{j-1} + \cdots。 \tag{8.2.6}$$

将方程 (8.2.6) 及其各阶偏导数代入方程 (8.2.1)，比较 ϕ 的各次幂系数可得：

ϕ^{-5}：

$$24u_0\phi_x^3\phi_y - 12u_0^2\phi_x^2\phi_y = 0。 \tag{8.2.7}$$

计算方程 (8.2.7) 并化简可得 $u_0 = 2\phi_x$，该结果与第一步结果一致。

ϕ^{-4}:

$$-18u_{0x}\phi_x^2\phi_y - 6u_{0y}\phi_x^3 - 18u_0\phi_x^2\phi_{xy} - 18u_0\phi_x\phi_y\phi_{xx} + 12u_0u_{0x}\phi_x\phi_y +$$
$$9u_0u_{0y}\phi_x^2 + 3u_0^2\phi_y\phi_{xx} + 3u_0u_{0x}\phi_y\phi_x + 3u_0^2\phi_x\phi_{yx} = 0。 \tag{8.2.8}$$

将 $u_0 = 2\phi_x$ 及其各阶相关偏导数代入方程 (8.2.8)，经计算并化简可知方程 (8.2.8) 为恒等式。

ϕ^{-3}:

$$6u_{0xx}\phi_x\phi_y + 6u_{0xy}\phi_x^2 + 12u_{0x}\phi_x\phi_{xy} + 6u_{0x}\phi_y\phi_{xx} +$$
$$6u_{0y}\phi_x\phi_{xx} + 6u_0\phi_{xy}\phi_{xx} + 6u_0\phi_x\phi_{xxy} + 2u_0\phi_y\phi_{xxx} +$$
$$3(-u_0u_{0xx}\phi_y - 2u_{0x}u_{0y}\phi_x - u_0u_{0y}\phi_{xx} + 2u_0u_{1y}\phi_x^2 + 2u_0u_2\phi_x^2\phi_y) +$$
$$3(-u_{0x}u_{0y}\phi_x - u_{0x}^2\phi_y - u_0u_{0x}\phi_{yx} - u_0u_{0yx}\phi_x + 2u_0u_{1x}\phi_x\phi_y +$$
$$2u_0u_2\phi_x^2\phi_y) + 2u_0\phi_t\phi_x + 2u_0\phi_t\phi_y - 2u_0\phi_z^2 = 0。 \tag{8.2.9}$$

将 $u_0 = 2\phi_x$ 及其各阶相关偏导数代入方程 (8.2.9)，经计算并化简可得：

$$3\phi_x\phi_{xxy} + \phi_y\phi_{xxx} + \phi_x\phi_t + \phi_y\phi_t - \phi_z^2 + 3\phi_x^2u_{1y} +$$
$$6\phi_x^2\phi_yu_2 + 3\phi_x\phi_yu_{1x} - 3\phi_{xx}\phi_{xy} = 0。 \tag{8.2.10}$$

ϕ^{-2}:

$$-u_{0xxx}\phi_y - 3u_{0xxy}\phi_x - 3u_{0xx}\phi_{xy} - 3u_{0xy}\phi_{xx} - 3u_{0x}\phi_{xxy} - u_{0y}\phi_{xxx} -$$
$$u_0\phi_{xxxy} + 3(u_{0y}u_{0xx} - u_0u_{1xx}\phi_y - 2u_{0x}u_{1y}\phi_x - 2u_2u_{0x}\phi_x\phi_y -$$
$$2u_0u_{2x}\phi_x\phi_y + 2u_0u_{2y}\phi_x^2 + 2u_0u_3\phi_x^2\phi_y - u_0u_{1y}\phi_{xx} - 2u_0u_2\phi_{xx}\phi_y) +$$
$$3(u_{0x}u_{0yx} - u_{0y}u_{1x}\phi_x - u_{0x}u_{1x}\phi_y - u_0u_{1x}\phi_{yx} + 2u_0u_{2x}\phi_x\phi_y - u_0u_{1yx}\phi_x -$$
$$u_0u_{2y}\phi_x^2 - u_2u_{0y}\phi_x^2 - u_2u_{0x}\phi_x\phi_y - u_0u_{2x}\phi_x\phi_y + 2u_0u_3\phi_x^2\phi_y - 2u_0u_2\phi_{yx}\phi_x) -$$
$$u_{0t}\phi_x - u_{0x}\phi_t - u_0\phi_{tx} - u_{0t}\phi_y - u_{0y}\phi_t - u_0\phi_{ty} + 2u_{0z}\phi_z + u_0\phi_{zz} = 0。 \tag{8.2.11}$$

将 $u_0 = 2\phi_x$ 及其各阶相关偏导数代入方程 (8.2.11)，经计算并化简可得：

$$-\phi_{xxxx}\phi_y - 4\phi_{xxxy}\phi_x + 2\phi_{xxx}\phi_{xy} - 9\phi_{xx}\phi_xu_{1y} - 15\phi_{xx}\phi_x\phi_yu_2 -$$
$$3\phi_x^2\phi_yu_{2x} - 6\phi_{xy}\phi_xu_{1x} - 9\phi_x^2\phi_{xy}u_2 - 3\phi_x\phi_yu_{1xx} - 3\phi_{xx}\phi_yu_{1x} -$$
$$3\phi_x^2u_{1yx} + 3\phi_x^3u_{2y} + 12\phi_x^3\phi_yu_3 - \phi_x\phi_{xt} - \phi_t\phi_{xx} -$$
$$\phi_x\phi_{tx} - \phi_y\phi_{xt} - \phi_t\phi_{xy} - \phi_x\phi_{ty} + 2\phi_z\phi_{xz} + \phi_x\phi_{zz} = 0。 \tag{8.2.12}$$

对方程 (8.2.10) 两边同时关于 x 求导即得关于 $\phi_{xxxx}\phi_y$ 的表达式，将该表达式代入方程 (8.2.12)经计算并化简得：

$$12\phi_x^3\phi_yu_3 + 3\phi_x^2(u_{2x}\phi_y + u_{2y}\phi_x) - 3\phi_x(u_{1y}\phi_{xx} + u_{1x}\phi_{yx}) + 3\phi_{xxx}\phi_{xy}$$
$$-3\phi_{xxx}\phi_y = \phi_x(\phi_{xxxy} + 3u_2(\phi_{xx}\phi_y + \phi_x\phi_{yx}) + \phi_{tx} + \phi_{ty} - \phi_{zz})。 \tag{8.2.13}$$

ϕ^{-1}:

$$u_{0xxxy} + 3(u_{0y}u_{1xx} - u_0u_{2xx}\phi_y - 2u_{0x}u_{2y}\phi_x - u_0u_{2y}\phi_{xx} + 2u_{0y}u_{2x}\phi_x +$$
$$2u_{0y}u_3\phi_x^2 + u_{0y}u_2\phi_{xx} + u_2u_{0xx}\phi_y + 2u_0u_{3y}\phi_x^2 + u_{1y}u_{0xx} - 4u_{0x}u_3\phi_x\phi_y -$$
$$4u_0u_{3x}\phi_x\phi_y + 6u_0u_4\phi_x^2\phi_y - 6u_0u_4\phi_x^2\phi_y - 4u_0u_3\phi_{xx}\phi_y) + 3(u_{0x}u_{1yx} +$$
$$u_{2y}u_{0x}\phi_x + u_{0x}u_{2x}\phi_y + u_2u_{0x}\phi_{yx} + u_{1x}u_{0yx} - u_{0y}u_{2x}\phi_x - u_{2x}u_0\phi_{yx} +$$
$$2u_0u_{3x}\phi_x\phi_y + 2u_{0x}u_3\phi_x\phi_y - u_0u_{2yx}\phi_x - 2u_0u_{3y}\phi_x^2 - 2u_0u_{3x}\phi_x\phi_y -$$
$$u_{2x}u_{0x}\phi_y - 4u_0u_3\phi_x\phi_{yx} - 2u_{0y}u_3\phi_x^2 + u_2u_{0yx}\phi_x - 2u_{0x}u_3\phi_x\phi_y -$$
$$6u_0u_4\phi_x^2\phi_y + 6u_0u_4\phi_x^2\phi_y) + u_{0tx} + u_{0ty} - u_{0zz} = 0 。 \tag{8.2.14}$$

方程 (8.2.14) 中含有 u_4 的项可互相抵消，说明 u_4 可取任意值。将 $u_0 = 2\phi_x$ 及其各阶相关偏导数代入上面方程，经计算并化简方程 (8.2.14) 可变为：

$$\phi_{xxxxy} + 3u_2(\phi_{xx}\phi_y + \phi_x\phi_{yx})_x + \phi_{xxt} + \phi_{xty} - \phi_{xzz} + 3\phi_{xy}u_{1xx} +$$
$$3\phi_{xx}u_{1yx} - 3\phi_x\phi_yu_{2xx} - 3u_{2yx}\phi_x^2 + 3u_{1y}\phi_{xxx} + 3u_{1x}\phi_{yxx} -$$
$$24\phi_{xx}\phi_x\phi_yu_3 - 12\phi_{yx}\phi_x^2u_3 - 12\phi_y\phi_x^2u_{3x} - 6\phi_x\phi_{xx}u_{2y} = 0 。 \tag{8.2.15}$$

由方程 (8.2.13) 可得：

$$\phi_{xxxy} + 3u_2(\phi_{xx}\phi_y + \phi_x\phi_{yx}) + \phi_{tx} + \phi_{ty} - \phi_{zz} = 12\phi_x^2\phi_yu_3 +$$
$$3\phi_x(u_{2x}\phi_y + u_{2y}\phi_x) - 3(u_{1y}\phi_{xx} + u_{1x}\phi_{yx}) + 3\frac{\phi_{xxx}\phi_{xy} - 3\phi_{xxx}\phi_y}{\phi_x} 。 \tag{8.2.16}$$

对上式两边同时关于 x 求导后代入方程 (8.2.15) 经化简可得：

$$(\frac{\phi_{xxx}\phi_{xy} - \phi_{xxx}\phi_y}{\phi_x})_x = 0 。 \tag{8.2.17}$$

ϕ^{j-5}:

$u_{(j-4)xxxy} + (j-4)u_{(j-3)xxx}\phi_y + 3(j-4)u_{(j-3)xxy}\phi_x + 3(j-3)(j-4)u_{(j-2)xx}\phi_x\phi_y +$

$3(j-4)u_{(j-3)xx}\phi_{xy} + 3(j-3)(j-4)u_{(j-2)xy}\phi_x^2 + 3(j-2)(j-3)(j-4)u_{(j-1)x}\phi_x^2\phi_y +$

$6(j-3)(j-4)u_{(j-2)x}\phi_x\phi_{xy} + 3(j-4)u_{(j-3)xy}\phi_{xx} + 3(j-3)(j-4)u_{(j-2)x}\phi_{xx}\phi_y +$

$3(j-4)u_{(j-3)x}\phi_{xxy} + 6(j-2)(j-3)(j-4)u_{(j-1)y}\phi_x^3 +$

$(j-1)(j-2)(j-3)(j-4)u_j\phi_x^3\phi_y + 3(j-2)(j-3)(j-4)u_{j-1}\phi_x^2\phi_{xy} +$

$3(j-3)(j-4)u_{(j-2)y}\phi_x\phi_{xx} + 3(j-3)(j-4)u_{j-2}\phi_x\phi_{xxy} +$

$3(j-2)(j-3)(j-4)u_{j-1}\phi_x\phi_y\phi_{xx} + 3(j-3)(j-4)u_{j-2}\phi_{xx}\phi_{xy} +$

$(j-3)(j-4)u_{j-2}\phi_y\phi_{xxx} + (j-4)u_{j-3}\phi_{xxxy} + (j-4)u_{(j-3)y}\phi_{xxx} +$

$3\{[u_{0y}u_{(j-3)xx} + u_{1y}u_{(j-4)xx} + \cdots + u_{(j-3)y}u_{0xx}] + 2[(j-3)u_{0y}u_{(j-2)x} +$

$(j-4)u_{1y}u_{(j-3)x} + \cdots - u_{(j-2)y}u_{0x}]\phi_x + [(j-2)(j-3)u_{0y}u_{j-1} + \cdots +$

$2u_0u_{(j-1)y}]\phi_x^2 + [(j-3)u_{0y}u_{j-2} + (j-4)u_{1y}u_{j-3} + \cdots - u_0u_{(j-2)y}]\phi_{xx} +$

$[-u_0u_{(j-2)xx} + u_2u_{(j-4)xx} + \cdots + (j-3)u_{j-2}u_{0xx}]\phi_y + [-(j-1)(j-2)u_0u_j +$

$(j-3)(j-4)u_2u_{j-2} + \cdots + 2(j-1)u_ju_0]\phi_x^2\phi_y + [-(j-2)u_0u_{j-1} +$

$(j-4)u_2u_{j-3} + \cdots - (j-2)u_{j-1}u_0]\phi_{xx}\phi_y + 2[-(j-2)u_0u_{(j-1)x} +$

$(j-4)u_2u_{(j-3)x} + 2(j-5)u_3u_{(j-4)x} + \cdots - (j-2)u_{j-1}u_{0x}]\phi_x\phi_y\} +$

$3\{[u_{0x}u_{(j-3)yx} + u_{1x}u_{(j-4)yx} + \cdots + u_{(j-3)x}u_{0yx}] + [(j-3)u_{0x}u_{(j-2)y} +$

$(j-4)u_{1x}u_{(j-3)y} + \cdots - u_{(j-2)x}u_{0y}]\phi_x + [(j-3)u_{0x}u_{(j-2)x} + (j-4)u_{1x}u_{(j-3)x} +$

$\cdots - u_{(j-2)x}u_{0x}]\phi_y + [(j-2)(j-3)u_{0x}u_{j-1} + \cdots + 2u_0u_{(j-1)x}]\phi_x\phi_y +$

$[(j-3)u_{0x}u_{j-2} + (j-4)u_{1x}u_{j-3} + \cdots - u_0u_{(j-2)x}]\phi_{yx} + [-u_0u_{(j-2)yx} + u_2u_{(j-4)yx} +$

$\cdots + (j-3)u_{j-2}u_{0yx}]\phi_x + [-(j-2)u_0u_{(j-1)y} + (j-4)u_2u_{(j-3)y} + \cdots -$

$(j-2)u_{j-1}u_{0y}]\phi_x^2 + [-(j-2)u_0u_{(j-1)x} + (j-4)u_2u_{(j-3)x} + \cdots -$

$(j-2)u_{j-1}u_{0x}]\phi_x\phi_y + [-(j-1)(j-2)u_0u_j + (j-3)(j-4)u_2u_{j-2} + \cdots +$

$2(j-1)u_ju_0]\phi_x^2\phi_y + [-(j-2)]u_0u_{j-1} + (j-4)u_2u_{j-3} + \cdots - (j-2)u_{j-1}u_0\phi_x\phi_{yx}\} +$

$u_{(j-4)tx} + (j-4)u_{(j-3)x}\phi_t + (j-3)(j-4)u_{j-2}\phi_x\phi_t + (j-4)u_{j-3}\phi_{tx} + u_{(j-4)ty} +$

$(j-4)u_{(j-3)t}\phi_x + (j-4)u_{(j-3)t}\phi_y + (j-4)u_{(j-3)y}\phi_t +$

$(j-3)(j-4)u_{j-2}\phi_y\phi_t + (j-4)u_{j-3}\phi_{ty} - u_{(j-4)zz} - (j-4)u_{(j-3)z}\phi_z -$

$(j-3)(j-4)u_{j-2}\phi_z^2 - (j-4)u_{j-3}\phi_{zz} = 0。$ \hfill (8.2.18)

由上面表达式经过化简可得关于 u_j 的递推关系式如下：

$$(j+1)(j-1)(j-4)(j-6)\phi_x^3\phi_y u_j = F(u_1, u_2, \cdots, u_{j-1}, \phi_x, \phi_y, \phi_z, \phi_t, \cdots)。 \qquad (8.2.19)$$

利用递推关系式 (8.2.19) 可确定展开系数 u_j，该关系式右端只与低于 u_j 的 u_1，u_2，$\cdots$，u_{j-1} 及 ϕ_x，ϕ_y，$\phi_z \cdots$ 有关。由式 (8.2.19) 易知，共振发生在 $j = -1$，1，4，6 处。于是，完成 WTC 检验法的第二步。

第三步验证共振条件：$j = -1$ 意味着奇异流形 ϕ 本身的任意性。因此，此处的共振条件自动满足。在 $j = 4$ 处由于方程 (8.2.14) 中含有 u_4 的项互相抵消，说明 u_4 可取任意函数，所以该处共振条件得到满足。由方程 (8.2.18) 可确定 ϕ 的系数，由于具体表达式相当复杂这里不予列出，从该表达式可得含有 u_6 的项也可相互抵消，说明 u_6 可取任意函数，因此共振条件在此处也得到满足。在 ϕ 的各次幂系数中，未出现 u_1 项，但在由式 (8.2.15) 经过化简得到式 (8.2.17) 的过程中，所涉及到 u_1 的各阶偏导数项均互相抵消。综上分析可知方程 (8.2.1) 通过了 Painlevé 测试。

最后我们通过 Painlevé 截断展开式给出方程 (8.2.1) 的解。由方程 (8.2.13) 知：

$$12\phi_x^3\phi_y u_3 = \phi_x(\phi_{xxxy} + 3u_2(\phi_{xx}\phi_y + \phi_x\phi_{yx}) + \phi_{tx} + \phi_{ty} - \phi_{zz}) +$$
$$3\phi_x(u_{1y}\phi_{xx} + u_{1x}\phi_{yx}) - 3\phi_x^2(u_{2x}\phi_y + u_{2y}\phi_x) - 3\phi_{xxx}\phi_{xy} + 3\phi_{xxx}\phi_y。 \quad (8.2.20)$$

上式中的 ϕ 为方程 (8.2.1) 的解，且 $u_1 = 0$，$u_2 = 1$，同时 $3\phi_{xxx}\phi_y - 3\phi_{xxx}\phi_{xy} = 0$ (这也可由式 (8.2.17) 得到) 成立时，可得 $u_3 = 0$，因此由式 (8.2.19) 可知，$u_n = 0(n > 3)$，这时，展开式 (8.2.2) 为有限项，即：

$$u = u_0\phi^{-1} + u_2\phi = 2\phi_x/\phi + \phi, \quad (8.2.21)$$

其中 ϕ 同时满足下面方程：

$$3\phi_{xxx}\phi_y - 3\phi_{xxx}\phi_{xy} = 0, \quad (8.2.22)$$
$$3\phi_x\phi_{xxy} + \phi_y\phi_{xxx} + \phi_x\phi_t + \phi_y\phi_t - \phi_z^2 + 6\phi_x^2\phi_y - 3\phi_{xx}\phi_{xy} = 0。 \quad (8.2.23)$$

8.3 KdV-SCS 方程的 Painlevé 性质

本节用改进的 WTC 检验方法讨论本书第 2 章给出的 KdV-SCS 方程 (2.0.1)，同时将获得该方程更多扩展形式的解。

假设方程 (2.0.1) 的解可表达为 Laurent 级数的形式：

$$u(x,t) = \sum_{j=0}^{\infty} u_j(x,t)\phi(x,t)^{j+\mu}, \qquad v(x,t) = \sum_{j=0}^{\infty} v_j(x,t)\phi(x,t)^{j+\nu}, \quad (8.3.1)$$

其中 $u_j(x,t)$，$v_j(x,t)$ 和 $\phi(x,t)$ 是在流形 $M = (x,t) : \phi(x,t) = 0$ 附近关于 (x,t) 的解析函数。

首先将式 (8.3.1) 代入方程 (2.0.1) 进行首项分析，通过确定主平衡，得到如下三个分支：

$$\text{(i)}: \quad u \sim -\phi_x^2 \phi^{-2}, \qquad v \sim v_0 \phi^{-1};$$
$$\text{(ii)}: \quad u \sim -3\phi_x^2 \phi^{-2}, \qquad v \sim 6\phi_x^2 \phi^{-2};$$
$$\text{(iii)}: \quad u \sim -3\phi_x^2 \phi^{-2}, \qquad v \sim -6\phi_x^2 \phi^{-2},$$

其中 v_0 是任意常数。

下面主要借助符号计算系统 Maple 分别确定以上三个分支的共振点，并验证其相容性条件，更多详细对应于 $\phi(x,t)$ 的各次幂项可参阅文献 [180]。

主分支 (i): 将分支 (i) 的主项代入展开式 (8.3.1) 中，再将得到的结果代入原方程 (2.0.1) 后，合并 $\phi(x,t)$ 的各次幂项并令其系数为零，由此即得关于 $u_j(x,t)$ 和 $v_j(x,t)$ 的共振公式：

$$(j+1)(j-4)(j-6)u_j = F(u_0, u_1, \cdots, u_{j-1}, \phi_t, \phi_x, \cdots),$$
$$j(j+1)(j-3)v_j = F(v_0, v_1, \cdots, v_{j-1}, \phi_t, \phi_x, \cdots)。$$

由上式可得共振点：

$$j = -1, \ 0, \ 3, \ 4, \ 6。$$

非线性演化方程一般都包括共振点 -1，$j = -1$ 意味着奇异流形 ϕ 本身的任意性。除 -1 之外，没有其他负的共振点，因此该分支为主分支。只需要验证共振点 j 处所对应的 Laurent 展开式中的系数 u_j 或 v_j 是任意函数，即相容性条件成立即可。共振点 $j = 0$ 处的相容性条件可由主项中 v 展开式中的 v_0 的任意性得到验证。其他三个值则由 u，v 级数展开式中的更高次幂的系数决定其任意性。于是，只需验证 $j = 3$，4，6 三处所对应 u 或 v 的级数展开式中所对应系数为任意的即可。

验证前首先给出主分支 (i) 的截断展开式：

$$\begin{aligned} u &= (\ln \phi)_{xx} + \tilde{u}, \qquad \tilde{u} \equiv u_2, \\ v &= \frac{v_0}{\phi} + \tilde{v}, \qquad \tilde{v} \equiv v_1, \end{aligned} \tag{8.3.2}$$

其中 u，v，ϕ，u_2，v_0 和 v_1 都是 (x,t) 的函数。

由上一节我们也看到了，WTC 检验方法应用于偏微分方程的 Painlevé 检验虽然有效，但是计算量比较大。为此 Kruskal 等对 WTC 检验算法进行了简化，即提出 Kruskal 的"约化假设"方法 [181]。利用该方法设展开式 (8.3.1) 中的系数 u_j，v_j 仅为 t 的函数，通过合并 ϕ^j 的不同幂次项系数并令其为零，得到主分支 (i) 情况下的展开

式 (8.3.1) 的系数如下:

$$u_0(t) = -1, \quad v_0(t) = v_0(t); \quad u_1(t) = 0, \quad v_1(t) = 0;$$

$$u_2(t) = \frac{1}{12}\psi'(t) - \frac{1}{12}v_0(t)^2, \quad v_2(t) = -\frac{\lambda}{2}v_0(t) + \frac{1}{12}v_0(t)\psi'(t) - \frac{1}{12}v_0(t)^3;$$

$$u_3(t) = 0, \quad v_3(t) = v_3(t);$$

$$u_4(t) = u_4(t), \quad v_4(t) = -\frac{\lambda^2}{8}v_0(t) + \frac{\lambda}{24}v_0(t)\psi'(t) - \frac{\lambda}{24}v_0(t)^3 - \frac{1}{288}v_0(t)\psi'(t)^2 +$$

$$\frac{1}{144}\psi'(t)v_0(t)^3 - \frac{1}{288}v_0(t)^5 - \frac{1}{2}v_0(t)u_4(t);$$

$$u_5(t) = -\frac{1}{3}v_0(t)v_3(t) + \frac{1}{72}\psi''(t) - \frac{1}{36}v_0(t)v_0'(t),$$

$$v_5(t) = -\frac{1}{60}v_3(t)\psi'(t) + \frac{1}{12}v_3(t)v_0(t)^2 - \frac{1}{360}v_0(t)\psi''(t) + \frac{1}{180}v_0(t)^2v_0'(t) + \frac{\lambda}{10}v_3(t);$$

$$u_6(t) = u_6(t),$$

$$v_6(t) = \frac{\lambda^2}{288}v_0(t)\psi'(t) - \frac{\lambda^2}{288}v_0(t)^3 - \frac{\lambda}{1728}v_0(t)\psi'(t)^2 + \frac{\lambda}{864}v_0(t)^3\psi'(t) - \frac{\lambda}{1728}v_0(t)^5 +$$

$$\frac{1}{31104}v_0(t)\psi'(t)^3 - \frac{1}{10368}v_0(t)^3\psi'(t)^2 + \frac{1}{10368}v_0(t)^5\psi'(t) - \frac{1}{31104}v_0(t)^7 -$$

$$\frac{1}{216}v_0(t)u_4(t)\psi'(t) + \frac{1}{216}u_4(t)v_0(t)^3 + \frac{\lambda}{36}u_4(t)v_0(t) - \frac{\lambda^3}{144}v_0(t) - \frac{1}{9}u_6(t)v_0(t),$$

$$(8.3.3)$$

其中 $\psi(t)$ 是一个任意函数。从上面的表达式中可以看出，共振点 $j = 3, 4, 6$ 分别对应的系数 $v_3(t)$，$u_4(t)$ 和 $u_6(t)$ 都是任意函数，于是相容性条件得到验证。

非主分支 (ii): 类似于分支 (i) 的方法，我们获得第二个分支 (ii) 的共振点为:

$$j = -1, \ -3, \ 4, \ 6, \ 8。$$

由于共振点 $j = -3$ 负数的存在，这个分支为非主分支。于是只需验证 $j = 4, 6, 8$ 三处所对应 u 或 v 级数展开式中对应的系数为任意即可。

同样验证之前，先给出非主分支 (ii) 的截断展式:

$$\begin{aligned} u &= 3(\ln\phi)_{xx} + \tilde{u}, \quad & \tilde{u} &\equiv u_2, \\ v &= -6(\ln\phi)_{xx} + \tilde{v}, \quad & \tilde{v} &\equiv v_2, \end{aligned} \qquad (8.3.4)$$

其中 u，v，ϕ，u_2 和 v_2 均是 (x,t) 的函数。

由 Kruskal "约化假设" 方法，我们得到非主分支 (ii) 展开式 (8.3.1) 的系数为：

$$u_0(t) = -3, \quad v_0(t) = 6; \quad u_1(t) = 0, \quad v_1(t) = 0;$$

$$u_2(t) = \frac{1}{20}\psi'(t) + \frac{\lambda}{5}, \quad v_2(t) = -\frac{3\lambda}{5} + \frac{1}{10}\psi'(t);$$

$$u_3(t) = 0, \quad v_3(t) = 0;$$

$$u_4(t) = u_4(t), \quad v_4(t) = -\frac{3\lambda}{100}\psi'(t) + \frac{1}{400}\psi'(t)^2 + \frac{9\lambda^2}{100} + 3u_4(t);$$

$$u_5(t) = 0, \quad v_5(t) = \frac{1}{240}\psi''(t);$$

$$u_6(t) = -\frac{1}{24}u_4(t)\psi'(t) + \frac{\lambda}{4}u_4(t) - \frac{1}{2}v_6(t) - \frac{9\lambda^2}{4000}\psi'(t) + \frac{3\lambda}{8000}\psi'(t)^2 -$$

$$\frac{1}{48000}\psi'(t)^3 + \frac{9\lambda^3}{2000}, \quad v_6(t) = v_6(t); \tag{8.3.5}$$

$$u_7(t) = \frac{\lambda}{2000}\psi''(t) + \frac{7}{120}u_4'(t) - \frac{1}{12000}\psi''(t)\psi'(t),$$

$$v_7(t) = -\frac{1}{20}u_4'(t) - \frac{\lambda}{4000}\psi''(t) + \frac{1}{24000}\psi''(t)\psi'(t);$$

$$u_8(t) = -\frac{1}{2}u_4(t)^2 - 2v_8(t) - \frac{\lambda}{300}\psi'(t)u_4(t) + \frac{1}{3600}u_4(t)\psi'(t)^2 + \frac{3\lambda^2}{40000}\psi'(t)^2 -$$

$$\frac{\lambda}{120000}\psi'(t)^3 - \frac{3\lambda^3}{10000}\psi'(t) + \frac{\lambda^2}{100}u_4(t) + \frac{1}{2880000}\psi'(t)^4 + \frac{9\lambda^4}{20000},$$

$$v_8(t) = v_8(t)。$$

从如上表达式可知，在共振点 $j = 4, 6, 8$ 处所对应的 $u_4(t)$，$v_6(t)$ 和 $v_8(t)$ 都是任意函数，于是满足相容性条件。

非主分支 (iii): 类似于前两个分支的方法，我们可得第三个分支 (iii) 的共振点：

$$j = -1, \ -3, \ 4, \ 6, \ 8。$$

验证前给出非主分支 (iii) 的截断展开式：

$$u = 3(\ln\phi)_{xx} + \tilde{u}, \qquad \tilde{u} \equiv u_2,$$
$$v = 6(\ln\phi)_{xx} + \tilde{v}, \qquad \tilde{v} \equiv v_2, \tag{8.3.6}$$

其中 u，v，ϕ，u_2 和 v_2 均是 (x,t) 的函数。

同样依据 Kruskal 的 "约化假设" 法，得到非主分支 (iii) 展开式 (8.3.1) 的系数为：

$$u_0(t) = -3, \quad v_0(t) = -6; \quad u_1(t) = 0, \quad v_1(t) = 0;$$

$$u_2(t) = \frac{1}{20}\psi'(t) + \frac{\lambda}{5}, \quad v_2(t) = \frac{3\lambda}{5} - \frac{1}{10}\psi'(t);$$

$$u_3(t) = 0, \quad v_3(t) = 0;$$

$$u_4(t) = u_4(t), \quad v_4(t) = \frac{3\lambda}{100}\psi'(t) - \frac{1}{400}\psi'(t)^2 - \frac{9\lambda^2}{100} - 3u_4(t);$$

$$u_5(t) = 0, \quad v_5(t) = -\frac{1}{240}\psi''(t);$$

$$u_6(t) = u_6(t), \quad v_6(t) = \frac{1}{12}u_4(t)\psi'(t) - \frac{\lambda}{2}u_4(t) + 2u_6(t) + \frac{9\lambda^2}{2000}\psi'(t) -$$

$$\frac{3\lambda}{4000}\psi'(t)^2 + \frac{1}{24000}\psi'(t)^3 - \frac{9\lambda^3}{1000};$$

$$u_7(t) = \frac{\lambda}{2000}\psi''(t) + \frac{7}{120}u_4'(t) - \frac{1}{12000}\psi''(t)\psi'(t),$$

$$v_7(t) = \frac{1}{20}u_4'(t) + \frac{\lambda}{4000}\psi''(t) - \frac{1}{24000}\psi''(t)\psi'(t);$$

$$u_8(t) = -\frac{1}{2}u_4(t)^2 + 2v_8(t) - \frac{\lambda}{300}\psi'(t)u_4(t) + \frac{1}{3600}u_4(t)\psi'(t)^2 + \frac{3\lambda^2}{40000}\psi'(t)^2 -$$

$$\frac{\lambda}{120000}\psi'(t)^3 - \frac{3\lambda^3}{10000}\psi'(t) + \frac{\lambda^2}{100}u_4(t) + \frac{1}{2880000}\psi'(t)^4 + \frac{9\lambda^4}{20000},$$

$$v_8(t) = v_8(t)。$$

$$(8.3.7)$$

由如上表达式易见，在共振点 $j = 4$，6，8 处对应的 $u_4(t)$，$u_6(t)$ 和 $v_8(t)$ 都是任意函数，于是满足相容性条件。

综合上述分析，KdV-SCS 方程有三个分支，其中一个为主分支，其余两个为非主分支，每个分支的展开式中共振点所对应的函数均为任意函数即满足相容性条件，因此 KdV-SCS 方程具有 Painlevé 性质。另外，在每个分支的情况中通过截断展开式，还获得了 KdV-SCS 方程的 Bäcklund 变换式 (8.3.2)、式(8.3.4) 和式 (8.3.6)。

8.4　小结

本章主要介绍 Painlevé 分析法中的 WTC 检验方法，利用该方法讨论了一个 $3+1$ 维广义 KP 方程，通过检验得到该方程具有 Painlevé 性质，而后利用该方法的一种简化方法 Kruskal 的"约化假设"法讨论了带源 KdV（KdV-SCS）方程，验证了 KdV-SCS 方程也具有 Painlevé 性质，并在其得到的三个分支中，通过截断展开式，还获得 KdV-SCS 方程的三个 Bäcklund 变换。本章的所有结果都利用符号计算系统 Maple 进行了验证。总之，Painlevé 分析法也是研究非线性系统非常有效的方法，通过利用该方法不仅可扩展非线性方程的精确解，还可获得方程的 Bäcklund 变换，本章的讨论及详细的步骤将为其他非线性演化方程的求解提供思路。

参考文献

[1] Ablowitz M. J., Clarkson P. A. Nonlinear Evolution and Inverse Scattering[M]. New York: Cambridge University press, 1991.

[2] 李翊神. 孤子与可积系统[M]. 上海：上海教育出版社，1999: 41-79.

[3] Hirota R. The direct method in soliton theory[M]. New York: Cambridge University Press , 2004.

[4] Zhang S. L., Lou S. Y., Qu C. Z. Variable separation and exact solutions to generalized nonlinear diffusion equations[J]. Chin. Phys. Lett., 2002, 12: 1741.

[5] Wang M. L. Solitary wave solutions for variant Boussinesq equations[J]. Phys. Lett. A., 1995, 199: 169-172.

[6] Fan E. G. Extended tanh-function method and its applications to nonlinear equations[J]. Phys. Lett. A., 2000, 277: 212-218.

[7] He J. H., Wu X. H. Exp-function method for nonlinear wave equations[J]. Chaos Soliton. Fract., 2006, 30: 700-708.

[8] Wang M., Li X., Zhang J. The $(\frac{G'}{G})$-expansion method and travelling wave solutions of nonlinear evolution equations in mathematical physics[J]. Phys. Lett. A., 2008, 372: 417-423.

[9] Liu Y. P., Li Z. B. An automated Jacobi elliptic function method for finding periodic wave solutions of nonlinear evolution equations[J]. Chin. Phys. Lett., 2002, 19: 1228.

[10] 李志斌. 非线性数学物理方程的行波解[M]. 北京：科学出版社，2007: 1,58.

[11] Russell J. S. Report on waves[J]. Fourteen meeting of the British Association for the advancement of science, John Murray, London, 1844: 311-390.

[12] Korteweg D. J., de Veries G. On the change of form long waves advancing in a rectangular canal, and on a new type of long stationary waves[J]. Philos, Mag. Ser. 5, 1895, 39: 422-443.

[13] Dalfovo F., Giorgini S., Pitaevskii L. P., et al. Theory of Bose-Einstein condensationin trapped gases[J]. Rev. Mod. Phys., 1999, 71: 463-512.

[14] Agrawal G. P. Nonlinear Fiber Optics[M]. San Diego, New York: Academic Press, 1995.

[15] Amiranashvili S., Vladimirov A.G., Bandelow U. Few-optical-cycle solitons and pulse self-compression in a Kerr medium[J]. Phys. Rev. A, 2008, 77: 063821.

[16] Manakov S. V., Zakhorov V. E., Bordag L. A., et al. Two-dimensional solitons of the Kadomtsev-Petviashvili equation and their interaction[J]. Phys. Lett. A, 1977, 63: 205-206.

[17] Ma W. X. Lump solutions to the Kadomtsev-Petviashvili equation[J]. Phys. Lett. A, 2015, 379: 1975-1978.

[18] Lu Z., Tian E. M., Grimshaw R. Interaction of two lump solitons described by the Kadomtsev-Petviashvili I equation[J]. Wave Motion, 2004, 40: 123-135.

[19] Imai K. Dromion and lump solutions of the Ishimori-I equation[J]. Progr. Theoret. Phys., 1997, 98 (5) : 1013-1023.

[20] Satsuma J., Ablowitz M. J. Two-dimensional lumps in nonlinear dispersive systems[J]. J. Math. Phys., 1979，20 (7): 1496-1503.

[21] Fokas A. S., Ablowitz M. J. On the inverse scattering transform of multidimensional nonlinear equations related to first-order systems in the plane[J]. J. Math. Phys., 1984, 25: 2494-2505.

[22] Gilson C. R., Nimmo J. J. C. Lump solutions of the BKP equation[J]. Phys. Lett. A, 1990，147(8-9) : 472-476.

[23] Yang J. Y., Ma W. X. Lump solutions to the BKP equation by symbolic computation[J]. Int. J. Mod. Phys. B, 2016, 30: 1640028.

[24] Lü Z. S., Chen Y. N. Construction of rogue wave and lump solutions for nonlinear evolution equations[J]. Eur. Phys. J. B, 2015, 88(7):187.

[25] Ma W. X., Qin Z. Y., Lü X. Lump solutions to dimensionally reduced p-gKP and p-gBKP equations[J]. Nonlinear Dyn., 2016, 84: 923-931.

[26] Gorshkov K. A., Pelinovsky D. E., Stepanyants Y. A. Normal and anomalous scattering, formation and decay of bound states of two-dimensional solitons described by the Kadomtsev-Petviashvili equation[J]. JETP, 1993, 77(2): 237-245.

[27] Solli D. R., Ropers C., Koonath P., et al. Optical rogue waves[J]. Nature, 2007, 450(7172): 1054-1057.

[28] Ankiewiz A., Akhmediev N., Soto-Crespo J. M. Discrete rogue waves of the Ablowitz-Ladik and Hirota equations[J]. Phys. Rev. E, 2010, 82(2): 026602(1)-026602(7).

[29] Guo B. L., Ling L. M. Rogue wave,breathers and bright-dark-rogue solutions for the coupled Schrödinger equations[J]. Chin. Phys. Lett, 2011, 28(11): 110202.

[30] Ohta Y., Yang J.K. General high-order rogue waves and their dynamics in the nonlinear Schrödinger equation[J]. P. Roy. Soc. A-Math. Phy., 2012, 468(2142): 1716-1740.

[31] Ablowitz M. J., Musslimani Z. H. Integrable nonlocal nonlinear Schrödinger equation[J]. Phys. Rev. Lett., 2013, 110: 064105.

[32] Lin M., Xu T. Dark and antidark soliton interactions in the nonlocal nonlinear Schrödinger equation with the self-induced parity-time-symmetric potential[J]. Phys. Rev. E, 2015, 91(3): 033202, 8.

[33] Yang B., Yang J. K. Rogue waves in the nonlocal PT-symmetric nonlinear Schrödinger equation[J]. Letters in Mathematical Physics, 2019, 109: 945-973.

[34] Xu Z.X., Chow K. W. Breathers and rogue waves for a third order nonlocal partial differential equation by a bilinear transformation[J]. Appl. Math. Lett., 2016, 56:72-77.

[35] Sinha D., Ghosh P. K. Symmetries and exact solutions of a class of nonlocal nonlinear Schrödinger equations with self-induced parity-time-symmetric potential[J]. Phys. Rev. E, 2015, 91: 042908.

[36] Yan Z. Y. Integrable PT-symmetric local and nonlocal vector nonlinear Schrödinger equations: A unified two-parameter model[J]. Appl. Math. Lett., 2015, 47: 61-68.

[37] Ablowitz M. J., Musslimani Z. H. Integrable nonlocal nonlinear equations[J]. Stud. Appl. Math., 2016, 139: 7-59.

[38] Yang B.,Yang J. K. Transformations between nonlocal and local integrable equations[J]. Stud. Appl. Math., 2017, 140.

[39] Yang B., Chen Y. Several reverse-time integrable nonlocal nonlinear equations: Rogue-wave solutions[J]. Chaos: An Interdisciplinary Journal of Nonlinear Science, 2018, 28(5): 053104.

[40] Bender C. M. Making sense of non-Hermitian Hamiltonian[J]. Rep. Prog. Phys. 2007, 70: 947-1018.

[41] Lin Z., Schindler J., Ellis F. M., et al. Experimental observation of the dual behavior of PT-symmetric scattering[J]. Phys. Rev. A, 2012, 85: 050101.

[42] Musslimani Z. H., Makris K. G., Ei-Ganainy R., et al. Optical solitons in PT periodic potentials[J]. Phys. Rev. Lett., 2008, 100: 030402.

[43] Ruter C. E., Makris K. G.,.Ei-Ganainy R., et al. Observation of parity-time symmetry in optics[J]. Nat. Phys., 2010, 6: 192-195.

[44] Lou S. Y. Alice-Bob systems, $\hat{P}-\hat{T}-\hat{C}$ symmetry invariant and symmetry breaking soliton solutions[J]. J. Math. Phys., 2018, 59: 083507.

[45] Lou S. Y., Huang F. Alice-Bob physics: coherent solutions of nonlocal KdV systems[J]. Sci. Rep., 2017, 7: 869.

[46] Lou S. Y. Prohibitions caused by nonlacality for nonlocal Boussinesq-KdV type systems[J]. Stud. Appl. Math., 2019: 1-16.

[47] Zhou Z. X. Darboux transformations and global solutions for a nonlocal derivative nonlinear Schrödinger equation[J]. Commun. Nonlinear Sci. Numer.Simul., 2018, 62: 480-488.

[48] Yang B., Chen Y. Dynamics of Rogue Waves in the Partially PT-symmetric Nonlocal Davey-Stewartson Systems[J]. Commun. Nonlinear Sci. Numer. Simulat., 2019, 69: 287-303.

[49] Song C. Q., Xiao D. M., Zhu Z. N. Solitons and dynamics for a general integrable nonlocal coupled nonlinear Schrödinger equation[J]. Commun. Nonlinear Sci. Numer. Simulat., 2017, 45: 13-28.

[50] Ji J. L., Zhu Z. N. On a nonlocal modified Korteweg-de Vries equation: integrability, Darboux transformationand soliton solutions[J]. Commun. Nonlinear Sci. Numer. Simulat., 2017, 42: 699-708.

[51] Ji J. L., Zhu Z. N. Soliton solutions of an integrable nonlocal modified Korteweg-de Vries equation through inverse scattering transform[J]. J. Math. Anal. Appl., 2017, 453: 973-984.

[52] Chen K., Zhang D. J. Solutions of the nonlocal nonlinear Schrödinger hierarchy via reduction[J]. Appl. Math. Lett., 2018, 75: 82-88.

[53] Chen K., Deng X., Lou S. Y., et al. Solutions of Nonlocal Equations Reduced from the AKNS Hierarchy[J]. Stud. Appl. Math., 2018, 141: 113-141.

[54] Shingareva Inna K., Lizarraga-Celaya Carlos. Maple and Mathematica: A Problem Solving Approach for Mathematics[M]. 2d ed. New York : Springer, 2009.

[55] Calmet J., van Hulzen J. A.: Computer Algebra Systems. Computer Algebra: Symbolic and Algebraic Computations (Buchberger, B., Collins, G. E., and Loos, R., Eds.)[M]. 2d ed. New York: Springer, 1983.

[56] Grosheva M. V., Efimov G. B.: On Systems of Symbolic Computations (in Russian). Applied Program Packages. Analytic Transformations (Samarskii, A. A., Ed.)[M]. Moscow: Nauka, 1988: 30-38.

[57] 姚若侠. 基于符号计算的非线性微分方程精确解及其可积性研究[D]. 上海：华东师范大学，2005.

[58] 范恩贵. 可积系统与计算机代数[M]. 北京: 科学出版社，2004.

[59] Li Z. B., Liu Y. P. RATH: A Maple package for finding travelling solitary wave solution of nonlinear evolution equations[J]. Compu. Phys. Commun., 2002, 148: 256-266.

[60] Zhou Z. J., Li Z. B. An implementation for the algorithm of Hirota bilinear form of PDE in the Maple system[J]. Appl. Math. Comput., 2006, 183: 872-877.

[61] Xu G. Q., Li Z. B. A Maple package for the painleve test of nonlinear evolution equations[J]. Chin. Phys. Lett., 2003, 20: 975-978.

[62] Xu G. Q., Li Z.B. Symbolic computation of the Painleve test for nonlinear partial differential equations using Maple[J]. Comput. Phys. Commun., 2004, 161: 65.

[63] Yao R. X., Li Z. B. CONSLAW: A Maple package to construct the conservation laws for nonlinear evolution equations[J]. Appl. Math. Comput., 2006, 173: 616-635.

[64] 吴文俊. 数学机械化[M]. 北京：科学出版社，2003.

[65] 陈勇. 孤立子理论中的若干问题的研究及机械化实现[D]. 大连：大连理工大学，2003.

[66] 谢福鼎. Wu-Ritt消元法在偏微分代数方程中的应用[D]. 大连：大连理工大学，2002.

[67] 李彪. 孤立子理论中若干精确求解方法的研究及应用[D]. 大连：大连理工大学，2005.

[68] 闫振亚. 非线性波与可积系统[D]. 大连：大连理工大学，2002.

[69] 胡晓瑞. 非线性系统的对称性与可积性[D]. 上海：华东师范大学，2012.

[70] 徐桂琼. 非线性演化方程的精确解及可积性及其符号计算研究[D]. 上海：华东师范大学，2004.

[71] 李佳泓. 反散射变换与指数函数法的三个问题研究[D]. 锦州：渤海大学，2017.

[72] Lax P. D. Integrals of Nonlinear Equations of Evolution and Solitary Waves[J]. Commun. Pure Appl. Math., 1968, 21: 467-490.

[73] Ablowitz M. J., Kaup D. J., Newell A. C., et al. The inverse scattering transform-Fourier analysis for nonlinear problems[J]. Stud. Appl. Math., 1974, 53: 249.

[74] 楼森岳, 唐晓艳. 非线性数学物理方法[M]. 北京：科学出版社，2006.

[75] Lou S. Y., Chen L. L. Formal variable separation approach for nonintegrable models[J]. J. Math. Phys., 1999, 40(12):6491-6500.

[76] Lou S. Y., Lu J. Z. Special solutions from the variable separation approach: the Davey-Stewartson equation[J]. J. Phys. A: Math. Gen., 1996, 29: 4209 - 4215.

[77] Tang X. Y., Lou S. Y. Multi-linear variable separation approach to nonlinear systems[J]. Front. Phys. China, 2009, 4(2):235-240.

[78] Qu C. Z., Zhang S. L., Liu R. C. Separation of variables and exact solutions to quasilinear diffusion equations with nonlinear source[J]. Physica D, 2000, 144(1-2):97-123.

[79] Li Z. B., Wang M. L. Travelling wave solutions to the two-dimensional KdV-Burgers equation[J]. J. Phys. A: Math. Gen., 1993, 26: 6027.

[80] Wang M. L., Zhou Y. B., Li Z. B. Application of a homogeneous balance method to exact solutions of nonlinear equations in mathematical physics[J]. Phys. Lett. A, 1996, 216: 67.

[81] 张解放. 变更 Boussinesq 方程和 Kupershimidt 方程的多孤子解[J]. 应用数学和力学，2000, 21: 171.

[82] Yan Z. Y. New families of nontravelling wave solutions to a new (3+1)-dimensional potential-YTSF equation[J]. Phys. Lett. A, 2003, 318: 78.

[83] 郭玉翠. 非线性偏微分方程引论[M]. 北京：清华大学出版社，2008: 133.

[84] Anderson I.M., Kamran N. and Olver P.J. Internal, External, and Generalized Symmetries[J]. Adv. Math., 1993, 100(1):53-100.

[85] Vinogradov A.M., Krasil'shchik I.S. A method of calculating higher symmetries of nonlinear evolutionary equations and nonlocal symmetries[J]. Dokl. Akad. NaukSSSR, 1980,253:1289-1293(in Russian).

[86] Bluman G. W. Symmetries and Differential Equation[M]. Springer, New York, 1989.

[87] Hu X. B., Lou S. Y., Qian X. M. Nonlocal symmetries for bilinear equations and their applications[J]. Stud. Appl. Math., 2009, 122: 305-324.

[88] Lou S.Y., Hu X. R., Chen Y. Nonlocal symmetries related Bäcklund transformation and their application[J]. J. Phys. A: Math. Theor., 2012, 45(15): 155209.

[89] Clarkson P. A. Nonclassical symmetry reductions of the Boussinesq equation[J]. Chaos Soliton. Fract., 1995, 5: 2261-2301.

[90] Lou S. Y., Ma H. C. Non-Lie symmetry groups of (2+1)-dimensional nonlinear systems obtained from a simple direct method[J]. J. Phys. A: Math. Gen., 2005,38: L129-L137.

[91] Wang M. L., Li X. Z. Extended F-expansion and periodic wave solutions for the generalized Zakharov equations[J]. Phys. Lett. A., 2005, 343: 48-54.

[92] Zhang J., Wei X., Lu Y. A generalized $(\frac{G'}{G})$-expansion method and its applications[J]. Phys. Lett. A., 2008, 372: 3653-3658.

[93] 吴文俊. 几何定理机器证明的基本原理[M]. 北京：科学出版社，1984.

[94] Zhang D. J. The N-soliton solutions os some soliton equations with self-consistent sources[J]. Chaos Soliton Fract., 2003, 18: 31-43.

[95] Ma W. X. Complexiton solutions of the Korteweg-de Vries equation with self-consistent sources[J]. Chaos Soliton Fract., 2005, 26: 1453-1458.

[96] Shen Y. L., Yao R. X. Solutions and Painlevé Property for the KdV Equation with Self-Consistent Source[J]. Math. Probl. Eng., 2018, 2018:16.

[97] Hirota R. Exact solution of the Korteweg-de Vries equation for multiple collisions of solitons[J]. Phys. Rev. Lett., 1971, 27: 1192-1194.

[98] Hu X. B., Wang D. L., Tam H. W., et al. Soliton solutions to the Jimbo‐Miwa equations and the Fordy‐Gibbons‐Jimbo‐Miwa equation[J]. Phys. Lett. A, 1999, 262: 310-320.

[99] Zhang D. J. Multi-soliton Solutions of the mKdV-SineGordon Equation[J]. Acta Math. Sci., 2004, 24(3): 257-264.

[100] Zhang Y., Deng S. F., Zhang D. J., et al. The N-soliton solutions for the non-isospectral mKdV equation[J]. Physica A, 2004, 339(3-4): 228-236.

[101] 陈登远. 孤子引论[M]. 北京：科学出版社，2005.

[102] Hu X. B., Wu Y. T. Application of the Hirota bilinear formalism to a new integrable differential-difference equation[J]. Phys. Lett. A, 1998, 246(6): 523-529.

[103] Hu X. B., Tam H. W. Application of Hirota's bilinear formalism to a two-dimensional lattice by Leznov[J]. Phys. Lett. A, 2000, 276(s1-4): 65-72.

[104] Hu X. B., Ma W. X. Application of Hirota's bilinear formalism to the Toeplitz lattice—some special soliton-like solutions[J]. Phys. Lett. A, 2002, 293(3): 161-165.

[105] Liu Q. P., Hu X. B., Zhang M. X. Supersymmetric modified Korteweg-de Vries equation: bilinear approach[J]. Nonlinearity, 2005, 7.

[106] Liu Q. P., Hu X. B. Bilinearization of $N = 1$ supersymmetric Korteweg-de Vries equation revisited[J]. J. Phys. A: Gen. Phys., 2005, 38(38): 6371.

[107] Kadomtsev B. B., Petviashvili V. I. On the Stability of Solitary Waves in Weakly Dispersive Media[J]. Sov. Phys. Dokl., 1970, 15: 539-541.

[108] Nizhnik L. P. Integration of multidimensional nonlinear equations by the method of the inverse problem[J]. Sov. Phys. Dokl., 1980, 25(9): 706-708.

[109] Novikov S. P., Veselov A. P. Two-dimensional Schrödinger operator: Inverse scattering transform and evolutional equations[J]. Physica D., 1986, 18(1-3): 267-273.

[110] OHTA Y., Hirota R. New Type of Soliton Equations[J]. J. Phys. Soc. Jpn., 2007, 76: 024005-024018.

[111] Shen Y. L., Li X. X. Soliton solutions to an equation in $2+1$ dimensions[J]. Ann. Differ. Equ., 2012, 28(02)：220-225.

[112] 张孟霞. 超对称方程的构造及其可积性质的研究[D]. 北京：首都师范大学，2008.

[113] Kupershmidt B. A. A super KdV equation: an integrablesystem[J]. Phys. Lett. A, 1984, 102A: 213-215.

[114] Manin Yu. I., Radul A. O. A supersymmetric extension of the Kadomtsev-Petviashvili hierarchy[J]. Commun. Math. Phys., 1985，98: 65-77.

[115] Mathieu P. Supersymmetric extension of the Korteweg-de Vries equation[J]. J. Math. Phys., 1988, 29: 2499-2506.

[116] Laberge C. A., Mathieu P. $N=2$ superconformal algebra and integrable $O(2)$ fermionic extensions of the Korteweg-de Vries equation[J]. Phys. Lett. B, 1988, 215: 718-722.

[117] Labelle P., Mathieu P. A new $N=2$ supersymmetric Korteweg-de Vries equation[J]. J. Math. Phys., 1991, 32: 923-927.

[118] Popowicz Z. The Lax formulation of the new $N=2$ SUSY KdV equation[J]. Phys. Letts. A, 1993, 174: 411-415.

[119] Carstea A. S. Extension of the bilinear formalism to supersymmetric KdV-type equations[J]. Nonlinearity, 2000, 13: 1645-1656.

[120] Zhang M. X., Liu Q. P., Shen Y. L., et al. Bilinear form of $N=2$ supersymmetric KdV equation[J]. Scientia Sinica Mathematica, 2009, 39(3): 306-314.

[121] Ma W. X., Zhang Y., Tang Y. N., et al. Hirota bilinear equations with linear subspaces of solutions[J]. Appl. Math. Comput., 2012, 218: 7174-7183.

[122] Ma W. X. A bilinear Bäcklund transformation of a (3+1)-dimensional generalized KP equation[J]. Appl. Math. Lett., 2012, 25: 1500-1504.

[123] Tu J. M., Tian S. F., Xu M. J., etal. Bäcklund transformation, infinite conservation laws and periodic wave solutions of a generalized (3+1)-dimensional nonlinear wave in liquid with gas bubbles[J]. Nonlinear Dyn., 2016, 83(3): 1199-1215 .

[124] Ablowitz M. J., Segur H. On the evolution of packets of water waves[J]. J. Fluid Mech., 1979, 92: 691-715.

[125] Kudryashov N. A., Sinelshchikov D. I. Equation for the three-dimensional nonlinear waves in liquid with gas bubbles[J]. Phys Scr., 2012, 85: 025402.

[126] Shen Y. L., Yao R. X., Li Y. New bilinear Bäcklund transformation and higher order rogue waves with controllable center of a generalized(3+1)-dimensional nonlinear wave equation[J]. Commun. Theor. Phys., 2019, 71(02): 161-169.

[127] Fokas A. S. Integrable Nonlinear Evolution PDEs in 4+2 and 3+1 Dimensions[J]. Phys. Rev. Lett., 2006, 96: 190201.

[128] Yang Z. Z., Yan Z. Y. Symmetry Groups and Exact Solutions of New (4+1)-Dimensional Fokas Equation[J]. Commun. Theor. Phys., 2009, 51(5): 876-880.

[129] Lee J., Sakthivel R., Wazzan L. Exact traveling wave solutions of a higher-dimensional nonlinear evolution equation[J]. Mod. Phys. Lett. B, 2010, 24: 1011-1021.

[130] Kim H., Sakthivel R. New exact traveling wave solutions of some nonlinear higher-dimensional physical models[J]. Rep. Math. Phys., 2012, 70: 39-50.

[131] He Y. H., Zhao Y. M., Long Y. New exact solutions for a higher-order wave equation of KdV type using extended F-expansion method[J]. Math. Probl. Eng., 2013, 3: 1-8.

[132] He Y. H. Exact Solutions for (4+1)-Dimensional Nonlinear Fokas Equation Using Extended F-Expansion Method and Its Variant[J]. Math. Probl. Eng., 2014, 2014(1-50): 1-11.

[133] Zhang S., Tian C., Qian W. Y. Bilinearization and new multisoliton solutions for the (4+1)-dimensional Fokas equation[J]. Pramana-J.Phys., 2016, 86: 1259-1267.

[134] Yao R. X., Shen Y. L., Li Z. B. Lump solution and bilinear Bäcklund transformation for the (4+1)-dimensional Fokas equation[J]. Math. Sci., 2020: 1-8.

[135] Xu T., Li H., Zhang H., etal. Darboux transformation and analytic solutions of the discrete PT-symmetric nonlocal nonlinear Schrödinger equation[J]. Appl. Math. Lett., 2017, 63: 88-94.

[136] Xu T., Li M. Algebraic solitons in the parity-time-symmetric nonlocal nonlinear Schrödinger model[J]. Physics, 2015.

[137] Zhaqilao. On N th-order rogue wave solution to nonlinear coupled dispersionless evolution equations[J]. Phys. Lett. A, 2012, 376(45): 3121-3128.

[138] Huang X., Ling L. Soliton solutions for the nonlocal nonlinear Schrödinger equation[J]. Eur. Phys. J. Plus, 2016, 131(5): 1-11.

[139] Choudhuri A, Talukdar B, Das U. The Modified Korteweg-de Vries Hierarchy: Lax Pair Representation and Bi-Hamiltonian Structure[J]. Zeitschrift Für Naturforschung A, 2009, 64(3-4): 171-179.

[140] Overland J. E. Is the melting Arctic changing midlatitude weather?[J]. Phys. Today, 2016, 69(3): 38-43.

[141] Song C. Q., Xiao D. M., Zhu Z. N. A General Integrable Nonlocal Coupled Nonlinear Schrödinger Equation[J]. Physics, 2015.

[142] Dimakos M., Fokas A. S. Davey-Stewartson type equations in $4 + 2$ and $3 + 1$ possessing soliton solutions[J]. J. Math. Phys., 2013, 54(8): 2093-2113.

[143] Ablowitz M. J., Musslimani Z. H. Integrable discrete PT symmetric model[J]. Phys. Rev. E, 2014, 90: 032912.

[144] Rao J. G., Cheng Y., He J. S. Rational and semi-rational solutions to the x-nonlocal davey-stewartson i equation[J]. ResearchGate, 2016. http://dx.doi.org/10.13140/RG.2.2.32850.35523.

[145] Rao J. G., Zhang Y. S., Fokas A. S., et al. Rogue waves of the nonlocal davey-stewartson i equation[J]. ResearchGate, 2017. http://dx.doi.org/10.13140/RG.2.2.14395.41766.

[146] Rao J. G., Cheng Y., He J. S. Rational and semi-rational solutions of the x-nonlocal and nonlocal davey-stewartson II equation[J]. ResearchGate, 2017. http://dx.doi.org/10.13140/RG.2.2.33792.43528.

[147] 谷超豪，胡和生，周子翔. 孤立子理论中的达布变换及其几何应用[M]. 2版. 上海：上海科学技术出版社，2005.

[148] Matveev V. B., Salle M. A. Darboux transformations and solitons[M]. Berlin-Heidelberg: Springer, 1991.

[149] Kaup D. J., Newell A. C. An exact solution for a derivative nonlinear Schrödinger equation[J]. J. Math. Phys., 1978, 19: 798-801.

[150] Mjφlhus E. On the modulational instability of hydromagnetic waves parallel to the magnetic field[J]. J. Plasma. Phys., 1976, 16: 321-334.

[151] Walker D. A. G., Taylor P. H., Taylor R. E. The shape of large surface waves on the open sea and the Draupner New Year wave[J]. Appl. Ocean Res., 2005, 26(3): 73-83.

[152] Yan Z. Y. Financial rogue wave[J]. Commun. Theor. Phys., 2010, 54(5): 947.

[153] Chabchoub A., Hoffmann N., Akhmediev N. Rogue Wave Observation in a Water Wave Tank[J]. Phys. Rev. Lett., 2011, 106(20): 204502.

[154] Müller P., Garrett C., Osborne A. Rogue waves[J]. Oceanography, 2005, 18: 66-75.

[155] Kharif C., Pelinovsky E., Slunyaev A. Rogue Waves in the Ocean, in: Advances in Goephysical and Enviromental Mechnics and Mathematics[M]. Berlin, Springer-Verlag, 2009.

[156] Solli D. R., Ropers C., Koonath P., et al. Optical rogue waves[J]. Nature, 2007, 450: 1045-1057.

[157] 郭柏灵，田立新，闫振亚，等. 怪波及其数学理论[M]. 杭州：浙江科学技术出版社，2015.

[158] Akhmediev N., Ankiewicz A., Taki M. Waves that appear from nowhere and disappear without a trace[J]. Phys. Lett. A , 2009, 373: 675-678.

[159] Zhaqilao. Rogue waves and rational solutions of a (3 + 1)-dimensional nonlinear evolution equation[J]. Phys. Lett. A, 2013, 377: 3021-3026.

[160] Xu Z. H., Chen H. L., Dai Z. D. Rogue wave for the (2 + 1)-dimensional Kadomtsev-Petviashvili equation[J]. Appl. Math. Lett., 2014, 37: 34-38.

[161] Clarkson P. A., Dowie E. Rational solutionas of the Boussinesq equation and applications to rogue waves[J]. Trans. Math. Appl., 2017, 1(1): tnx003.

[162] Zhaqilao. A symbolic computation approach to constructing rogue waves with a controllable center in the nonlinear systems[J]. Comput. Math. Appl., 2018, 75: 3331-3342.

[163] Cui W. Y., Zhaqilao. Multiple rogue wave and breather solutions for the (3+1)-dimensional KPI equation[J]. Comput. Math. Appl., 2018, 76: 1099-1107.

[164] Ankiewicz A., Kedziora D. J., Akhmediev N. Rogue wave triplets[J]. Phys. Lett. A, 2011, 375: 2782-2785.

[165] Gaillard P. Families of quasi-rational solutions of the NLS equation and multi-rogue waves[J]. J. Phys. A, 2011, 44, 435204.

[166] Manakov S. V., Zakhorov V. E., Bordag L. A., etal. Two-dimensional solitons of the Kadomtsev-Petviashvili equation and their interaction[J]. Phys. Lett. A, 1977, 63: 205-206.

[167] Lu Z., Tian E. M., Grimshaw R. Interaction of two lump solitons described by the Kadomtsev-Petviashvili I equation[J]. Wave Motion, 2004, 40: 123-135.

[168] Ma W. X., Qin Z. Y., Lü X. Lump solutions to dimensionally reduced p-gKP and p-gBKP equations[J]. Nonlinear Dyn., 2016, 84: 923-931.

[169] Ma W. X. Lump-type solutions to the (3+1)-dimensional Jimbo-Miwa equation[J]. Int. J. Nonlinear Sci. Num., 2016, 17: 355-359.

[170] Yang J. Y., Ma W. X. Lump solutions to the BKP equation by symbolic computation[J]. Int. J. Mod. Phys. B, 2016, 30: 1640028.

[171] Wang C. J. Spatiotemporal deformation of lump solution to (2+1)-dimensional KdV equation[J]. Nonlinear Dyn., 2016, 84: 697-702.

[172] Caieniello E. R. Combinatorics and Renormalization in Quantum Field Theory[M]. New York: Benjamin, 1973.

[173] Tsujimoto S., Hirota R. Pfaffian representation of the discrete BKP hierarchy in bilinear form[J]. J. Phys. Soc. Jpn, 1989, 65: 2797-2806.

[174] 刘青平, MANAS M. BKP方程族的 Pfaffian 解[J]. 数学年刊, 2002, 06:693-698.

[175] Ohta Y. Pfaffian solutions for the Veselov-Novikov equation[J]. J. Phys. Soc. Jpn, 1992, 61(11): 3928-3933.

[176] Peng L. Z.,Zhang M. X., Gegenhas, et al. On integrability of a $(2+1)$-dimensional MKdV-type equation[J]. Phys. Lett. A, 2008, 372: 4197-4204.

[177] Weiss J., Tabor M., Carnevale G. The Painlevé property for partial differential equations[J]. J. Math. Phys., 1983, 24(6): 522.

[178] Hone A. N. K. Painlevé tests, singularity structure and integrability[J]. Lect. Notes Phys., 2009, 767: 245-277.

[179] Ma W. X., Abdeljabbar A. A bilinear Bäcklund transformation of a $(3 + 1)$-dimensional generalized KP equation[J]. Appl.Math.Lett., 2012, 25: 1500-1504.

[180] Shen Y. L., Zhang F. Q., Feng X. M. The Painlevé tests, Bäcklund transformation and bilinear form for the KdV equation with a self-consistent source[J]. Discrete Dyn. Nat. Soc., 2012,(2012): 10.

[181] Jimbo M., Kruskal M.D., Miwa T. Painlevé test for the self-dual Yang-Mills equation[J]. Phys. Lett. A., 1982, 92(2): 59-60.